蛋白质电化学分析实验技术：基础与方案

曹 亚 赵 婧 著

上海大学出版社
·上海·

图书在版编目(CIP)数据

蛋白质电化学分析实验技术：基础与方案 / 曹亚，赵婧著. — 上海：上海大学出版社，2020.12
ISBN 978-7-5671-4120-9

Ⅰ. ①蛋… Ⅱ. ①曹… ②赵… Ⅲ. 蛋白质—电化学分析—实验 Ⅳ. ①TQ937-33

中国版本图书馆 CIP 数据核字(2021)第 003078 号

内容提要

电化学分析实验技术在蛋白质分析中有着得天独厚的优势，吸引着越来越多的科研工作者投身这一领域。本书关注于电化学分析实验技术用于蛋白质分析的具体步骤和技术要点，共分 7 个章节。其中，前 3 个章节主要介绍蛋白质的结构、功能、常规的蛋白质定量分析实验技术以及电化学分析在蛋白质定量中的应用现状；后 4 个章节选取了 8 个具有代表性的、有广泛借鉴价值的蛋白质电化学分析实验技术作为例子，全流程地介绍相关的基础背景、实验方案、操作步骤和技术要点。本书力求为蛋白质电化学分析领域的研究者提供正确且尽可能全面的技术参考，从而使刚刚进入该领域的师生能够使用最少的时间，获得最多的知识。

本书适合作高等院校分析化学、生命科学等专业领域的本科生、研究生教材，也可供高等院校和科研院所相关专业领域的师生和研究人员作教学和科研参考书。

责任编辑 王悦生
封面设计 柯国富
技术编辑 金 鑫 钱宇坤

蛋白质电化学分析实验技术：基础与方案

曹 亚 赵 婧 著
上海大学出版社出版发行
(上海市上大路 99 号 邮政编码 200444)
(http://www.shupress.cn 发行热线 021-66135112)
出版人 戴骏豪
*
南京展望文化发展有限公司排版
江苏凤凰数码印务有限公司印刷 各地新华书店经销
开本 710mm×1000mm 1/16 印张 11.5 字数 245 千字
2020 年 12 月第 1 版 2020 年 12 月第 1 次印刷
ISBN 978-7-5671-4120-9/TQ·1 定价 46.00 元

前　言

电化学分析实验技术可以通过研究电位、电流、电量等电化学参数与化学参数之间的关系来实现对待分析的物质或反应的表征和测量。早在18世纪，电化学分析就随着电解和库伦分析的出现而逐渐得到发展。1922年，捷克科学家海洛夫斯基（Jaroslav Heyrovsky）提出了极谱分析法，这不仅使得电化学分析进入了一个新的发展阶段，而且使他本人在1959年荣获诺贝尔化学奖。在随后的半个多世纪中，电化学分析实验技术取得了飞跃式的进步，目前已经发展成为一种组合十分丰富、运用十分灵活的常规分析技术，不仅在化学领域而且在生命科学和医学领域得到了十分成熟的应用。例如，以罗氏公司为代表的国内外公司研制的基于固定化酶电极的电化学技术血糖仪是医疗和日常场景下血糖监测的主流仪器；安捷伦公司推出的基于无标记电化学阻抗实验技术的 xCELLigence 实时细胞分析仪能够非侵入性地监测增殖、黏附、迁移、分化等细胞行为；最近，雷迪美特公司利用所开发的U盘式电化学分析仪与云南大学团队通力合作，建立了检测新型冠状病毒的电化学分析方法，为席卷全球的新冠病毒疫情的防控做出了贡献。

蛋白质是生命科学研究的关键对象，是生物机体内各类代谢和调控等活动的主要承载者，也是致病因子、药物等外源分子的关键作用靶点。对蛋白质进行定量分析是蛋白质科学研究的重要内容，不仅可以为蛋白质功能研究、组学研究、代谢通路分析研究等提供重要数据支持，而且可以为药物筛选、疾病诊断预后、食品药品分析监测等提供有效技术手段。众所周知，蛋白质在生物机体内很多功能的执行与电荷的运动密切相关。因此，电化学分析实验技术在蛋白质研究中理应有着得天独厚的优势。但实际上，在很长的一段时间内，电化学分析实验技术对于蛋白质研究尤其是蛋白质定量分析处于一种心有余而力不足的状态，这主要是因为很多蛋白质的电活性中心不易暴露且在电极表面容易发生不可逆的吸附和失活，导致相应的电化学信号难以获取。幸运的是，随着电极界面修饰和功能化技术的飞速发展，这一瓶颈已经被打破，越来越多的蛋白质的直接或间接电化学信号被获得，这使得这些蛋白质的电化学定量分析成为可能。更为关键的是，随着分子识别、标记和组装等技术的不断突破，蛋白质电化学定量分析不再局限于依赖蛋白质自身或催化产生的电化学信号，这使得电化学分析实验技术在蛋白质定量中获得了全新的发展机遇和无穷的发展空间，也吸引着越来越多的非科班出身的研究者们投身到这一领域。

在过去的十几年里，笔者等人一直从事蛋白质电化学定量分析方面的研究工作，在

Biosensors and Bioelectronics、*Analytical Chemistry* 等分析化学领域的一流期刊上发表蛋白质电化学定量分析方面的论文40余篇，部分成果参与获得2014年度教育部高等学校科学研究优秀成果奖(自然科学)二等奖(“蛋白质定量及活性表征的电化学研究”)。与此同时，笔者等人长期担任上海大学生命科学学院“生化仪器分析及技术”“生化仪器分析实验”“蛋白质化学”等课程的教学工作。在教学和科研过程中笔者发现，尽管国内外有关电化学分析的著作很多，例如Joseph Wang教授所著《分析电化学》、鞠熀先教授所著《电分析化学与生物传感技术》、张鉴清教授所著《电化学测试技术》、张学记教授等所著《电化学与生物传感器——原理、设计及其在生物医学中的应用》；但是这些著作有些侧重于讲解电化学分析的理论基础，有些侧重于罗列电化学分析的应用进展，却始终缺少一本关注于电化学分析实验技术在实际运用时尤其是用于蛋白质定量分析时的具体方案、步骤和要点的著作。这一现状使得众多刚刚从事蛋白质电化学定量分析研究的科研工作者们，无论是老师还是学生，不得不从繁杂的网络资讯或数以千计的科研论文中去提取、总结相关知识，这不仅会耗费大量的精力和时间，而且很容易得到不全面甚至错误的信息，最终导致不理想或错误的实验结果。因此，笔者等人希望通过总结多年的研究和实验操作经验，以若干个具有代表性且具有借鉴价值的蛋白质电化学定量分析实验技术为例，从基础、方案和操作等方面进行全流程的阐述，以期使得刚刚进入该领域的老师和同学们能够使用最少的时间，获得最多的知识。

本书分为绪论、蛋白质定量分析实验技术、电化学分析与蛋白质定量、基于抗体的电化学免疫分析实验技术、基于核酸适体的蛋白质电化学分析实验技术、纳米材料辅助的蛋白质电化学分析实验技术和功能DNA辅助的蛋白质电化学分析实验技术7个章节。其中，绪论章节主要介绍蛋白质的结构、功能和定量分析的意义；蛋白质定量分析实验技术章节主要介绍凯氏定氮法等经典的蛋白质定量分析实验技术的原理和步骤；电化学分析与蛋白质定量章节主要介绍电化学分析涉及的重要概念、方法以及在蛋白质定量中的应用现状；最后4个章节选取了8个具有代表性的、有广泛借鉴价值的蛋白质电化学分析实验技术作为例子，全流程地介绍相关的基础背景、实验方案、操作步骤和技术要点。在本书的撰写过程中，曹亚实验师负责第2、3、4、5、7章节的写作和全书的编辑修改，赵婧教授负责第1、6章节的写作和全书的统稿定稿。本书在编写过程中得到了诸多同行专家老师们的帮助，郁晓萌、董朗健、沙玲君等研究生对于本书的资料整理、编写和文字校审也做出了很大贡献，在此一同深表感谢。同时，笔者也向书中引用的相关著作、文献的作者们表示感谢。

本书力求为蛋白质电化学定量分析领域的研究者们提供正确且尽可能全面的技术参考，但受限于笔者自身的科研学术水平和实验技术能力，本书不可避免地存在一些缺点和错误，敬请各位专家和广大读者批评指正。

曹　亚　赵　婧

2020年9月

目 录

1 绪论

蛋白质是生命的物质基础，是生命有机体必不可少的成分，是各类代谢和调控等生命功能的主要承担者，也是致病因子、药物等外界因素的关键作用靶点。日益深入的生物学研究表明，蛋白质在生物体内的表达时刻受到细胞信号的严密调控，其水平的高低与很多生理或者病理过程密切相关。因此，作为蛋白质研究的重要分支，蛋白质定量分析不仅是蛋白质功能测定、组学研究和代谢通路分析的重要基础，而且可以为药物靶点分析、新药筛选等提供技术支撑，更可以为癌症、心血管疾病等攸关人类健康的疾病的筛查、诊断和预后以及环境监测、食品检验等领域提供十分重要的技术手段和路径，因此具有十分重要的价值。

1.1 蛋白质的结构

碳、氢、氧、氮等元素是蛋白质的主要化学成分，氨基酸是蛋白质的基本组成单位。通过不同分子间的脱水缩合，氨基酸可以首先组成多肽链，进而通过盘曲折叠形成具有一定空间结构和生物学功能的蛋白质。一般而言，蛋白质的结构可以分为四级，其中一级结构是指折叠形成蛋白质的多肽链中氨基酸的排列顺序。蛋白质的一级结构是由基因上遗传密码的排列顺序所决定的，并可以进一步决定蛋白质的二级、三级和四级结构。蛋白质的一级结构直接影响蛋白质的生物学功能和活性，这是因为组成不同蛋白质分子的氨基酸排列顺序各不相同，使得 20 种理化性质各异的氨基酸侧链的空间排布各不相同，最终导致不同蛋白质分子的空间结构和生物学功能迥异。此外，同一种蛋白质分子在不同生物物种内的一级结构差异可以反映不同物种间的进化关系。

折叠形成蛋白质的多肽链中主链元素的空间分布决定了蛋白质的二级结构。蛋白质的二级结构并不涉及侧链部分的构象，主要由氢键维持，包括 α -螺旋(α-helix)、β -折叠(β-pleated sheet)、β -转角、无规则卷曲等。α -螺旋是蛋白质中最常见、最典型且含量最为丰富的二级结构。在 α -螺旋中，多肽链的主链围绕假想的中心轴盘绕成螺旋状，每个氨基酸残基的羰基与多肽链碳端方向的第四个氨基酸残基的酰胺基之间形成氢键。α -螺旋具有旋光性，是一种典型的手性结构。在天然蛋白质分子中，α -螺旋绝大多数是右手螺旋结构，每一圈含有 3.6 个氨基酸残基，每个残基沿着螺旋的长轴上升 0.15 nm，即螺距为 0.54 nm。需要注意的是，α-螺旋的旋光性并不是构成 α-螺旋的氨基酸残基的旋光性的简单加和，而是 α 碳原子的构型不对称性和 α-螺旋的构象不对称性的总反映。α-螺旋的存在对于蛋白质的结构和功能具有十分重要的意义。例如，α-螺旋具有一定的刚性，可以在某些蛋白质的整体构象中起到支撑维持作用；α-螺旋的直径与 B 型 DNA 大沟的直径相当，在很多蛋白质的 DNA 结合域（如锌指结构、亮氨酸拉链等）中占比重要。α-螺旋的形成和稳定性主要是由多肽链的一级结构所决定：当多肽链中存在甘氨酸或脯氨酸时，α-螺旋往往会中断，这是由于甘氨酸的侧链非常小，构象不稳定，而脯氨酸的亚氨基少一个氢原子，无法形成氢键；当多肽链中存在连续酸性或碱性氨基酸时，α-螺旋也往往难以形成，这是由于带相同电荷的相邻侧链之间存在静电排斥。

β-折叠是蛋白质分子中另一种非常常见的二级结构，又称 β-片层。在 β-折叠中，两条或者多条几乎完全伸展的多肽片段平行排列成锯齿状，相邻的多肽片段主链的羰基与酰胺基之间形成有规则的氢键，且氢键的方向与多肽片段主链长轴近乎垂直。有趣的是，尽管组成 β-折叠的多肽片段平行排列，但它们的方向可以相同也可以相反；若这些多肽片段方向相同，即氮端在同一侧，所形成的 β-折叠称为平行式 β-折叠，此时，顺序上第一个氨基酸残基 α 碳原子与第三个氨基酸残基 α 碳原子之间的距离（即重复距离）为 6.5 Å；若这些多肽片段方向相反，即氮端交替位于两侧，所形成的 β-折叠称为反平行式 β-折叠，此时，顺序上第一个氨基酸残基 α 碳原子与第三个氨基酸残基 α 碳原子之间的距离为 7.0 Å；从能量角度，反平行式 β-折叠相比平行式 β-折叠更加稳定。与 α-螺旋类似，β-折叠也具有一定的刚性，因此在很多蛋白质分子（如磷酸丙糖异构酶）中与 α-螺旋有规则地组合形成整体构象的基本骨架。

在很多蛋白质分子中，多肽链在折叠形成空间构象时，经常会出现大约 180°的回折，这些回折处的结构称为转角结构，其中最常见的是 β-转角。β-转角是一种能够改变多肽链走向的简单的非重复蛋白质二级结构，其一般包含有 4 个氨基酸残基，并通过第一个氨基酸残基的羰基和第四个氨基酸残基的酰胺基之间形成的氢键来维持构象。但在某些蛋白质分子中，β-转角结构可以由 3 个连续氨基酸形成，此时，第一个氨基酸残基的羰基和第三个氨基酸残基的酰胺基之间形成氢键。β-转角的构象在很大程度上取决于它的组成氨基酸：一般情况下，脯氨酸和甘氨酸在 β-转角结构中经常存在，这是因为，甘氨酸的侧链仅是 1 个氢原子，因而可以有效地减少其他氨基酸残基侧链所产生的空间位阻，有利于 β-转角的形成；脯氨酸具有环状结构，在一定程度上可以促进 β-转角的形成。在蛋白质分子中，β-转角常存在于分子表面，与免疫识别、磷酸化修饰、糖基化修饰等密切相关。

蛋白质的三级结构是多肽链在二级结构的基础上进一步盘曲折叠形成的三维空间结构，代表着多肽链中所有原子和基团的空间排布，涵盖了多肽链主链和侧链部分的构象。蛋白质的三级结构主要依靠氢键、范德华力、疏水键等非共价作用以及二硫键维持，其中多肽链中氨基酸残基侧链之间的疏水键起主导作用。蛋白质的三级结构是蛋白质发挥自身完整生物学功能的基础，三级结构的破坏将直接导致蛋白质功能的破坏或丧失。对于很多蛋白质分子而言，二级结构和三级结构之间还存在两个组织层次，即超二级结构(supersecondary structure)和结构域(domin)。超二级结构是由同一个多肽主链中两个或多个相邻的二级结构彼此相互作用而形成的规则且空间可辨认的特定组装体，是蛋白质二级结构和三级结构之间的一种过渡形式，又被称为基元或模体(motif)。常见的超二级结构包括由两段右手 α-螺旋缭绕而成的 αα 螺旋，由 β-转角连接 α-螺旋构成的 α-螺旋-β-转角-α-螺旋，由两段 α-螺旋连接三段 β-折叠形成的 Rossmann 折叠等。结构域是在二级结构或超二级结构的基础上进一步形成的空间上彼此分割的具有相对独立生物学功能的三维实体，是蛋白质三级结构和功能的组成单位。小的蛋白质分子一般只有 1 个结构域，而大的蛋白质分子常有多个结构域，它们彼此之间通过具有较高柔性的多肽链(称为铰链区)连接。

对于由单条多肽链折叠而成的蛋白质分子，三级结构是它的最高级结构。但对于由两条或两条以上具有独立三级结构的多肽链组成的蛋白质，它还进一步具有四级结构。具体而言，蛋白质的四级结构是由两个或多个具有独立三级结构的多肽链通过氢键、疏水键、离子键等次级键相互组合、排布而成的空间结构，其所含的每一条具有独立三级结构的多肽链称为亚基。亚基之间的相互作用比二级结构、三级结构更为松散，因此在一定条件下，具有四级结构的蛋白质可以解离为亚基；此时，亚基的构象保持不变，但生物活性和功能缺失。具有四级结构的蛋白质，只有通过亚基相互结合形成四级结构之后才具有完整的生物活性和功能。同时，对于具有四级结构的蛋白质，亚基可以相同也可以不同，不同亚基之间往往存在协同和别构效应。

1.2 蛋白质的功能

蛋白质是生命的物质基础，是生物有机体的重要组成部分。在细胞中，蛋白质占胞内除水分之外物质的 80%，对于细胞的新陈代谢、衰老死亡等都起着至关重要的作用。在人体中，蛋白质更是无处不在，无论是肌肉组织、皮肤组织还是心脏、肝脏、肾脏等内脏器官，无论是组织液、血液还是骨骼、牙齿，都含有丰富的蛋白质，维持着人体内各种生理活动的进行。

有些蛋白质是细胞和生物有机体结构的重要组成元件，它们被称为结构蛋白(structural proteins)。胶原蛋白(collagen)是最典型的结构蛋白，也是人体乃至哺乳动物体内含量最为丰富的一类蛋白质，约占蛋白质总量的 25%～30%。胶原蛋白是由三条相同或不同的多肽链以超螺旋的形式缠绕形成的纤维状蛋白质，是细胞外基质的主要框架结构成分，也是皮肤、骨骼、血管、牙齿等的主要纤维成分。肌动蛋白(actin)是另一类十分常见的结构蛋白，由 375～377 个氨基酸残基组成，它在生物界分布十分广泛，并且在整个进化过程中高度保守。肌动蛋白是肌肉结构蛋白的重要成员，同时也在几乎所有的真核细胞内盘绕形成直径为 5～8 nm 的右手双螺旋状肌动蛋白纤维(fibros actin，F-actin)，即微丝。微丝在细胞内发挥多种重要功能，如参与形成细胞骨架，构成细胞皮层(cell cortex)，参与胞质环流、吞噬、变形等细胞运动，参与细胞分裂，参与胞内信号转导等。

有些蛋白质具有催化活性，它们被称为酶(enzymes)。在生物体内，众多新陈代谢过程涉及形式多样的化学反应，而这些化学反应大多需要酶的参与。例如，酶是呼吸链最重要的组分。呼吸链是位于原核细胞的细胞膜上或真核细胞的线粒体内膜上的由一系列递电子反应(electron transfer reaction)和递氢反应(hydrogen transfer reaction)相偶联(coupled reaction)且有序排列所形成的电子传递体系，是细胞内 ATP 生成的重要路径，是细胞能量的主要来源。NADH 脱氢酶、琥珀酸脱氢酶、细胞色素 c 氧化酶、细胞色素 c 还原酶等与其他组分(如细胞色素 c、铁硫蛋白、辅酶 Q 等)一起构成完整的呼吸链，提供真核细胞生存所需约 95%的能量。此外，酶也参与细胞对蛋白质功能的调控。研究发现，翻译后修饰可以改变蛋白质的氨基酸序列和理化性质，影响蛋白质的空间结构和稳定性，进而调节蛋白质的生物活性和功能。目前已经确定的蛋白质翻译后修饰方式有 400 多种，其中较为常见的有蛋白质磷酸化、乙酰化、泛素化、甲基化、糖基化、脂化和亚硝基化等。这些蛋白质翻译后修饰过程有的是对蛋白质肽链骨架的剪接，有的是在蛋白质特定氨基酸侧链上添加新的基团，有的是对蛋白质分子内已有基团进行特定化学修饰。根据可逆程度，这些蛋白质翻译后修饰可以进一步分为可逆修饰和不可逆修饰两种形式。其中，可逆的蛋白质翻译后修饰受到一系列修饰酶和去修饰酶的严格调控，使得在某一特定瞬间蛋白质表现出某种稳定或动态的生理功能。

有些蛋白质具有免疫活性，它们被称为抗体(antibodies)。抗体是机体受抗原刺激后，由 B 淋巴细胞或记忆 B 细胞分化成的浆细胞合成并分泌的一种免疫球蛋白，能够高亲和力和特异性地与相应抗原结合，主要分布在血清、组织液和其他外分泌液中。抗体具有中和效应，能够防御外来病原微生物，保卫生物机体免受侵害。例如，抗体能够特异性结合病毒的关键表位，从而封闭病毒与细胞表面受体之间的相互作用；抗体也能够与细菌结合，从而阻止细菌对黏膜上皮细胞的附着。与此同时，某些抗体(主要是 IgG 和 IgM 抗体)与相应抗原特异性结合后能够发生构象变化，暴露出补体结合位点，从而通过经典途径固定并激活补体系统，产生攻膜复合体使表面有相应抗原的微生物或细胞裂解死亡。此外，抗体能够通过其 Fc 片段与多种细胞表面的 Fc 受体结合，产生不同的生物学效应。例如，特异性地结合于致病细菌表面的 IgG 或 IgA 抗体的 Fc 片段能够与巨噬细胞或中性粒细胞表面的 Fc 受体结合，从而借助抗体的桥联作用，促进巨噬细胞或中性粒细胞对致病细菌的吞噬；表达有 Fc 受体的 NK 细胞能够通过对包被于病毒感染细胞或肿瘤细胞表面的 IgG 抗体 Fc 片段的识别，释放穿孔素、颗粒酶等物质，直接杀伤相应感染细胞或肿瘤细胞，该过程被称为抗体依赖的细胞介导的细胞毒作用(antibody-dependent cell-mediated cytotoxicity，ADCC)；IgE 抗体的 Fc 片段能够与肥大细胞或嗜碱性粒细胞表面的 IgE 高亲和力 Fc 受体结合，使其致敏，进而在特异性结合相应抗原后引发 I 型超敏反应。

有些蛋白质可以作为激素(hormones)被扩散或血液运输到特定的细胞和器官，从而调节某些新陈代谢过程，如生长激素是由一条多肽链组成的能够促进骨和软骨生长的蛋白质，促甲状腺素是由两条多肽链组成的促进甲状腺发育和甲状腺激素分泌的糖蛋白。有些蛋白质可以作为受体(receptors)参与细胞信息交流。它们分布于细胞膜上或细胞内，能够特异性地识别并结合某种生物活性分子(即配体)，从而传递信息并激发细胞内一系列生化反应和生物学效应。绝大多数的受体都是糖蛋白，包括 G-蛋白偶联型受体(G-protein coupled receptors)、离子通道型受体、蛋白酪氨酸激酶受体、细胞因子受体、固醇激素受体等。有些蛋白质可以作为转录因子(transcription factors)参与基因表达调控。它们的结构中含有锌指模体、碱性螺旋-环-螺旋、亮氨酸拉链等 DNA 结合域，从而可以与某一基因的特定顺式作用元件相互作用，增强或降低特定基因的表达。有些蛋白质可以作为细胞因子(cytokines)结合细胞表面的特定受体，激发细胞内特定的信号通路。细胞因子是细胞(特别是免疫细胞)在受到外界刺激时所合成和分泌的低分子量可溶性蛋白质，具有调节免疫应答、炎症反应和刺激细胞活化等功能，主要包括白细胞介素(interleukin)、干扰素(interferon)、肿瘤坏死因子(tumor necrosis factor)、集落刺激因子(colony stimulating factor)、趋化性细胞因子(chemokine)和生长因子(growth factor)等 6 大类。有些蛋白质可以作为载体蛋白(carrier proteins)参与运载和转运其他分子，如转铁蛋白、视黄质/甲状腺素运载蛋白、膜通道蛋白等。有些蛋白质可以参与维持机体的渗透压平衡，维持体液的 pH 恒定，如血浆蛋白质的组成和含量对保持机体平衡状态起着重要的调节作用。甚至有些蛋白质可以在饮食中的糖类、脂肪供给不足时作为热量的来源。

1.3 蛋白质定量分析的意义

蛋白质研究不仅是现代生物技术革新和发展的重要源泉，而且对解决各种生命科学问题具有极其重要的意义，对保障人类健康、促进食品产业发展、解决环保危机等重大问题具有不可估量的影响。作为蛋白质研究的重要分支，蛋白质定量分析是开展蛋白质分子机制、调控网络、相互作用等研究工作的重要基石，也是疾病诊断、病程监控、疗效评估等临床实际应用的技术支撑。在本部分，我们拟以几个具体的例子阐述蛋白质定量分析的意义。

蛋白质定量分析是临床血液常规生化检查的重要内容。例如，临床实践中常通过定量测定外周血血清中 C-反应蛋白(C-reactive protein, CRP)的水平来判断炎症或组织损伤的发生。C-反应蛋白是一种急性时相蛋白，是由 5 个完全相同的单体以非共价键组装形成的环状蛋白，它能够与肺炎链球菌的荚膜 C-多糖反应并因此而得名。正常情况下，C-反应蛋白在外周血血清中浓度很低(<10 mg/L,置信度 99%;中位数浓度约为 0.58 mg/L);但当机体发生急慢性炎症或组织损伤(如手术创伤、烧伤、放射线损伤、恶性肿瘤、心肌梗死等)时,肝细胞在白细胞介素 6(IL-6)、白细胞介素 1(IL-1)、肿瘤坏死因子(TNF)等细胞因子的刺激下迅速合成 C-反应蛋白并将其释放至体液中,导致外周血血清中 C-反应蛋白浓度在很短时间内(一般疾病发生后 4～6 h)就开始显著升高。因此,C-反应蛋白可以作为炎症和组织损伤的敏感性和非特异性标志物。C-反应蛋白的浓度变化与病程同步,不受病人的生理活动、机体状态、化疗、放疗和激素治疗等的影响,在临床上普遍被用于病情变化的动态监控和治疗(尤其是抗生素治疗)效果的有效评估。更重要的是,C-反应蛋白浓度在细菌感染时显著升高,而在病毒感染时没有特征性变化,是目前鉴别细菌或病毒感染的首选指标。与此同时,国内外研究表明,健康人外周血血清中 C-反应蛋白水平是心血管疾病最强有力的危险因子和预测指标。例如,流行病学调查显示,血清 C-反应蛋白基本浓度高于 2.1 mg/L 的健康人与浓度低于 1.0 mg/L 的健康人相比,未来发生心肌梗塞的危险性增加 2.9 倍,发生外周动脉血管性疾病的危险性增加 4.1 倍。因此,超敏 C-反应蛋白(hypersensitive CPR, hsCPR,是指使用超敏感方法检测到的 C-反应蛋白)水平被认为是心血管疾病危险评估的金标准,被建议用于心血管疾病的初级预防筛选。

蛋白质定量分析在癌症等恶性疾病的早期诊断中有着重要的价值。随着人们生活和饮食习惯的改变以及环境污染的日益加剧,癌症已经成为我国最常见且对人民群众健康威胁程度最高的疾病之一。根据 2019 年 1 月国家癌症中心发布的最新统计数据,2015 年全国共有 392.9 万人发生癌症,死亡人数超过 230 万人。与此同时,癌症还导致我国医疗费用快速上涨,给医疗和医保体系都带来了巨大的挑战和负担。在所有类型的癌症中,肝癌(liver cancer)是恶性程度最高的癌症之一,其发生率居于各类癌症的第四位,致死率也高居各类癌症的第三位。临床数据表明,在病程早期对患者采取化疗、放疗、肿瘤切除等医学手段能够有效提高肝癌患者的生存率。目前,肝癌的早期诊断主要借助影像学技术和体液检验技术的联合运用,即每六个月对具有肝硬化、病毒性肝炎等病史的肝癌高风险人群进行腹部超声检查并检验血液中甲胎蛋白(α-fetoprotein, AFP,一种公认的肝癌标志蛋白)的水平。但遗憾的是,这种肝癌早期诊断策略在临床实践中面临两方面的困难：首先,腹部超声检查和血液 AFP 水平检验都依赖于专业的医疗仪器,因而需要专门前往医院就诊且诊疗费用较高,严重制约了潜在患者的积极性;其次,肝癌早期患者肿瘤组织较小且血液 AFP 浓度较低,这有可能导致现有的早期诊断策略受限于技术的灵敏度而出现一定程度的漏诊。因此,临床上肝癌患者大多直到中晚期才得以确诊,此时的肿瘤有着强转移性,术后复发率高,当前的医学手段难以达到根治效果,导致肝癌患者五年整体生存率低于 20%。幸运的是,得益于国内外相关领域科研工作者们的不断努力,以及蛋白质组学、生物芯片技术等的快速发展,多种新的蛋白质类肝癌标志物,如甲胎蛋白异质体(α-fetoprotein-L3, AFP-L3)、单核细胞趋化蛋白 1(monocyte chemotactic protein-1, MCP-1)、高尔基蛋白 73(golgi protein 73, GP73)、磷脂酰肌醇蛋白聚糖 3(glypican 3,

GPC3)等被不断发现。这些蛋白质在肝癌早期患者血清等体液样本中的浓度就存在显著上调,且表现出良好的特异性和灵敏性,可以独立或联合作为肝癌诊断的体液检验指标。因此,发展高效可靠的定量分析实验技术,实现对上述蛋白质的灵敏检测,可以有效地弥补现有的肝癌早期诊断策略的不足,从而为肝癌的早期诊断提供重要的技术支持。

蛋白质定量分析在癌症的精准治疗中也有着重要的价值。乳腺癌(breast cancer)是严重威胁全球女性健康的恶性肿瘤之一。根据2019年1月国家癌症中心发布的统计数据,2015年我国新发乳腺癌病例数位居女性各类癌症的首位,达到约30.4万例。同时,根据历年统计数据,我国女性尤其是城市女性的乳腺癌发病率自20世纪90年代以来一直呈现逐年上升趋势,且增长速度达到了全球平均增速的2倍以上。因此,乳腺癌已经成为对我国女性威胁度最高的癌症。为了更好地应对乳腺癌对于患者乃至整个社会所带来的威胁,我国自21世纪初开始重视并推进乳腺癌普查和宣传工作,例如开展"百万妇女乳腺普查工程"和"乳腺癌早诊早治筛查项目"等。经过多年的努力,越来越多的我国乳腺癌患者在病程的较早阶段就得以诊断并得到及时的治疗。但是,乳腺癌患者的治疗依旧面临巨大挑战。这主要是因为乳腺癌是一种典型的高度异质性的癌症,很多肿瘤组织形态层面相似的乳腺癌患者的分子遗传学改变迥异,在免疫表型、治疗反应和预后等方面存在巨大的差异。为了获得最佳的治疗效果,2011年St. Gallen国际乳腺癌大会发布专家共识:采用免疫组织化学方法半定量分析雌激素受体(estrogen receptor, ER)、孕激素受体(progesterone receptor, PR)、人类表皮生长因子受体2(human pidermalgrowth factor receptor-2, HER2)和Ki-67四种蛋白的表达水平,并根据结果将乳腺癌分成四个亚型,即Luminal A型、Luminal B型、HER2过表达型和三阴型。这种基于免疫组织化学定量分析的乳腺癌分型对于临床个体化精准治疗有着重要的指导价值:Luminal A型患者适宜采用以他莫昔芬或芳香酶抑制剂为主要药物的内分泌治疗;Luminal B型患者适宜联合采用内分泌治疗、化疗和以曲妥珠单抗为药物的抗HER2靶向治疗;HER2过表达型患者适用化疗和抗HER2靶向治疗;三阴型患者对内分泌治疗和抗HER2靶向治疗均不敏感,目前临床上以化疗为主,但治疗效果和预后较差。

蛋白质定量分析是食品质量检验的重要范畴。蛋白质是生物有机体的重要组成成分,也是食品的重要质量和营养指标。蛋白质的含量和组成直接影响食品的色、香、味和组织结构。因此,对于食品中的蛋白质进行定量分析,不仅可以有效地评价食品的营养价值,而且可以为食品资源的合理开发利用、食品产品的质量提升、食品配方和生产过程的优化等提供有价值的指导。目前,食品中蛋白质的定量分析有多种成熟的实验技术,如凯氏定氮法、双缩脲法、重量分析法、折光法等。为了进一步统一和完善食品中蛋白质的定量分析实验技术,我国于2010年3月26日发布了《食品安全国家标准 食品中蛋白质的测定》(GB 5009.5—2010)。根据该标准,我国可用于食品中蛋白质测定的分析技术有三种,即凯氏定氮法(适用于各种食品中蛋白质的测定)、乙酰丙酮分光光度法(适用于各种食品中蛋白质的测定)和燃烧法(适用于蛋白质含量在10 g/100 g以上的粮食、豆类、奶粉、米粉、蛋白质粉等固体试样中蛋白质的测定)。其中，凯氏定氮法是最经典且最常用的分析技术，它通过测定食品的总含氮量再乘以蛋白质系数(不同种类的食品的蛋白质系数有所不同，如鸡蛋为 6.25，花生为 5.46，牛奶为 6.28，大米为 5.95)换算得出相应的蛋白质含量。

参考文献

[1] 王克夷.蛋白质导论[M].北京：科学出版社，2007.

[2] KREITZER G，JAULIN F，ESPENEL C.细胞生物学实验：蛋白质[M].北京：科学出版社，2011.

[3] 张艳贞，宣劲松.蛋白质科学：理论、技术与应用[M].北京：北京大学出版社，2013.

[4] 叶盛."神通广大"的生命物质基础：蛋白质[M].北京：科学出版社，2018.

[5] 汪世龙，等.蛋白质化学[M].上海：同济大学出版社，2012.

[6] 石汉平，王昆华，李增宁.蛋白质临床应用[M].北京：人民卫生出版社，2015.

[7] 李述刚，邱宁，耿放.食品蛋白质科学与技术[M].北京：科学出版社，2019.

[8] 何庆瑜，等.功能蛋白质研究[M].北京：科学出版社，2019.

[9] GOODSELL D S，OLSON A J. Structural symmetry and protein function[J]. Annual Review of Biophysics and Biomolecular Structure，2000，29(1)：105－153.

[10] COHEN L，WALT D R. Highly sensitive and multiplexed protein measurements[J]. Chemical Reviews，2019，119(1)：293－321.

[11] RUSLING J F，KUMAR C V，GUTKIND J S，PATEL V. Measurement of biomarker proteins for point-of-care early detection and monitoring of cancer[J]. Analyst，2010，135：2496－2511.

[12] KINGSMORE S F. Multiplexed protein measurement：technologies and applications of protein and antibody arrays[J]. Nature Reviews Drug Discovery，2006，5：310－321.

2 蛋白质定量分析实验技术

蛋白质是生物体内各种新陈代谢活动的主要承载者，与生长发育、遗传、免疫、物质转运、衰老死亡等过程密切相关。准确且灵敏地进行蛋白质定量是诸多生命科学和医学研究（如临床诊断、蛋白质功能测定、代谢通路分析、药物靶点筛选、食品质量安全检测等）的关键需求。截至目前，科研工作者们发展了多种多样的实验技术以满足蛋白质定量分析的需求。这些实验技术大致可以分为3大类，即基于蛋白质的元素组成、化学显色反应和光吸收特性的总蛋白质定量分析实验技术，基于二维凝胶电泳（或多维液相色谱）和生物质谱的定量蛋白质组学分析实验技术，以及基于生物传感的特定蛋白质定量分析实验技术。在本章中，我们将从这3类中分别选取若干种有代表性的且应用较为广泛的蛋白质定量分析实验技术予以介绍。

2.1 总蛋白质定量分析实验技术

总蛋白质定量分析是生物化学和食品化学研究的重要基础工具，在实际应用中具有十分重要的价值。根据蛋白质的元素组成、结构特点和光学特性等，科学家们提出了种类繁多的总蛋白质定量分析实验技术。但值得注意的是，这些技术并非适用于任何条件下任何形式的总蛋白质的定量分析，这导致同一样品溶液用不同技术分析，有可能会得到不同的蛋白质定量结果。因此，在具体实践中，操作者应当了解每一种总蛋白质定量分析实验技术的优缺点及适用范围，并综合考虑样品的性质、样品中可能存在的干扰物质、分析精确度和灵敏度的需求以及分析耗时等，选择适当的分析技术。在本部分，我们选取了4种最常用的总蛋白质定量分析实验技术进行介绍，即凯氏定氮法、Folin-酚试剂法、考马斯亮蓝法和BCA法。

2.1.1 凯氏定氮法

凯氏定氮法是最经典的总蛋白质定量分析实验技术，是由丹麦科学家凯道尔（Kieldhl）于1833年建立的。凯氏定氮法的理论基础是：一方面，蛋白质是一种含氮的有机化合物，且含氮量通常占蛋白质总质量的16％左右（15％～17.6％）；另一方面，生物样品中的氮主要存在于蛋白质中，因此，可以通过测定生物样品中的含氮量再乘以一定的蛋白质系数(约为6.25，即1/16%)从而推算得出相应的蛋白质含量。与其他常用的总蛋白质定量分析实验技术相比，凯氏定氮法虽然操作较为繁琐、耗时较长，但所得到的分析结果的灵敏性、准确性和重现性都很高，因此目前在国内外应用十分普遍。例如，凯氏定氮法是我国于2010年3月26日发布的《食品安全国家标准　食品中蛋白质的测定》(GB 5009.5—2010)中推荐的用于食品中蛋白质定量分析的首选实验技术。

(1) 原理

当样品与浓硫酸、硫酸钾和硫酸铜等共同加热时，样品中的蛋白质被脱水、分解，其中的碳、氢元素分别被氧化为二氧化碳和水逸出，氮元素以氨的形式与硫酸结合形成硫酸铵，实现有机氮向无机氮的转化，这一过程被称为消化。消化完成后，产物溶液中的硫酸铵可以在浓碱的作用下分解，游离出氨气，从而与其他杂质分离；同时，水蒸气蒸馏将产生的氨气完全转移至一定浓度的过量硼酸溶液中。硼酸溶液接收氨气后生成四硼酸铵，导致溶液的氢离子浓度降低；此时，使用标准无机酸(一般为盐酸或硫酸)滴定，使溶液的氢离子浓度恢复至初始值(滴定终点采用混合指示剂的颜色变化判定)。根据所消耗的标准无机酸的当量数，可以计算出样品中的总氮量，再乘以蛋白质系数即为样品中蛋白质的含量。

(2) 实验流程

为了满足不同的样品分析需求，经过多年的发展，凯氏定氮法已经进一步细分为全量凯氏定氮法、半微量凯氏定氮法、微量凯氏定氮法和改良凯氏定氮法等。限于篇幅，我们在这里以微量凯氏定氮法用于固体样品中总蛋白质定量分析为例，介绍凯氏定氮法的实验流程。

① 样品消化。准确称取一定量(一般为0.2～2 g)的固体样品，置于洁净干燥的100 mL凯氏烧瓶中，接着向瓶中加入0.2 g硫酸铜、6 g硫酸钾和20 mL浓硫酸；轻轻摇晃均匀后，将烧瓶以45°角斜支于通风橱内的石棉网上，使用电炉小火加热至瓶内物全部碳化且不再产生泡沫；随后，加大加热火力，保持瓶内液体微沸，直至液体变为透明蓝绿色；继续加热30 min，使样品消化完全；随后，停止加热；待瓶内液体冷却后，沿瓶壁加入10 mL左右无氨蒸馏水进行冲洗，继而将瓶内液体转移至100 mL容量瓶中，加水定容至刻度。

② 蒸馏与吸收。在水蒸气发生瓶中加入三分之二容积的蒸馏水，并加入数滴甲基红指示剂及数毫升稀硫酸，使蒸馏水保持酸性，加入数粒玻璃珠或沸石防止爆沸；在接收瓶中加入10 mL 40 g/L硼酸及2滴甲基红-溴甲酚绿混合指示剂，并将冷凝管插入液面以下；准确吸取定容后的消化液10 mL通过加样漏斗加入反应瓶中，随后再经漏斗加入10 mL 40%氢氧化钠溶液，用少量无氨蒸馏水冲洗漏斗，夹好漏斗塞并水封；加热煮沸，水蒸气发生瓶内的蒸馏水开始蒸馏，观察接收瓶中溶液的颜色变化；待接收瓶中溶液颜色变为绿色后继续蒸馏10 min，将冷凝管底端提离液面后继续蒸馏1 min。

③ 滴定。将接收瓶内的溶液用0.01 mol/L标准盐酸溶液滴定，当溶液颜色变为微红色时即为滴定终点。同时做一试剂空白(除不加样品，其他操作从消化开始均完全相同)。

④ 根据式(2.1)计算样品中蛋白质的含量：

$$W=\frac{c\times(V_2-V_1)\times 0.014\times F}{m\times\frac{10}{100}}\times 100\% \qquad (2.1)$$

式中，W 为蛋白质的质量分数(%)，c 为盐酸标准溶液的浓度(mol/L)，V_1 为试剂空白滴定消耗标准盐酸溶液的体积(mL)，V_2 为样品滴定消耗标准盐酸溶液的体积(mL)，m 为样品质量(g)，0.014 为氮的毫摩尔质量(g/mmol)，F 为蛋白质系数。

(3) 关键点和注意事项

① 消化过程中添加硫酸钾的目的是提高反应温度，加快样品中有机物的分解。该操作的理由是：硫酸的沸点是 330℃，而硝酸钾能够与硫酸反应生成硫酸氢钾，沸点可以达到 400℃以上，因此，添加硝酸钾能够使溶液的最高反应温度进一步提升，从而可以加速整个反应过程。但需要注意的是，硝酸钾的加入量不宜过大，否则溶液反应温度过高，会导致消化产生的硫酸铵分解。

② 消化过程中添加硫酸铜的目的是作为催化剂，加速反应过程。除硫酸铜外，氧化汞、硒、硒化合物、二氧化钛等也能够作为消化过程中的催化剂。但除了催化作用外，硫酸铜还可以作为消化完全的指示剂(透明蓝绿色)和蒸馏时碱性反应的指示剂，因此是凯氏定氮法中最常用的催化剂。

③ 样品尤其是生物样品中常含有较多的脂肪，消化过程中容易产生大量的泡沫，这些泡沫一旦溢出凯氏烧瓶，就会导致分析结果不准确。因此，在消化过程的初始阶段，加热应该采用小火，并时时摇动烧瓶。

④ 蒸馏和吸收过程中，硼酸溶液的温度不宜超过 40℃，否则会影响氨气吸收的效果，造成分析结果偏低。

⑤ 不同种类样品的蛋白质系数有所不同。以食品样品为例，大豆及其制品的蛋白质系数为 5.71，花生为 5.46，小麦粉为 5.70，大米为 5.95，牛乳及其制品为 6.38。若无法通过资料获得样品准确的蛋白质系数，可按照平均蛋白质系数 6.25 计算。

⑥ 实际上，凯氏定氮法直接得到的是样品的总有机氮量，包含了核酸、含氮色素、生物碱等非蛋白质化合物的含氮量。因此，需要向另一份相同量的平行样品中加入三氯乙酸或乙酸锌以沉降蛋白质，进而通过凯氏定氮法得到非蛋白质化合物的含氮量。最终，通过从样品的总氮量中扣减归属于非蛋白质化合物的含氮量，可以更加准确地获得样品的蛋白质含氮量及含量。

2.1.2 Folin-酚试剂法

Folin-酚试剂法，又称 Lowry 法，是 Folin 和 Lowry 两位科学家在双缩脲反应的基础上建立和发展起来的一种十分灵敏的总蛋白质定量分析实验技术，最低蛋白质测定量可达到 5 μg/mL。与凯氏定氮法相比，Folin-酚试剂法是基于蛋白质的特定化学反应的光谱学定量分析技术，具有操作简单、耗时短、实验安全性高、对环境无污染等优点。

(1) 原理

在碱性条件下，当样品与 Folin-酚甲试剂(由硫酸铜、氢氧化钠、碳酸钠和酒石酸钾钠组成)混合时，蛋白质分子中的肽键能够与 Folin-酚甲试剂中的铜离子螯合形成蛋白质-铜络合物，即发生双缩脲反应；随后，蛋白质-铜络合物中含酚羟基的酪氨酸、色氨酸或苯丙氨酸残基可以还原 Folin-酚乙试剂中的磷钼酸和磷钨酸，生成磷钼蓝和磷钨蓝的混合物，呈现出蓝色；在一定范围内，蓝色的深度与蛋白质的含量成正比，因此可以直接利用颜色的深浅或使用分光光度计测定 500 nm 或 650 nm 处的吸光度值，实现样品中蛋白质含量的分析。

(2) 实验流程

在这里，我们以液体样品中总蛋白质含量的定量分析为例，介绍 Folin-酚试剂法的实验流程。

① Folin-酚甲试剂的配置。准确称取 1 g 碳酸钠溶于 50 mL 0.2 mol/L 氢氧化钠溶液，得到溶液 A；准确称取 0.5 g 五水合硫酸铜溶于 100 mL 1%的酒石酸钾钠溶液，得到溶液 B；每次使用前，将溶液 A 和溶液 B 按照 50∶1 的比例混合，得到 Folin-酚甲试剂。该试剂应在每次使用前新鲜配置，若要保存使用，最多可保存使用 1 天，过期失效。

② Folin-酚乙试剂的配置。Folin-酚乙试剂包含磷钼酸、磷钨酸、硫酸、溴等组分，由于配置过程较为复杂且有一定的危险性，Folin-酚乙试剂目前常通过商品化购买的方式获得，并密封放置于 4℃冰箱中避光保存。

③ 标准蛋白质溶液的配置。准确称取 25 mg 结晶牛血清白蛋白或 γ-球蛋白粉末，使用 0.1 mol/L 氢氧化钠溶液溶解后转移至 100 mL 容量瓶中，加蒸馏水定容至刻度，得到浓度为 250 μg/mL 的标准蛋白质溶液。

④ 标准曲线的制作。取 21 支大试管，分成 3 组，分别加入 0 mL、0.1 mL、0.2 mL、0.4 mL、0.6 mL、0.8 mL 和 1.0 mL 标准蛋白质溶液；将各管溶液用蒸馏水补足至 1.0 mL 后，向各管分别加入 5 mL Folin-酚甲试剂，混合均匀并置于 20℃～25℃条件下反应 10 min；随后，向各管分别加入 0.5 mL Folin-酚乙试剂，迅速混匀后在 20℃～25℃条件下放置反应 30 min；最后，测定各管溶液在 500 nm 或 650 nm 波长处的吸光度值，取三组测定的平均值为纵坐标，以各管溶液对应的标准蛋白质浓度为横坐标，绘制标准曲线，作为样品中总蛋白质定量分析的依据。

⑤ 样品的测定和定量分析：取 3 支大试管，分别加入 1.0 mL 样品溶液(约合 20～250 μg 蛋白质)和 5 mL Folin-酚甲试剂，混合均匀并置于 20℃～25℃条件下反应 10 min；随后，向各管分别加入 0.5 mL Folin-酚乙试剂，迅速混匀后在 20℃～25℃条件下放置反应 30 min；最后，测定各管溶液在 500 nm 或 650 nm 波长处的吸光度值，取 3 组平均值代入标准曲线，计算得到样品中总蛋白质的含量。

(3) 关键点和注意事项

① Folin-酚乙试剂仅在酸性条件下稳定，所以在实验过程中，一旦向试管中加入

Folin-酚乙试剂,必须立刻将管内溶液混匀,以免乙试剂被破坏,导致显色程度减弱。

② 各管中加入 Folin-酚乙试剂后,显色反应会一直进行,导致管内溶液颜色随着时间不断加深,所以必须精确控制各管的反应时间,以保证定量分析结果的准确性。

③ Folin-酚试剂法用于总蛋白质定量分析的主要缺点是干扰物质较多。例如,能够干扰双缩脲反应的基团(如$—CO—NH_2$ 和$—CH_2—NH_2$)或含有酚类、柠檬酸和巯基的化合物都会影响 Folin-酚试剂法的定量分析结果。

2.1.3 考马斯亮蓝法

考马斯亮蓝法,又称 Bradford 法,是科学家 Bradford 在 1976 年根据蛋白质与染料结合的原理建立的一种总蛋白质定量分析实验技术。考马斯亮蓝法也是一种光谱学定量分析技术,但相比于 Folin-酚试剂法,考马斯亮蓝法的灵敏度更低(最低可以测定的蛋白质浓度可以达到 1 μg/mL)、操作更加简便(仅需要一种试剂)、测定更加快速(只需要 5 min 左右的时间)、潜在的干扰物质更少(酚类、柠檬酸、巯基化合物等常见的 Folin-酚试剂法干扰物对考马斯亮蓝法均没有影响)。

(1) 原理

考马斯亮蓝染料(Coomassia Brilliant Blue G-250)是一种分子中含有多个磺酸基的染料,在 465 nm 波长处有最大光吸收峰。在酸性溶液中,考马斯亮蓝 G-250 染料能够与样品中的蛋白质分子结合,使得其自身的最大光吸收峰波长由 465 nm 移至 595 nm,并导致溶液颜色由棕红色变为蓝色;在一定范围内,溶液在 595 nm 波长处的吸光度值与样品中蛋白质的含量呈线性相关,因而可以实现蛋白质的定量分析。

(2) 实验流程

在这里,我们以固体样品中总蛋白质含量的定量分析为例,介绍考马斯亮蓝法的实验流程。

① 考马斯亮蓝染料(考马斯亮蓝 G-250)溶液的配置。准确称取 100 mg 考马斯亮蓝 G-250 染料溶于 50 mL 95%乙醇,随后加入 100 mL 85%磷酸并混合均匀;每次使用前,取 15 mL 上述混合溶液转移至 100 mL 容量瓶中,加蒸馏水定容至刻度,使用滤纸过滤,最终得到浓度为 0.01%的考马斯亮蓝染料溶液。

② 标准蛋白质溶液的配置。准确称取 25 mg γ-球蛋白或结晶牛血清白蛋白粉末,使用 0.1 mol/L 氢氧化钠溶液溶解后转移至 100 mL 容量瓶中,加蒸馏水定容至刻度,得到浓度为 0.25 mg/mL 的标准蛋白质溶液。

③ 标准曲线的制作。取 18 支大试管,分成 3 组,分别加入 0 mL、0.2 mL、0.4 mL、0.6 mL、0.8 mL 和 1.0 mL 标准蛋白质溶液;将各管溶液用 2% NaCl 溶液补足至 1.0 mL 后,向各管分别加入 5 mL 考马斯亮蓝染料溶液,立即混合均匀后置于 20℃～25℃条件下反应 2 min;随后,测定各管溶液在 595 nm 波长处的吸光度值,取 3 组测定的平均值为纵坐标,以各管溶液对应的标准蛋白质浓度为横坐标,绘制标准曲线,作为样品中总蛋白质定量分析的依据。

④ 样品溶液的配置。准确称取 10 mg 的固体样品，用 10 mL 2% NaOH 溶液溶解并用 2%盐酸溶液调 pH 为 7 后，转移至 100 mL 容量瓶中，加蒸馏水定容至刻度。

⑤ 样品的测定和定量分析。取 3 支大试管，分别先后加入 1.0 mL 样品溶液和 5 mL 考马斯亮蓝染料溶液，立即混合均匀后置于 20℃～25℃条件下反应 2 min；随后，测定各管溶液在 595 nm 波长处的吸光度值，取 3 组平均值代入标准曲线，计算得到样品中总蛋白质的含量。

(3) 关键点和注意事项

① 考马斯亮蓝 G-250 染料与蛋白质分子相互作用的过程，大约只需要 2 min 即可完成；产物的颜色能够在 1 h 内保持稳定，且在 5～20 min 之间稳定性最好，因此，考马斯亮蓝法测定蛋白质含量时无须像 Folin -酚试剂法一样严格地控制反应时间。

② 考马斯亮蓝 G-250 染料主要是结合蛋白质分子中的碱性氨基酸（主要是精氨酸）和芳香族氨基酸残基。由于各种蛋白质分子中精氨酸和芳香族氨基酸的含量不同，使用考马斯亮蓝法测定样品中总蛋白质含量时就存在一定的偏差。为了尽可能地减少这个因素所引起的分析偏差，制作标准曲线时应尽可能选择 γ -球蛋白作为标准蛋白质。

③ 尽管考马斯亮蓝法的干扰物质远少于 Folin -酚试剂法，但仍然存在一些潜在的干扰物质，主要是较高浓度的 Tween 20、Triton X-100、十二烷基硫酸钠（SDS）等去垢剂分子。因此，在实验中，应尽可能保证样品溶液中 Tween 20 浓度低于 0.06%，Triton X-100 浓度低于 0.1%，SDS 浓度低于 0.1%。

2.1.4 BCA 法

BCA 法是一种基于水溶性复合物二喹啉甲酸（bicinchoninic acid, BCA）的光谱学分析方法，是目前世界上最常用的总蛋白质定量分析实验技术之一。与其他技术相比，BCA 具有简单、稳定、灵敏性高等优点。更重要的是，BCA 法具有理想的样品适用性，不受样品中绝大部分其他组分的影响，甚至对于 5%以内的 Tween 20、Triton X-100、SDS 等去垢剂分子也有着很好的兼容性。

(1) 原理

在碱性条件下，样品中的蛋白质分子可以把二价铜离子（Cu^{2+}）还原为一价亚铜离子（Cu^{+}），还原产生的一价亚铜离子的浓度与样品中总蛋白质的浓度成正比；随后，一分子的一价亚铜离子可以和两分子的 BCA 反应，螯合生成一种稳定的紫色水溶性复合物；该复合物在 562 nm 波长处有最大光吸收峰，且吸光度值在较宽的浓度范围内与样品中总蛋白质的浓度呈线性相关，因而可以用于蛋白质的定量分析。

(2) 实验流程

在这里，我们以固体样品中总蛋白质含量的定量分析为例，介绍 BCA 法的实验流程。

① BCA 工作液的配置。准确称取 1.0 g BCA 二钠盐、0.4 g 氢氧化钠、0.16 g 二水合酒石酸钠和 2.0 g 水合碳酸钠，溶于 100 mL 蒸馏水，随后，向该溶液中分次少量加入 0.95 g

碳酸氢钠，调整 pH 至 11.25，得到 BCA 工作液 A 液，即 BCA 碱性溶液；准确称取 4.0 g 五水合硫酸铜，溶于 100 mL 蒸馏水，得到 BCA 工作液 B 液；按照 50∶1 的比例将摇晃均匀的 A 液和 B 液充分混合，得到 BCA 工作液；BCA 工作液 A 液在室温下可以保存 1～3 周（4℃条件下可以保存更久），B 液在室温下可以保存 6 个月，但 BCA 工作液在室温下只能稳定保存约 24 h，所以最好每次使用前现用现配。

② 标准蛋白质溶液的配置。准确称取 20 mg 结晶牛血清白蛋白粉末，溶于含有 0.05%叠氮钠的 0.9%氯化钠溶液，得到 2 mg/mL 标准蛋白质溶液；该溶液放置于 4℃冰箱中可以保存 6 个月。

③ 标准曲线的制作。将 2 mg/mL 标准蛋白质溶液稀释成 6 个不同浓度，浓度范围为 125～2 000 μg/mL；取 21 个 1.5 mL 离心管，分成 3 组，分别加入 50 μL 空白溶液和不同浓度的标准蛋白质溶液；随后，向各管分别加入 1 mL BCA 工作液，迅速混合均匀；将各管置于 37℃条件下反应 30 min，随后，冷却至室温；最后，测定各管溶液在 562 nm 波长处的吸光度值，取 3 组测定的平均值为纵坐标，以各管溶液对应的标准蛋白质浓度为横坐标，绘制标准曲线，作为样品中总蛋白质定量分析的依据。

④ 样品溶液的配置。准确称取 10 mg 的固体样品，溶于 10 mL 0.9%氯化钠溶液，得到 1 mg/mL 样品溶液。

⑤ 样品的测定和定量分析。将 1 mg/mL 样品溶液稀释至适宜浓度（所含总蛋白质量约为 125～2 000 μg/mL）；取 3 个 1.5 mL 离心管，分别加入 50 μL 样品溶液；随后，向各管分别加入 1 mL BCA 工作液，迅速混合均匀；将各管置于 37℃条件下反应 30 min，随后，冷却至室温；最后，测定各管溶液在 562 nm 波长处的吸光度值，取 3 组平均值代入标准曲线，计算得到样品中总蛋白质的含量。

（3）关键点和注意事项

① 蛋白质分子中肽键的数量以及半胱氨酸、色氨酸、胱氨酸和酪氨酸 4 种特定氨基酸的存在与 BCA 显色反应的发生相关；BCA 法用于蛋白质定量分析时基本不受蛋白质种类的影响，测定不同蛋白质分子时的差异远小于考马斯亮蓝法。

② 尽管 BCA 法能够兼容 5%以内的 Tween 20、Triton X-100、SDS 等去垢剂分子，但该方法会受螯合剂和较高浓度的还原剂的影响。因此，在实验中，应尽可能保证样品溶液中不含乙二醇-双-(2-氨基乙醚)四乙(EGTA)，所含乙二胺四乙酸(EDTA)浓度低于 10 mmol/L，二硫苏糖醇(DTT)浓度低于 1 mmol/L，β-巯基乙醇浓度低于 0.01%。

③ BCA 工作液 A 液和 B 液混合时可能会出现混浊，此时应当将混合溶液充分振荡均匀，最终可以得到绿色澄清的 BCA 工作液。

④ 标准蛋白质溶液和样品溶液应使用同一种溶液稀释，以尽可能地减少分析误差，一般常使用双蒸水、0.9%氯化钠溶液或 0.1 mol/L 磷酸盐缓冲液作为稀释溶液。

⑤ BCA 法用于总蛋白质定量分析时，显色反应会随着温度的升高而加快，同时溶液颜色会随着时间的延长而加深。所以，如果样品中总蛋白质含量较低，可以适当地提高显

色反应温度或延长反应时间。

2.2 定量蛋白质组学分析实验技术

心脑血管疾病、癌症、帕金森病已经成为影响我国居民寿命的“三大杀手”，它们的发病率呈现逐年上升的趋势，给社会和家庭都带来了极其沉重的健康和经济负担。虽然随着相关学科的快速发展，针对这些疾病的药物研发进展迅速，治疗方案也不断优化，但在现有的科技水平下，这些疾病的治愈尚无法很好地实现，因此及时准确的诊断和治疗成为提升相关患者生存率和生存质量以及降低治疗成本最为有效的手段。蛋白质作为生物体内各项功能的主要承载者，其表达时刻受到细胞信号的严密调控；在心脑血管疾病、癌症、帕金森病等非正常状态下，蛋白质表达水平的高低与疾病发生发展具有直接相关性。因此，对疾病相关的标志性蛋白进行定量分析已成为这些疾病筛查与诊断、病情分期与预后的重要手段和依据。在这一领域，基于二维凝胶电泳（或多维液相色谱）和生物质谱的定量蛋白质组学分析实验技术占据着举足轻重的地位。

蛋白质组学（proteomics）是一门以蛋白质组为研究对象的科学；而蛋白质组（proteome）是澳大利亚科学家 M. Wilkins 在 1994 年提出的一个概念，是指一个细胞、组织或生物体在某个时间段或时间点所表达的所有蛋白质。2001 年，美国科学家 S. Fields 在 *Science* 杂志上给出了蛋白质组学的定义和研究范畴[1]：“Proteomics includes not only the identification and quantification of proteins, but also the determination of their localization, modifications, interactions, activities, and, ultimately, their function.”即蛋白质组学是从整体的角度上研究一个蛋白质组中蛋白质的组成、数量、空间定位、修饰状态、相互作用、生物活性和功能。基于二维凝胶电泳（或多维液相色谱）和生物质谱的定量蛋白质组学分析实验技术是蛋白质组学研究的重要内容和工具，其主旨是通过对不同条件或状态下某个蛋白质组中蛋白质的精确定量对比分析，研究蛋白质水平与疾病发生等因素之间的关系。

根据是否需要对蛋白质或酶切产生的多肽片段进行标记，定量蛋白质组学分析实验技术可以分为标记和非标记 2 大类。同时，根据定量目的的差异，定量蛋白质组学分析实验技术又可以分为相对定量和绝对定量两大类，其中前者是对不同状态下相同蛋白质组中蛋白质数量的相对变化进行分析，而后者是对某个蛋白质组中蛋白质的绝对数量和浓度进行分析。生物质谱无疑是当前定量蛋白质组学分析实验技术中最为核心的技术手段，是实现大规模和高通量蛋白质定量的基础。生物质谱利用软电离方式使完整蛋白质或酶切后产生的多肽片段带上电荷并离子化，进而通过加速电场和质量分析器，实现不同质荷比的离子化的蛋白质或多肽片段的分离和检测。基质辅助激光解吸离子化（matix-assisted laser desorption/ionization, MALDI）和电喷雾离子化（electrospray ionization,

SIE)是生物质谱中应用最为成熟的两种软电离方式,它们能够使蛋白质或多肽等不易挥发的生物大分子产生气化的带单电荷或多电荷的分子离子;也正是由于它们的出现,生物质谱得以在定量蛋白质组学研究中得到极为广泛的应用。

基于生物质谱的定量蛋白质组学分析实验技术需要建立一个可以被质谱仪器识别的特定质谱标签,从而使得具有相同离子化能力的蛋白质或多肽片段能够通过比较质谱标签的信号大小得到待测蛋白质的相对量。目前,最为常用的质谱标签是稳定同位素标签,即采用同位素体外或体内标记技术,通过代谢、酶促反应、化学标记等方式在蛋白质或多肽片段上引入特定标签,进而在同一次实验中分析不同标记的混合样本,同时得到不同样本中大量多肽片段/蛋白质的响应信号。基于同位素标签的定量蛋白质组学分析实验技术具有很高的灵敏度和精确度,但是其标记反应过程复杂且需要使用价格昂贵的高分辨率质谱仪器。近年来,有研究者发现蛋白质丰度与酶解作用得到的多肽片段在质谱中被检测到的频率或质谱数据中二级谱图数目呈现正相关性,这使得非标记定量成为定量蛋白质组学的另一有效路径。与基于同位素标签的分析技术相比,非标记蛋白质组学分析技术实验流程简单、适用范围广,单次实验可定量蛋白质种类更多,但同时非标记定量也面临着共享肽段处理、统计检验以及低丰度蛋白质定量准确性等方面的挑战。

截至目前,定量蛋白质组学分析实验技术已经发展出双向荧光差异凝胶电泳(two-dimensional fluorescence difference gel electrophoresis, 2D-DIGE)、非标记定量(label-free)、串联质量标签(tandem mass tag, TMT)、同位素标记亲和标签(isotope-coded affinity tag, ICAT)、SWATH(sequential windowed acquisition of all theoretical fragment ions)、细胞培养条件下稳定同位素标记氨基酸(stable-isotope labelling by amino acids in cell culture, SILAC)以及同重同位素标记相对和绝对定量(isobaric tags for relative and absolute quantitation, iTRAQ)等多种技术形式。在本部分中,我们选取了两种比较有代表性的定量蛋白质组学分析实验技术,即 ICAT 和 iTRAQ 技术,进行介绍。需要注意的是,定量蛋白质组学分析实验技术的原理和步骤复杂,且在近年来发展和更新十分迅速。因此,受限于本书篇幅和笔者水平,我们仅能够对 ICAT 和 iTRAQ 两种技术的原理和实验操作进行十分浅显的介绍。如果读者希望深入了解这两种技术以及其他的定量蛋白质组学分析实验技术,可以参阅相关科研论文或专著,如 M. R. Wilkins 等所著的 *Proteome Research Concepts, Technology and Application*(《蛋白质组学研究:概念、技术及应用》),R. J. Simpson 等所著的 *Proteins and Proteomics: A Laboratory Manual*(《蛋白质与蛋白质组学实验指南》),J. Reinders 等所著的 *Proteomices: Methods and Protocols*(《蛋白质组学:研究方法与实验方案》)和饶子和等所著的《蛋白质组学方法》。

2.2.1 同位素标记亲和标签技术

同位素标记亲和标签(ICAT)技术是由美国科学家 S. P. Gygi 等人于 1999 年发展出来的一种用于定量蛋白质组学分析的技术。该技术利用一种化学合成的能够和半胱氨酸反应的亲和试剂(即 ICAT 试剂)，在体外标记不同状态下的蛋白质样品，进而经过酶解、分离纯化等步骤后进行质谱分析。ICAT 试剂由 3 部分组成：首先是一个带有碘激活羰基的反应基团，其能够特异性地结合半胱氨酸残基的巯基，从而使 ICAT 试剂结合至蛋白质侧链上；其次是一个整合有稳定^{2}H 同位素标记的接头部分，分为两种，一种带有 8 个氢原子(d0，所对应的 ICAT 试剂称为轻试剂)，一种带有 8 个氘原子(d8，所对应的 ICAT 试剂称为重试剂)；最后是一个生物素头部，可以作为亲和标签选择性地分离标记的蛋白质或多肽。

ICAT 技术的常规实验步骤是：将两组来源密切相关但不同状态的蛋白质样本分别使用轻试剂和重试剂标记；标记完全后，将两组样本混合并使用胰蛋白酶水解，得到大小不同的多肽片段；随后，使用固相阳离子柱，除去混合样本中残留的胰蛋白酶、去垢剂和 ICAT 试剂等；最后，使用抗生物素蛋白亲和层析分离标记和未标记的多肽片段，将分离得到的标记多肽片段进一步通过液相色谱分离后进行串联质谱(tandem mass spectrometry，MS/MS)分析。如果质谱图谱中一对峰的峰型一致且质量数相差 8 Da(质荷比通常相差 4.0 或 8.0)，则可以判断为来源于两组样本中同一种蛋白质的酶切多肽片段；根据这对峰的相对强度，可以进行两组样本中同一种蛋白质的相对定量。

相比于其他定量蛋白质组学分析技术，ICAT 技术具有多种优点。一方面，ICAT 技术具有广泛的兼容性，其不仅能够适用于任何条件下细胞、组织或体液中蛋白质组学分析的需求，而且可以直接鉴定和定量低丰度蛋白质以及膜蛋白。另一方面，ICAT 技术通过选择性地标记和富集含有半胱氨酸的多肽片段，减少了下游质谱分析的复杂性，显著降低了定量蛋白质组学分析的难度。但是，ICAT 技术也存在明显的缺陷。例如，ICAT 技术所使用的亲和试剂的分子量约为 500 Da，是一个相对较大的修饰物，可能对部分蛋白质的胰蛋白酶水解过程产生明显的空间位阻，并增加多肽片段串联质谱分析的复杂性。更为重要的是，ICAT 技术依赖于亲和试剂与半胱氨酸巯基之间的特异性作用，因此不适用于不含半胱氨酸或半胱氨酸含量低的蛋白质的分析。

2.2.2 同重同位素标记相对和绝对定量技术

同重同位素标记相对和绝对定量(iTRAQ)技术是由美国应用生物系统公司(Applied Biosystems Incorporation，ABI)于 2004 年开发的一种定量蛋白质组学分析实验技术。该技术利用 8 种同重同位素化学试剂(即 iTRAQ 试剂)在体外同时标记至多 8 组蛋白质样本酶解产生的多肽片段，并将标记的多肽片段等量混合均匀，通过液相色谱分离和串联质谱(MS/MS)分析，得到对应的一级和二级质谱信息。iTRAQ 试剂是由 8 种分子量相同的同位素标记试剂组成的一组试剂。每一种 iTRAQ 试剂都由 3 部分组成，分别为报告基团(Report Group)、平衡基团(Balance Group)和反应基团(Reactive Group)。其中，报告基团有 8 种不同的形式，分别对应于 8 种 iTRAQ 试剂，它们的分子量分别为 113～119 Da 和 121 Da；平衡基团用于平衡报告基团带来的分子量差异，也有 8 种形式，分子量分别为 184 Da 和 186～192 Da，它们与报告基团一一对应，保证每一种 iTRAQ 试剂具有相同的分子量;反应基团能够共价地结合多肽链 N 末端或赖氨酸侧链的氨基,从而使 iTRAQ 试剂适用于任何种类蛋白质的分析。

如图 2-1 所示,iTRAQ 技术的常规实验步骤如下：收集至多 8 组来源密切相关但不同状态的样本并提取蛋白质;将提取得到的蛋白质进行还原和半胱氨酸封闭处理,随后使用胰蛋白酶水解,得到大小不同的多肽片段;使用不同种类的 iTRAQ 试剂分别标记不同样本来源的多肽片段;标记完成后,将这些多肽片段等量混合均匀,继而通过液相色谱分离后进行串联质谱分析。在一级质谱中,任何一种 iTRAQ 试剂标记的不同样本来源的同一蛋白质酶解产生的相同多肽片段表现出相同的质荷比;在二级质谱中,iTRAQ 试剂报告基团、平衡基团和反应基团之间的化学键断裂,释放出低质荷比的 iTRAQ 报告离子,这使得不同 iTRAQ 试剂标记的同一蛋白质酶解产生的相同多肽片段表现为不同质荷比的峰,这些峰的面积或高度可以用于不同样本中蛋白质相对数量的分析。

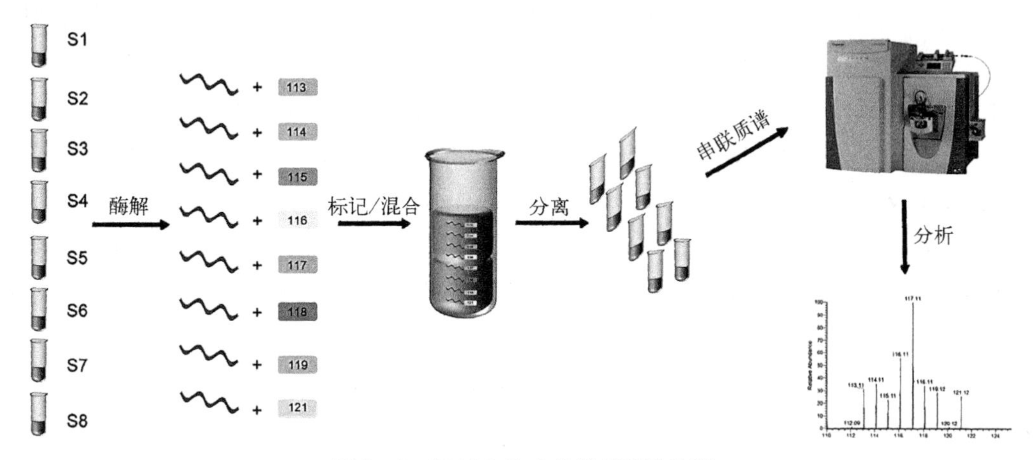

图 2-1 iTRAQ 技术的常规实验步骤

iTRAQ 技术借助同重试剂与多肽链 N 末端或赖氨酸侧链氨基之间的相互作用实现同位素标记,因而适用于包括膜蛋白、疏水蛋白、翻译后修饰蛋白在内的几乎任何种类的蛋白质,相比于 ICAT 技术和其他定量蛋白质组学分析技术,具有更广的分析范围。与此同时,iTRAQ 技术使用 8 种同重同位素试剂,可以实现至多 8 组样本的同时分析,具有很高的分析通量。此外,iTRAQ 技术具有理想的分析灵敏度、准确性和自动化程度,并且可以通过在样本中加入 iTRAQ 试剂标记的已知量标准蛋白,实现样本中蛋白质的绝对定量分析。但需要注意的是,iTRAQ 技术的反应体系中有机溶剂占比超过 60%,很容易导致样本中的蛋白质发生沉淀而损失。

2.3 特定蛋白质定量分析实验技术

定量蛋白组学主要侧重整个蛋白质组的高通量的相对或绝对定量分析,相匹配的技术手段往往难以胜任很多应用场景下(如疾病筛查和临床诊断)对特定的某种或某几种已知蛋白质的高准确性、高灵敏性的精准定量需求。与之相比，以生物传感为基础的特定蛋白质定量分析实验技术，在针对特定的已知蛋白质进行定量分析时不仅可以直接进行绝对定量，而不需要另行加入已知浓度的标准蛋白，而且可以表现出更好的灵敏性和准确性，且在分析成本、耗时等实用性方面也具有优势，因而目前在实践中应用十分广泛。

基于生物传感的特定蛋白质定量分析实验技术是利用电化学、光学、热学和声学等信号转换原理，结合多种分子识别元件，将对蛋白质的分子识别事件转换为可测量的物理信号。分子识别是识别元件与目标蛋白质之间的选择性作用，是普遍的生物学现象。目前，以抗体作为识别元件的免疫识别是基于生物传感的特定蛋白质定量分析技术中最为常用的分子识别体系，其主要利用目标蛋白质与抗体特异性免疫反应后引起的信号变化来实现定量分析。自 1959 年美国科学家 Yalow 和 Berson 创建放射免疫分析(radioimmunoassay, RIA)以来，基于免疫识别的特定蛋白质定量分析实验技术的发展脚步从未停止，尤其是得益于生物化学、分析化学、界面科学、纳米科学等领域的不断深入研究和交叉融合，一系列新颖的分析技术得以出现，如免疫比浊、免疫印迹分析(immunoblotting test, IBT)、酶联免疫吸附测定(enzyme linked immunosorbent assay, ELISA)、酶增强免疫分析(enzyme-multiplied immunoassay technique, EMIT)、时间分辨荧光免疫分析(time-resolved fluorescence immunoassay, TRFIA)、荧光偏振免疫分析(fluorescence polarization immunoassay, FPIA)、化学发光酶免疫分析(chemiluminescence enzyme immunoassay, CLEIA)、电化学免疫分析(electrochemical immunoassay, ECIA)、免疫胶体金技术(immune colloidal gold technique, ICGT)、电化学发光免疫分析(electrochemiluminescence immunoassay, ECLIA)等。

2.3.1 免疫比浊技术

免疫比浊技术是一种通过测定目标蛋白质与特异性抗体之间的免疫反应所引起的光学信号变化进行定量分析的技术。该技术的基本原理是：可溶性的目标蛋白质可以与相应的抗体在特殊缓冲液中特异性反应，快速形成一定大小的免疫复合物颗粒，使溶液出现浊度；当所使用的抗体浓度固定时，形成的免疫复合物的量和反应溶液的浊度随着目标蛋白质浓度的增加而增大；因此，利用现代光学测量仪器测定待测样品和一系列标准对照品的浊度变化，即可计算出待测样品中目标蛋白质的含量。

免疫比浊技术对所使用的缓冲液和抗体数量有一定的要求。首先，所使用的缓冲液的 pH 在 6.5～8.0 之间为宜，且应含有非离子性亲水多聚物(如聚乙二醇)，以促进免疫复合物颗粒的形成。其次，所使用的抗体数量应保持过量，这是因为免疫复合物颗粒的形成有三个阶段，即初步形成抗原-抗体复合物、交联形成网格状复合物以及聚合形成絮状不溶性复合物颗粒；只有在抗体与目标蛋白质比例适当且抗体保持过量时，免疫复合物颗粒的数量和反应溶液的浊度才会随着目标蛋白质数量的增加而增大。

在免疫比浊分析中,免疫复合物颗粒所引起的溶液浊度变化可以通过测定溶液的透射光或散射光等光学信号的变化来实现定量。根据所测定的光学信号的差异,免疫比浊技术可以具体分为免疫透射比浊技术(immunoturbidimetry)和免疫散射比浊技术(immunonephelometry)。这两种技术各有优缺点,但都具有快速、简便、稳定性好、精确度高、结果回报时间短、便于大批量样品分析等特点,因此已经成为临床上定量检测人体液(特别是血清)特定蛋白质的常用技术。免疫比浊技术在临床检验中的广泛应用也推动了相应仪器的开发。早在 20 世纪 70 年代,美国 Technicon 公司和德国宝灵曼公司先后基于免疫比浊技术开发出了 AIP(Automated Immuno Preciptin)型和 KeySys 型蛋白分析仪。近年来,伴随着免疫比浊技术的不断优化和更新,基于该技术的特定蛋白质定量分析仪器也在不断进步。目前,美国贝尔曼库尔特公司的 IMMAGE 800 蛋白分析系统是该类仪器中最有代表性的产品,其创新性地使用双光径系统,保障了速率散射、速率抑制散射、近红外颗粒速率透射、近红外颗粒速率抑制透射等不同类型的免疫比浊技术的随意组合和灵活应用,可以实现近百种蛋白质的定量分析。

2.3.2 酶联免疫吸附测定技术

酶联免疫吸附测定(ELISA)技术是 20 世纪 70 年代问世的一种免疫定量分析实验技术,它以固定化或酶标记的抗原或抗体为纽带,有机整合抗原-抗体免疫反应过程和酶催化底物显色反应过程,并最终根据有色产物的形成和数量定性或定量分析待测物。抗原或抗体的固定化和酶标记是酶联免疫吸附测定技术的基础;其中,固定在固相载体上的抗原或抗体仍保持其免疫学活性,能够通过免疫反应过程准确识别并捕获待测物,保证了分析结果的高特异性;酶标记的抗原或抗体不仅保留免疫学活性,而且保留酶的活性,可以在准确结合待测物的基础上高效地催化底物反应生成有色产物,保证了分析结果的高灵敏性。ELISA 技术最初主要用于细菌和病毒的检测,随后逐渐扩展应用于药物、激素、半毒素等分子的测定。近年来,由于 ELISA 技术具有灵敏、准确、特异等优点,且操作简便、成本低廉、仪器需求低、易于自动化和高通量分析,该技术已经成为生物学、化学和医学等研究领域主流的特定蛋白质定量分析实验技术之一。

(1) 原理

如图 2-2 所示,根据原理和操作步骤的区别,ELISA 技术可以进一步细分为 4 大类,即直接型 ELISA 技术(direct ELISA)、间接型 ELISA 技术(indirect ELISA)、双抗体夹心型 ELISA 技术(sandwich ELISA)和竞争型 ELISA 技术(competitive ELISA)。

直接型 ELISA 技术是最简单的一种类型,其基本原理是将抗原固定至固相载体表面,继而在洗涤和封闭过程后,引入酶标记抗体,使其与固定化的抗原特异性结合,形成固相的酶标记抗原-抗体复合物,并最终利用酶对底物催化所产生的颜色信号实现定性或定量分析。直接型 ELISA 技术虽然原理和操作步骤都非常简单,但灵敏度较差,适用范围也较窄,目前一般只用于单抗亚型或血清种属的分析。

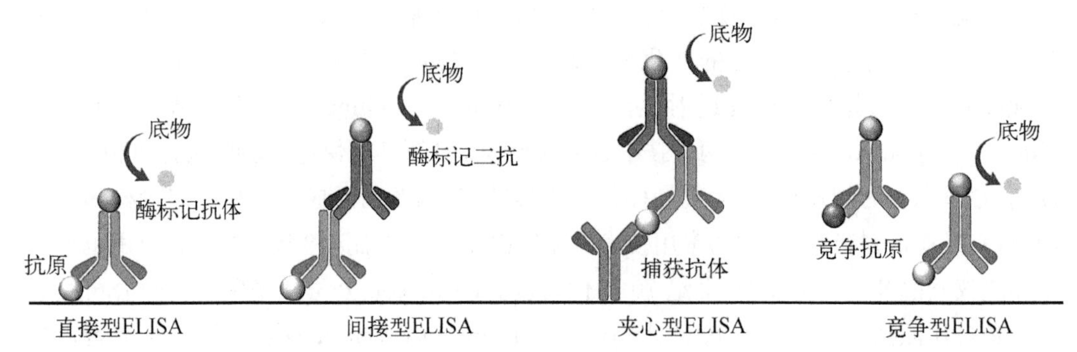

图 2－2　ELISA 技术的分类

间接型 ELISA 技术是在直接型 ELISA 技术的基础上发展而来的。两者之间的主要区别是间接型 ELISA 中与固定化抗原特异性结合的不是酶标记抗体，而是非酶标记的抗体（称为一抗）；酶分子则是通过另外一种酶标记的能够特异性识别结合一抗的抗体（称为二抗）而被引入到整个体系中。需要指出的是，二抗分子一般为多克隆抗体，所以一个一抗分子可以同时结合多个二抗分子；同时，一个二抗分子又可以标记多个酶分子。因此，相比于直接型 ELISA，间接型 ELISA 技术相当于增加了两步信号放大的过程，使得分析灵敏度大大提高。在实践中，间接型 ELISA 主要用于抗体的分析，例如抗体效价、血清效价的分析以及多克隆抗体的筛选。

双抗体夹心型 ELISA 技术是目前在特定蛋白质定量分析中应用最为广泛的一类 ELISA 技术。如图 2－3 所示，该技术的基本实验原理是：首先将能够特异性结合待测物的第一种抗体（称为捕获抗体）包被至固相载体表面；然后经过洗涤和封闭过程，加入含有待测物的样品或标准品，使待测物与固相载体表面包被的捕获抗体识别结合，形成固相的抗原-抗体复合物；进一步洗涤后，加入酶标记的第二种抗体（称为检测抗体），使其与固相化的抗原-抗体复合物中的抗原（即待测物）识别结合，形成夹心式免疫复合物；再次洗涤除去游离的酶标记抗体后，固相载体表面的酶分子的量与待测物的量正相关，此时，加入底物，酶可以催化底物反应产生有色产物；最终，通过仪器测定有色产物的量可以实现待测物的定量分析。对于双抗体夹心型 ELISA 而言，待测物必须具有两个或两个以上的表位，以形成双抗体夹心结构。因此，这种技术一般不能用于半抗原或小分子抗原的分析，其主要用于蛋白质等生物大分子乃至细胞外囊泡、细胞等的定性和定量分析。在实际操作中，实验人员可以根据自己的实际需要，将所使用的酶标记检测抗体灵活设计成检测抗体和特异性识别检测抗体的酶标记二抗的组合或者生物素标记检测抗体和酶标记链霉亲和素的组合，从而进一步提高双抗体夹心型 ELISA 的信号放大倍数和分析灵敏性。此外，双抗体 ELISA 测定过程中存在高值钩镰（HD-HOOK）效应，即待测物浓度处于高值（High Dose, HD）区间时，定量曲线走向不是平台状无限上升，而是呈现一种钩镰状（HOOK）向下弯曲。高值钩镰效应是由于过多的待测物会分别结合固相载体表面的捕获抗体和酶标记检测抗体而无法形成夹心式免疫复合物，使得最终生成的有色产物量大大减少。高值钩镰效应会对定量结果带来较大的误差甚至可能产生假阴性结果，因此在实验操作时应尽可能避免。

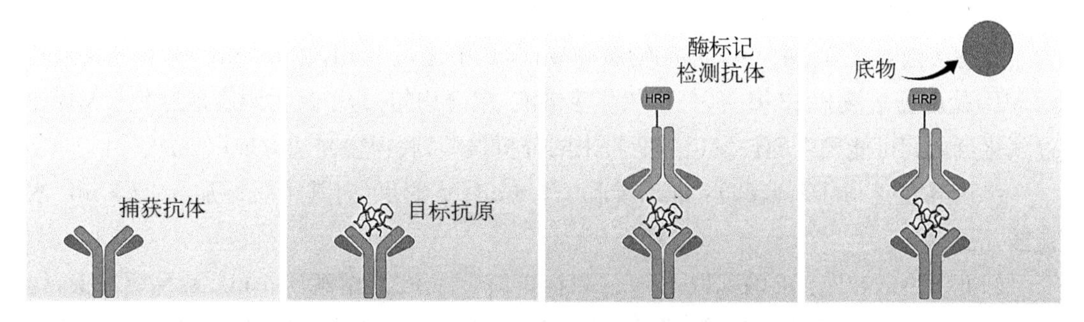

图 2-3 双抗体夹心型 ELISA 技术的基本原理

竞争型 ELISA 技术的原理与前三种有较大的区别，其主要是通过待测物去竞争性地干扰已经预先设计好的免疫反应和酶促反应体系，最终有色产物的生成量与待测物的量呈负相关。竞争型 ELISA 技术既可以用于蛋白质、小分子、细胞等抗原的定性或定量分析，也可以用于抗体的分析。与此同时，竞争型 ELISA 技术的实验流程十分灵活，可以进一步派生出直接竞争型 ELISA、间接竞争型 ELISA 和夹心竞争型 ELISA 等种类。以直接竞争型 ELISA 为例，实验中需要首先将抗原包被至固相载体表面，之后进行洗涤和封闭过程，以除去未固定的抗原；随后，加入待测物和与固定化抗原对应的酶标记抗体；若待测物在免疫反应中以抗原的形式存在，那么待测物将与预先包被在固相载体表面的抗原竞争结合酶标记抗体；若待测物在免疫反应中以抗体的形式存在，那么待测物将与酶标记抗体竞争结合预先包被在固相载体表面的抗原；两种情况下，经过进一步洗涤过程后结合至固相载体表面的酶标记抗体的数量均与待测物的数量呈反比，最终显色反应的产物量也与待测物的数量呈反比。

(2) 实验流程

在这里，我们以双抗体夹心型为例，介绍 ELISA 技术用于特定蛋白质定量分析的实验流程。

① 溶液配制。

包被缓冲液(0.05 mol/L 碳酸盐缓冲液，pH 9.6)：准确称取 0.159 g 碳酸钠和 0.293 g 碳酸氢钠，使用双蒸水溶解后转移至 100 mL 容量瓶中，加蒸馏水定容至刻度。

0.15 mol/L 磷酸盐缓冲液(PBS)：准确称取 8.0 g 氯化钠、0.2 g 磷酸二氢钠、2.9 g 十二水合磷酸氢二钠和 0.2 g 氯化钾，使用双蒸水溶解并用氢氧化钠溶液调节 pH 至 7.2 后，转移至 1 000 mL 容量瓶中，加蒸馏水定容至刻度。

洗涤缓冲液：准确量取 200 mL 0.15 mol/L PBS，向其中加入 0.1 mL Tween 20，混合均匀。

稀释或封闭缓冲液：准确称取 0.2 g 牛血清白蛋白(BSA)，溶解于 200 mL 0.15 mol/L

PBS。

底物缓冲液(pH 5.0)：准确量取 10.3 mL 0.2 mol/L 磷酸氢二钠溶液(28.4 g/L)和 9.7 mL 0.1 mol/L 柠檬酸溶液(19.2 g/L)，混合均匀。

底物溶液：准确量取 20 mL 底物缓冲液，向其中加入 1 mL 5 mg/mL 四甲基联苯胺(TMB)盐酸盐溶液和 12 μL 10%过氧化氢溶液，混合均匀；为了最大限度地避免 TMB 和过氧化氢之间可能发生的自发反应所带来的分析误差，底物缓冲液应现用现配。

终止溶液(2 mol/L 硫酸)：准确量取 177.8 mL 蒸馏水，向其中缓慢加入 22.2 mL 浓硫酸，混合均匀。

标准蛋白质溶液：准确称取 2.5 mg 目标蛋白质标准品，溶解于 1 mL 稀释缓冲液，得到 2.5 mg/mL 标准蛋白质溶液；准确移取 10 μL 2.5 mg/mL 标准蛋白质溶液，使用稀释缓冲液稀释至 1 mL，得到 25 μg/mL 标准蛋白质溶液；准确移取 10 μL 25 μg/mL 标准蛋白质溶液，使用稀释缓冲液稀释至 1 mL，得到 250 ng/mL 标准蛋白质溶液；以 250 ng/mL 标准蛋白质溶液为母液，使用稀释缓冲液稀释得到一系列不同浓度的标准蛋白质溶液。

② 使用包被缓冲液将目标蛋白质的特异性捕获抗体稀释至最适浓度(1～10 μg/mL)；以 96 孔聚苯乙烯酶标板为固相载体，根据实验需要选择合适数量的凹孔；向每孔内加入 100 μL 稀释后的捕获抗体，4℃包被过夜或 37℃包被 2 h。

③ 包被完成后，弃去每孔内液体，使用洗涤缓冲液洗涤 4 次，甩干；随后，向每孔内加入 300 μL 封闭缓冲液，37℃封闭 0.5 h。

④ 封闭完成后，弃去每孔内液体，向每孔内加入 100 μL 不同浓度的标准蛋白质溶液或样品溶液，37℃孵育 2.5 h 或 4℃孵育过夜，以实现目标蛋白质的捕获。

⑤ 孵育完成后，弃去每孔内液体，使用洗涤缓冲液充分洗涤 4 次，每次需浸泡 1～2 min 并甩干。

⑥ 向每孔内加入 100 μL 特异性结合目标蛋白质的生物素化检测抗体，37℃孵育 1 h；随后，重复步骤⑤。

⑦ 向每孔内加入 100 μL 辣根过氧化物酶标记链霉亲和素，37℃孵育 45 min；随后，重复步骤⑤。

⑧ 向每孔内加入 100 μL 底物溶液，37℃避光反应 30 min。

⑨ 向每孔内加入 50 μL 终止溶液，15 min 内使用酶标仪测定每孔在 450 nm 波长处的吸光度值。

(3) 关键点和注意事项

① 在双抗体夹心型 ELISA 中，固相载体的作用是固定抗体分子；聚苯乙烯、聚氯乙烯、聚乙烯、交联右旋糖酐、聚丙烯、纤维素等都可以用于制作固相载体，其中，聚苯乙烯是最常用的固相载体材料，因为它具有理想的蛋白质吸附性能并且具有较低的空白值。

② 聚苯乙烯固相载体主要是通过其表面的疏水基团与蛋白质分子的疏水基团之间的物理吸附来实现抗体分子的固定(这一过程称为包被)。因此，作为一类免疫球蛋白，抗

体通常可以高效地直接包被至固相载体表面；但是，小分子抗原或人工合成多肽，由于分子量较小、疏水性较弱，难以直接实现包被；因此，一般需要将这些人工合成多肽或小分子抗原与无关蛋白质如 BSA 等偶联，进而借助于偶联物的疏水性，间接地包被到固相载体表面。

③ 理论上讲，温度越高，蛋白质的疏水性就越明显；对于抗体而言，适当地提高温度有利于提高包被的效率；但另一方面，过高的温度可能会破坏蛋白质的高级结构，影响抗体的免疫活性。因此，包被过程一般都是在 37℃条件下进行 2～3 h，如果包被过程是在较低的温度下进行，则需要延长包被时间(例如，4℃条件下，包被一般需要过夜)。

④ 包被过程需要使用特定的包被缓冲液，目的是在不破坏待包被的抗体的免疫活性的前提下提高它们的疏水性。一般而言，偏碱性的条件有利于蛋白质疏水区域的暴露；因此，所采用的包被缓冲液的最佳 pH 应比包被抗体的等电点高 1 个或 2 个单位。在实际操作中，常使用 0.05 mol/L pH 9.6 碳酸盐缓冲液或 0.05 mol/L pH 8.5 的 Tris-HCl 缓冲液作为包被缓冲液。

⑤ 包被完成后，固相载体表面依旧存在大量的未被所包被的抗体占据的空隙，这会导致后续步骤中很容易出现非特异性吸附并给最终结果带来巨大的误差。因此，在实际操作中，通常会在包被过程结束后使用高浓度的惰性蛋白溶液进一步封闭这些空隙，常用的惰性蛋白溶液包括 0.05%～1% BSA 溶液、1%明胶溶液、5%脱脂奶粉溶液等。

⑥ 实验研究表明，37℃是绝大多数蛋白质与相应抗体发生免疫反应的最适温度，且一般在 1～3 h 内，免疫反应产物的生成达到顶峰。在某些情况下，为了进一步加快免疫反应的速度，可以将反应温度适当提高至 43℃；但温度不宜进一步提高，否则可能会导致蛋白质变性，影响免疫反应的效率。

⑦ 酶是 ELISA 中最重要的试剂之一，也是其名称的来源。实际操作中常使用辣根过氧化物酶(horseradish peroxidase, HRP)、碱性磷酸酶(alkaline phosphatase, ALP)、葡萄糖氧化酶、β-半乳糖苷酶、乙酰胆碱酯酶或脲酶。其中，HPR 最为常用，它是一种由主酶(酶蛋白)和辅基(亚铁血红素)结合而成的分子量约为 44 kD 的卟啉蛋白质，能够催化过氧化氢和供氢体底物之间发生显色反应。邻苯二胺(orthopenylenediamine, OPD)、四甲基联苯胺(3,3′,5,5′-tetramethylbenzidine, TMB)和 2,2′-联氮双(3-乙基苯并噻唑啉-6-磺酸)二铵盐(2,2′-azinobis(3-ethylbenzothiazoline-6-sulfonic acid ammonium salt), ABTS)是 3 种在 ELISA 中使用较为广泛的 HRP 供氢体底物，其中 OPD 的反应产物颜色为深橘红色，用作定量分析时灵敏度高但 OPD 对光不稳定且具有一定的致突变性；TMB 的反应产物颜色为蓝色，用作定量分析时灵敏度高且本身毒性低；ABTS 的反应产物颜色为绿色，用作定量分析时灵敏度不如 OPD 和 TMB，但空白值很低。

⑧ 为了尽可能减少不同孔内显色反应时间差异所带来的分析误差，通常会在每孔内加入底物溶液并反应一定时间后加入终止溶液。例如，当使用 HRP 和 TMB 组合时，常在显色反应进行 30 min 后加入 2 mol/L 硫酸终止反应，此时，孔内产物溶液颜色由蓝色

变为稳定的黄色。除 2 mol/L 硫酸外，叠氮钠溶液和十二烷基苯磺酸钠溶液也可以作为 HRP 催化 TMB 显色反应的终止溶液。

⑨ 洗涤是决定 ELISA 实验成败的关键，其主要目的是清洗去除反应过程中非特异性吸附于固相载体上的各类干扰物质。洗涤过程一般会使用含非离子型洗涤剂（如 Tween 20）的中性缓冲液。

⑩ 在 ELISA 测定过程中，还有一些实验细节需要注意。例如整个测定过程中一般有 3 次（或 4 次）重要的加样步骤，即加标准溶液或样品溶液、加酶标抗体（或分解为加生物素化抗体和酶标链霉亲和素两步）和加底物；除第一步外，其他每一步加样过程都应尽可能使用多通道加样器，以减少每孔依次加样引起的反应时间误差；同时，每一步加样过程都应该将所加物加在孔底，避免加在孔壁上，避免液体溅出和气泡产生；此外，在整个实验过程中，一定要注意避免混用枪头或容器所引起的试剂交叉污染。

参考文献

[1] FIELDS S. Proteomics in genomeland[J]. Science, 2001, 291(5507): 1221 - 1224.

[2] 汪少芸.蛋白质纯化与分析技术[M].北京：中国轻工业出版社，2014.

[3] 李玉花.蛋白质分析实验技术指南[M].北京：高等教育出版社，2011.

[4] COHEN L, WALT D R. Highly sensitive and multiplexed protein measurements[J]. Chemical Reviews, 2019, 119(1): 293 - 321.

[5] 刘国琴，吴玮，陈鹏.现代蛋白质实验技术[M].北京：中国农业大学出版社，2011.

[6] COLIGAN J E，等.精编蛋白质科学实验指南[M].李慎涛，等译.北京：科学出版社，2019.

[7] KINGSMORE S F. Multiplexed protein measurement: technologies and applications of protein and antibody arrays[J]. Nature Reviews Drug Discovery, 2006, 5: 310 - 321.

[8] 饶子和.蛋白质组学方法[M].北京：科学出版社，2019.

[9] WILKINS M R, APPEL R D, WILLAMS K L, HOCHSTRASSER D F.蛋白质组学研究：概念、技术及应用[M].张丽华，梁振，张玉奎，等译.北京：科学出版社，2010.

[10] REINDERS J, SICKMANN A.蛋白质组学：研究方法与实验方案[M].北京：科学出版社，2012.

[11] SIMPSON R J.蛋白质与蛋白质组学实验指南[M].何大澄，译.北京：化学工业出版社，2006.

[12] ISSAQ H J, VEENSTRA T D.蛋白质组学和代谢组学途径的生物标志物发现[M].胡清源，侯宏卫，译.北京：科学出版社，2017.

[13] GYGI S P, RIST B, GERBER S A, TURECEK F, GELB M H, AEBERSOLD R. Quantitative analysis of complex protein mixtures using isotope-coded affinity tags[J]. Nature Biotechnology, 1999, 17: 994 - 999.

[14] GAN C S, CHONG P K, PHAM T K, WRIGHT P C. Technical, experimental, and biological cariations in isobaric tags for relative and absolute quantitation (iTRAQ)[J]. Journal of Proteome Research, 2007, 6(2): 821 - 827.

[15] 袁泉，赵辅昆.蛋白质组研究新前沿：定量蛋白质组学[J].生物化学与生物物理学报，2001，33(5)：477 - 482.

[16] 钱小红.定量蛋白质组学分析方法[J].色谱，2013，31(8)：719 - 723.

[17] 牟永莹，顾培明，马博，闫文秀，王道平，潘映红.基于质谱的定量蛋白质组学技术发展现状[J].生

物技术通报,2017,33(9):73-84.
[18] 孙宇,张亮,孟宪梅.纳米金在免疫分析中的应用进展[J].分析实验室,2019,38(4):495-502.
[19] ZHAO Z, LAI J, WU K, HUANG X, GUO S, ZHANG L, LIU J. Peroxidase-catalyzed chemiluminescence system and its application in immunoassay[J]. Talanta, 2018, 180: 260-270.
[20] 赵伟伟,马征远,徐静娟,陈洪渊.光电化学免疫分析研究进展[J].科学通报,2014,59(2):122-132.
[21] CHIKKAVEERAIAH B V, BHIRDE A A, MORGAN N Y, EDEN H S, CHEN X. Electrochemical immunosensors for detection of cancer protein biomarkers [J]. ACS Nano, 2012, 6(8): 6546-6561.
[22] 夏圣.临床免疫检验学[M].北京:科学出版社,2019.
[23] 王睿.免疫学实验技术原理与应用[M].北京:北京理工大学出版社,2019.
[24] ZHAO C Q, DING S N. Perspective on signal amplification strategies and sensing protocols in photoelectrochemical immunoassay[J]. Coordination Chemistry Reviews, 2019, 391: 1-14.
[25] 焦奎,张书圣.酶联免疫分析技术及应用[M].北京:化学工业出版社,2004.

3 电化学分析与蛋白质定量

电化学分析是电化学和分析化学的重要分支和交叉，它通过研究电位、电流、电量等电化学参数与化学参数之间的关系来实现对待研究的物质或反应的表征和测量。电化学分析的历史悠久：早在18世纪，它就随着电解和库伦分析的出现而得到发展；1922年，诺贝尔化学奖获得者、捷克科学家海洛夫斯基(Jaroslav Heyrovsky)发明了极谱分析法(polarography)，使得电化学分析进入了一个崭新的发展阶段；在随后的几十年间，随着线性电位扫描方法和电化学阻抗谱法等的出现以及固定化酶电极、离子选择性电极等的提出和改进，电化学分析获得了飞跃式的进步，逐渐成为一种快速、灵敏、简便的分析方法；更为重要的是，电化学生物传感器和化学修饰电极等在过去半个世纪中的飞速发展，使得电化学分析在生命科学研究领域获得了丰富的应用场景和蓬勃的生机。

电荷(电子、离子)的运动是生命的基本运动，生命机体内诸多新陈代新过程(如生物催化、神经传导等)都与电荷的运动密切相关。因此，电化学分析在生命科学领域的研究中具有得天独厚的优势。但是，直到20世纪90年代初，电化学分析在生命科学领域的应用范围仍主要局限于多巴胺、色氨酸、肾上腺素等生物小分子；而对于生物大分子，尤其是蛋白质，由于蛋白质分子的电活性中心不易暴露以及蛋白质在电极表面的不可逆吸附和失活等问题，电化学分析往往无能为力。因此，在很长时间内，科学家们都认为对于绝大多数蛋白质分子，获取其直接或间接电化学响应从而实现定量分析是行不通的事情。然而，从20世纪90年代末开始，电极界面修饰和功能化技术飞速发展，各种功能材料也不断涌现，这使得越来越多的蛋白质分子的电化学响应被获得，从而为这些蛋白质的电化学定量分析奠定了基础。更为关键的是，随着分子识别、标记和组装等技术的不断突破，以其为基础的电化学传感技术在蛋白质定量分析中获得了全新的发展机遇：一方面，多样化的电化学分子标记的引入使得电化学响应来源不再局限于待分析的蛋白质分子本身，这为更加通用和普适性的蛋白质定量分析提供了条件；另一方面，各种分子识别、标记和组装体系的运用使得电化学分析技术能够与酶联免疫吸附测定、聚合酶链式反应等传统的生物分析方法成功对接，在运用并发展现有理论和技术体系的同时充分发挥电化学分析的优势，使得电化学分析在蛋白质定量领域获得了无穷的发展空间。

3.1 电化学分析基本术语和概念

与众多应用在均相溶液体系中的化学分析技术相比，电化学分析实验技术的研究主体是发生在电极/溶液界面上的电化学反应过程。因此，在讨论电化学分析实验技术之前，我们必须对电化学分析所涉及的一些基本术语和概念加以了解。

3.1.1 两类导体

电化学分析属于电化学研究范畴，而电化学是物理化学的重要分支。因此，物理化学的基本概念也适用于电化学分析。在物理化学中，能导电的物质被称为导体。根据导电过程所依赖的电荷载体的不同，导体可以进一步分为电子导体（又称为第一类导体）和离子导体（又称为第二类导体）。

电子导体，如金属、合金、石墨以及某些金属的氧化物（如氧化铅、四氧化三铁）和碳化物（如碳化钨），借助自由电子或带正电荷的电子空穴的定向运动而传导电流。金属是最常见的电子导体，其原子最外层的价电子很容易摆脱原子核的束缚而成为自由电子。导电聚合物则是一类较为新颖的电子导体，最早是由2000年诺贝尔化学奖获得者——日本科学家白川英树（H. Shirakawa）、美国科学家艾伦・马克迪尔（A. G. Macdiarmid）和艾伦・黑格尔（A. G. Heeger）共同发现的。导电聚合物是通过化学或电化学掺杂等手段，使原本绝缘的具有共轭 π 键的有机聚合物（如聚乙炔、聚噻吩、聚苯胺、聚吡咯等）的导电率延伸到导体范围而获得的一类高分子材料。导电聚合物既保留了有机聚合物的结构多样性和可加工性，又具有极宽的导电率覆盖范围，因而具有十分广泛的应用场景。

离子导体，包括固体电解质、熔融盐、以水或有机物为溶剂而形成的电解质溶液等，通过正负离子的反向移动来实现导电过程。电解质溶液是最常见的离子导体，它的电导率随着温度的升高而增大，同时它的导电过程通常伴随有界面上化学反应的发生。固体电解质，又称为快离子导体或超离子导体，是一类导电性来源于晶格内离子迁移的新兴离子导体。固体电解质同时具有固定的刚性亚晶格和流动的液态亚晶格，因而具有固—液双重特性，有着可以与电解质溶液或熔融盐相媲美的离子电导率。根据参与导电的离子的种类，固体电解质可以分为阳离子型和阴离子型；其中，银离子导体、铜离子导体和锂离子导体是代表性的阳离子型固体电解质，萤石型和钙钛矿型氧离子导体是代表性的阴离子型固体电解质。

3.1.2 电极系统和电极

如果一个由电子导体和离子导体两相组成的系统在两相接触界面上存在电荷定向转移，那么这个系统就是一个电极系统。例如，将一块金属铜片浸入除氧后的硫酸铜水溶液中，在铜片和硫酸铜水溶液的界面上就会发生电荷转移；此时，铜片作为电子导体，硫酸铜水溶液作为离子导体，就组成了一个电极系统。

在大多数情况下，电极是指电极系统中的电子导体相或电子导体材料。例如，本书后续内容中提到的“工作电极”和“对电极”是指电极系统中的电子导体相，而“金电极”“玻碳电极”和“石墨电极”等则表示电极系统中的电子导体材料。在某些情况下，电极也可以用来表示整个电极系统或相应的电极反应。例如，电化学分析领域常使用“氢电极”表示在某种金属表面进行的氢与氢离子相互转化的电极反应。

3.1.3 电极反应

在电极系统中，电子导体相和离子导体相接触的界面上存在电荷的转移，该过程的本质是电子和离子这两种不同类型的电荷载体相互转移电荷。伴随着电荷的转移，电极系统两相界面上必然存在某种物质得失电子进而发生化学反应，这种化学反应即为电极反应。例如，铜片和硫酸铜水溶液组成的电极系统中发生的电极反应：

$$Cu_{(M)} \rightarrow Cu^{2+}_{(Sol)} + 2e^- \qquad (3.1)$$

电极反应具有如下一些共同的特点：

第一，电极反应是化学反应，因而遵守有关于化学反应的基本定律，如绝对反应速率理论、当量定律、质量作用定律等。

第二，电极反应通常是发生在“电极/电解质”界面的化学反应，因而具有界面反应的特点，它的反应过程、特性和速度都会受到“电极/电解质”界面的特性、面积和状态等的影响。例如，在相同的条件下，氢在铂电极表面的析出速度要比在汞电极表面的析出速度快5～10个数量级；又例如，当电极表面吸附或修饰有机化合物分子层时，许多电极反应的速度会发生明显的下降。更为重要的是，有别于普通的化学反应，电极反应是一种伴随着电极系统中两个非同类导体相之间的电荷转移而发生的异相化学反应，会受到两相之间的界面层的结构和电学状态的影响。例如，“电极/电解质”两相界面处的电场的强度和方向可以在一定范围内自由且连续地调节，这使得电极反应的反应条件和反应速度可以在一定范围内进行自主控制；一般而言，“电极/电解质”界面处的电位改变0.1～0.2 V，可以使电极反应的反应速度变化1个数量级。

第三，电极反应是一种有电子参加的特殊的氧化还原反应，一个电极反应只有整个氧化还原反应的一半。因此，电极反应可以根据反应进行的方向分为阳极反应和阴极反应，其中，阳极反应是还原态的物质失去电子转化为氧化态的物质，而阴极反应则是氧化态的物质得到电子转化为还原态的物质。

第四，电极反应遵循法拉第(Faraday)定律，即在电极上发生电极反应的物质的量 n 与通过电极的电量 Q 成正比。法拉第定律是在任何温度和压力条件下均可以适用的电化学定量基本定律，是自然科学中最准确的定律之一。

3.1.4 电极电位

在一个电极系统中，当电子导体相（如电极）和离子导体相（如电解质溶液）彼此接触时，两者界面上会由于静电作用、短程力作用和热运动而形成双电层（electrical double-layer）并产生电位差。这种由于双电层存在而形成的电位差称为电极电位（electrode electric potential），通常用 φ 表示。目前，单个电极的电极电位无法准确测定。因此，在实际应用中，通常选择一个参考电极与待测电极组成化学电池，并将该参考电极的电极电位设置为零点，从而通过测定电池电动势来确定待测电极的相对电极电位。标准氢电极（standard hydrogen electrode, SHE）是国际纯粹与应用化学联合会（IPUAC）推荐使用的通用参考电极。它是通过将一片表面镀有疏松铂黑的金属铂片插入氢离子活度为 1 的酸溶液中，并不断通入压强为 100 kPa 的纯净干燥氢气，从而使氢气冲击铂片建立平衡而得到的。根据 1953 年 IPUAC 的斯德哥尔摩惯例，标准氢电极在任何温度下的（平衡）电极电位均为零；任一电极 M 与标准氢电极组成的无液接电位的电池的电动势即为电极 M 的电极电位。

任一电极 M 处于热力学标准状态下的（平衡）电极电位称为标准电极电位。所谓的标准状态是指组成电极的离子活度为 1，气体压强为 100 kPa，测量温度为 298.15 K，使用的液体和固体均为纯净物。在标准状态下，任一电极 M 与标准氢电极组成的电池的电动势即为该电极的标准电极电位，通常用 $\varphi^\ominus$ 表示。截至目前，电化学工作者们测定得到了一系列常用电极（即发生电极反应的氧化还原电对）的标准电极电位，并将它们按照从小到大的顺序自上而下排列形成标准电极电位表。通过查阅该表，我们可以方便地比较氧化剂和还原剂的相对强弱。具体而言，发生电极反应的氧化还原电对的标准电极电位 $\varphi^\ominus$ 代数值越大，电对中氧化态物质得电子能力越强，即氧化能力越强，其相应的还原态物质失电子能力越弱，即还原能力越弱；相反地，发生电极反应的氧化还原电对的标准电极电位 $\varphi^\ominus$ 代数值越小，电对中还原态物质失电子能力越强，即还原能力越强，其相应的氧化态物质得电子能力越弱，即氧化能力越弱。标准电极电位表也可以用于判断氧化还原反应的方向。通常而言，只有标准电极电位 $\varphi^\ominus$ 代数值大的氧化态物质与标准电极电位 $\varphi^\ominus$ 代数值小的还原态物质之间才能够发生氧化还原反应，且两者的 $\varphi^\ominus$ 代数值差距越大，反应进行得就越充分。需要提醒的是，表中的 $\varphi^\ominus$ 是电极处于标准状态且在水溶液体系中的标准电极电位，对于非标准状态或非水溶液体系，不能够直接运用标准电极电位表来比较物质的氧化还原能力。同样，表中的 $\varphi^\ominus$ 只能够用于判断氧化还原反应的方向，无法用于判断这些反应的反应速度和到达平衡状态的快慢。

任一电极 M 的（平衡）电极电位 φ 与参与电极反应的物质的量之间的关系符合 Nernst 方程。通常情况下，对于一个如下的电极反应：

$$a\mathrm{O_x} + ne^- \rightarrow b\mathrm{R_e} \tag{3.2}$$

Nernst 方程可以表示为：

$$\varphi=\varphi^{\ominus}+\frac{RT}{nF}\ln\frac{a_{O}^{a}}{a_{R}^{b}} \tag{3.3}$$

式中，$\varphi^{\ominus}$为电极 M 的标准电极电位，R 为摩尔气体常数(8.314 J/mol · K)，T 为热力学温度(K)，n 为电极反应的转移电荷数，F 为法拉第常数(96 500 C/mol)，a_O和 a_R 分别是参与电极反应的氧化态和还原态物质的活度。

当 $T=298.15$ K(即 25℃)时，Nernst 方程可以简化为：

$$\varphi=\varphi^{\ominus}+\frac{0.059}{n}\ln\frac{a_{O}^{a}}{a_{R}^{b}} \tag{3.4}$$

电化学分析通常需要研究某种物质的浓度，所以一般使用活度系数 γ 将 Nernst 方程中的活度项 a 转化为浓度项 c($a=\gamma \cdot c$)。Nernst 方程可以用于解释各种电化学分析场景下观察到的电流与电位之间的关系，但这往往涉及十分复杂的理论和数学推导过程，超出了本书的范围，有兴趣的读者可以参考相关的电化学分析教科书或著作，如 Joseph Wang 教授所著《分析电化学》、鞠熀先教授所著《电分析化学与生物传感技术》、谢德明教授等所著《应用电化学基础》、张鉴清教授等所著《电化学测试技术》等。

3.1.5 电极过程

电极过程是一个包含电极反应在内的复杂的多步骤过程，它由以下基本步骤串联组成：

① 底物向电极表面的传递，即液相传质步骤；

② 底物在电极表面的吸附或在电极表面附近发生前置化学变化；

③ 底物在“电极/电解质”界面上得失电子生成产物，即电极反应步骤；

④ 产物在电极表面发生后续化学变化或从电极表面脱附；

⑤ 产物生成新相，如结晶或生成气体，或者产物从电极表面向溶液或电极内部扩散。

电极反应会导致底物组分的消耗和产物组分的生成，这就需要某种途径将底物运至电极表面，同时将产物运离电极表面。因此，任何一个电极过程都必然包含①③⑤步。但在实际中，很多电极过程十分复杂，不仅可能存在多个步骤的平行发生，而且可能存在后序步骤对前序步骤的影响，例如某些产物对电极反应有“自催化”效果。

组成一个电极过程的各个步骤的速率并不完全相同，其中最慢的步骤决定着整个电极过程的速率，因此该步骤被称为速率控制步骤或控制步骤。控制步骤受动力学控制，处于不可逆状态，直接决定着整个电极过程的动力学规律；而组成电极过程的其他步骤可以以比控制步骤更快的速率进行，可以近似地认为是在平衡状态下进行的，即认为这些步骤处于可逆状态。当一个电极过程以一定的净速率进行时，整个电极过程处于不可逆状态，电极电位将偏离平衡电极电位，这种现象称为电极的极化。由于电极过程的控制步骤不同，电极极化的原因也不尽相同。其中，由于反应组分传递缓慢，导致电极表面消耗的底物得不到及时补充或产物无法及时运离而引起的极化称为浓度极化；由于电荷转移缓慢，导致电极反应成为控制步骤而引起的极化称为电化学极化；由于相变过程缓慢而引起的极化称为相变极化；由于电极表面生成氧化膜或难溶性物质，导致电阻显著增加而引起的极化称为欧姆极化。

在组成电极过程的各个步骤中，液相传质步骤往往速率较为缓慢，因此常常成为电极过程的控制步骤。电极过程涉及的液相传质主要包括扩散、电迁移和对流三种方式。扩散是电极过程中最常见的液相传质方式。电极反应必然引起底物组分的消耗和产物组分的生成，这导致相应组分在靠近电极表面的液层中的浓度与在远离电极表面的溶液内部的浓度存在差异，而这种差异会使得相应组分从高浓度处向低浓度处自发地扩散。在稳态扩散的条件下，扩散所导致的传递物质的量符合菲克(Fick)第一定律，即在单位时间内，通过离电极表面一定距离处截面的物质的量与该截面处的浓度梯度成正比。此外，在电极过程中，电迁移主要是溶液中的带电物质在电场力的作用下沿一定方向的移动，而对流主要是溶液中的物质随着流动的液体一起移动。

3.2 电化学分析测试体系

3.2.1 电化学分析测试仪器

电化学分析测试的基本任务是通过测量电极过程中的电位、电流以及电量等物理量，监测它们在各种极化信号激励下的变化关系，从而对包括电极反应在内的电极过程的各个基本步骤进行研究。要实现这一目的，电化学分析测试仪器需要具备如下一种或多种基本功能：恒电位/动电位扫描功能(恒电位仪)、恒电流/动电流扫描功能(恒电流仪)和电化学阻抗谱测量功能(电化学阻抗分析仪)。电化学工作站是目前最为常用的电化学分析测试仪器，它是将恒电位仪、恒电流仪、运算放大器、反馈放大器等有机结合而组成的一套完整的、数字化的用于控制和监测电极过程中各项参数变化的仪器装置，能够很好地满足电化学分析的各项需要。目前，瑞士万通(Metrohm)公司的 Autolab 系列电化学工作站和美国阿美特克公司的普林斯顿应用研究(Princeton Applied Research)系列电化学工作站凭借悠久的品牌历史、深厚的电化学研究背景以及专业的技术支持网络而在国内外各大研究院所都具有极高的品牌知名度和使用率。近年来，国产电化学工作站，如上海辰华仪器有限公司的 CHI 系列电化学工作站、江苏东华分析仪器有限公司的 DH 系列电化学工作站和武汉科斯特仪器股份有限公司的 CS 系列电化学工作站，在分析测试的准确度、精度和稳定性等方面进步十分迅速，可以有效地兼顾分析表现和成本控制，因而得到了国内电化学分析工作者们的广泛青睐。

此外，为了充分满足现场分析、临床检测等的实际需求，便携化和高通量分析也逐渐成为电化学分析测试仪器发展的一个重要趋势。例如，美国 PINE 公司推出的 WaveNow 型电化学分析仪体积小、重量轻(仅有 200 g)、功能全，能够通过标准 USB 与笔记本电脑或台式机相连(图 3-1a)，十分适用于现场分析等应用场景；荷兰 PalmSens 公司推出的 Sensit Smart 型 U 盘式电化学分析仪只有普通 U 盘大小，不仅可以直接与电脑或智能手机相连，而且可以使用电脑端软件或安卓版本 APP 进行操控，十分简便和便携(图 3-1b)；瑞士万通公司旗下的 DropSens STAT8000 电化学工作站(图 3-1c)可以通过与 e-ELISA 96-well plate connector(图 3-1d)以及 96-well 丝网印刷电极阵列的联用，同时实现最多 96 组样品的电化学分析，大大提高了电化学分析的通量。

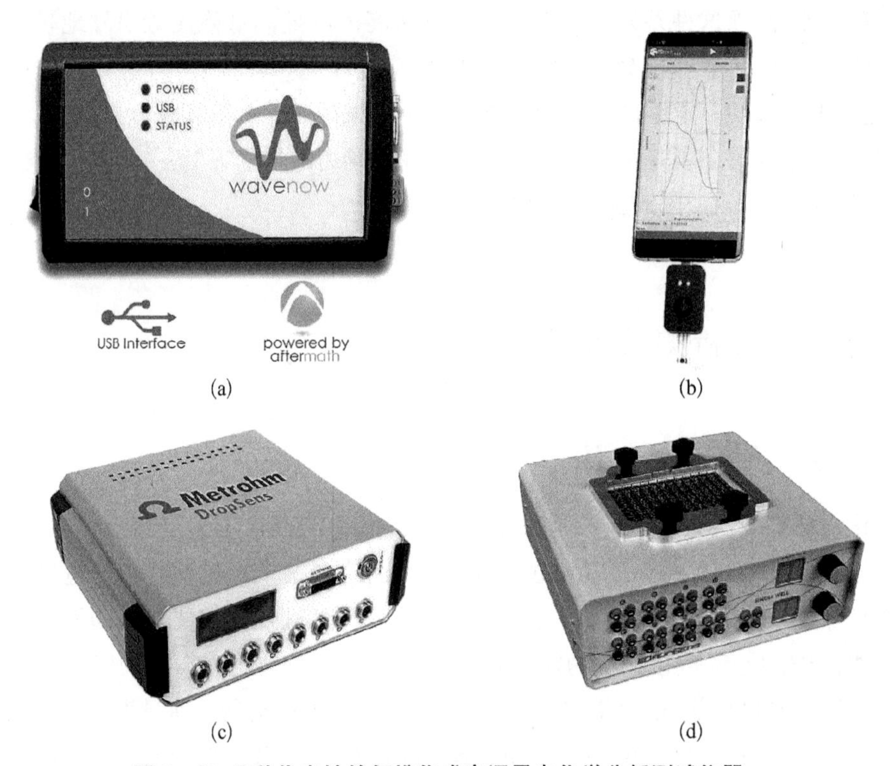

(a) (b) (c) (d)

图 3-1 几种代表性的便携化或高通量电化学分析测试仪器

3.2.2 三电极体系

电化学研究中常用的电极体系主要包括二电极体系和三电极体系。二电极体系由研究电极和辅助参比电极组成。其中，研究电极表面发生的电极过程是电化学研究的对象；而辅助参比电极与研究电极形成回路，并作为电极电位测量的比较标准。但是，当对研究电极进行极化时，辅助参比电极在绝大多数情况下也会由于极化电流的通过而自身发生极化，从而对电极电位的测量造成误差。因此，在需要对研究电极的电极电位进行精确控制和测量的研究场景中，例如本书所关注的蛋白质电化学定量分析中，必须将辅助参比电极的功能一分为二，分别作为辅助电极和参比电极，共同与研究电极组成三电极体系。

在三电极体系中，通常使用 WE 代表研究电极，也称工作电极(working electrode)；CE 代表辅助电极，也称对电极(counter electrode)；RE 代表参比电极(reference electrode)。我们在前面的章节中已经提到，单一电极的电极电位无法直接测定。因此，在三电极体系中，工作电极的电极电位是以参比电极的电位作为零点进行相对的测量。为了保证在整个测试过程中没有电流通过参比电极，必须选择与被测物质无关、电位已知且稳定的电极作为参比电极，同时将该参比电极尽可能靠近工作电极放置，并通过一个高阻电路与电化学分析测试仪器相连。另一方面，必须设置一个可以承载电流的对电极与工作电极形成电流回路，用来通过极化电流，以实现对工作电极的极化以及对极化电流的测量和控制。接下来，我们对组成三电极体系的三种电极加以进一步的介绍。

(1) 工作电极

工作电极是提供电极反应场所的电极，是电化学分析测试的主体，其选择和预处理均十分的关键。

工作电极的选择要综合考虑多方面的因素，如参与电极反应的物质的氧化还原性质、分析测试使用的电位窗内基底电流的情况、溶剂或电解质溶液与电极材料的反应活性、电极表面的重现性、电极材料的可获得性和毒性等。一般情况下，电化学分析测试中使用的工作电极应满足下述要求：首先，工作电极应是惰性电极，一般不与溶剂或电解质溶液组分发生反应；其次，工作电极应能够在较宽的电位范围内稳定工作，能够满足所研究的电极反应的测试需求；最后，工作电极表面最好是均一平滑的，面积不宜过大，且能够通过简单的物理或化学途径进行表面净化和重现。

截至目前，已经有大量的材料被用于制作工作电极，其中在电化学分析尤其是蛋白质定量分析中应用广泛的主要有金电极、碳电极和汞电极等。金电极是一种常用的贵金属工作电极，具有优良的电子传递动力学特性、较宽的电位窗口和较为稳定的化学性质。得益于巯基与金电极之间的 Au-S 键强相互作用，金电极可以作为含巯基的化合物自组装形成单分子层的基底。这种自组装是含巯基的化合物自发地在金电极表面形成某种有序且热力学稳定的分子聚集体或超分子结构的过程，它不仅能够在分子水平上改变金电极表面的微结构，而且能够使金电极得到进一步的修饰从而携带特定的功能性化学基团，得到物理和化学性质截然不同的电极界面，赋予金电极更多样的功能以及更高的分析选择性、灵敏性或稳定性。但需要注意的是，金电极表面比较容易发生氧的吸附或形成氧化物薄膜，这不仅可能带来高背景电流，而且可能改变所研究的电极反应的动力学规律，从而对分析测试结果的灵敏性和可重现性带来负面的影响。因此，金电极使用时需要采取有效的措施，尽可能地避免上述过程的干扰。碳电极是另一种常见的工作电极，其具有多方面的优点。首先，碳电极价格低廉，种类繁多，因而可以十分便利地获得各种不同性能的工作电极。目前常用的碳电极主要包括 6 类，即热解石墨(pyrolytic graphite, PG)和高定向热解石墨(highly ordered pyrolytic graphite, HOPG)电极、多晶石墨电极、玻碳(glass carbon, GC)电极、碳纤维(carbon fiber)电极、碳糊电极和金刚石电极。这些碳电极均具有六元芳香环结构，并都以 sp^2 杂化轨道键合，其差别主要在于电极表面的边角和平面的相对密度不同。其次，碳电极具有良好的化学惰性、低背景电流和宽电位窗，因而对于各种电化学分析研究都有着较好的适用性；碳电极的电化学活性主要取决于电极表面的微结构，如棱/面比值等，同时也受到电极表面的清洁度和活性基团含量的影响。最后，碳电极可以进行丰富的表面化学修饰，从而获得更加多样化的表面活性，这进一步拓宽了碳电极的应用范围。除了金电极和碳电极，具有高可重现性、表面平滑性和易于更新性的汞电极也常被用于电化学分析。汞电极主要包括滴汞电极、悬汞电极和汞膜电极等；其中，汞膜电极在电化学分析尤其是蛋白质定量分析中应用最广泛，它是通过在玻碳等支撑电极表面形成一层 10～100 μm 厚的汞的薄膜而制备得到的，主要适用于溶出伏安分析和流动安培分析。汞电极的缺点同样十分明显：一方面，由于汞的氧化，汞电极的阳极电位范围受到明显限制；另一方面，由于汞的高毒性，汞电极的生物毒性也无法忽视。

工作电极是否清洁并具有理想的可重现性是影响电化学分析测试结果的关键因素之一。因此，工作电极在使用前应进行一定的预处理，以尽可能地消除吸附杂质或氧化层的污染，获得光滑平整和高度重现的活性电极表面。机械抛光是工作电极尤其是固定金属电极预处理的关键步骤，其目的是去除可能存在的吸附污染物和惰化层。机械抛光的基本程序是首先使用不同粒度的砂纸逐级打磨电极，然后使用从粗到细不同粒径的抛光粉逐级抛光，直至电极表面没有明显划痕；常用的抛光粉包括细金刚砂、三氧化二铝粉末、氧化锆粉末、三氧化二铬粉末等；抛光时间根据电极表面的状态而定，一般要求抛光完成后电极表面在 20 倍放大镜下观察不到明显的划痕；抛光结束后，需要将电极置于合适的溶剂(如无水乙醇和蒸馏水)中超声一定时间，以彻底去除电极表面残留的抛光粉颗粒。工作电极预处理的第二步通常是将电极浸入强氧化性的有机溶剂中处理，从而去除表面残留的不饱和有机物或带有巯基、羟基等功能团的有机物。以金电极为例，常使用的强氧化性有机溶剂是由浓硫酸和过氧化氢以 3∶1 的比例配制得到的水虎鱼(piranha)溶液。该溶液对金电极表面残留的有机物的作用分为两个阶段：首先，浓硫酸通过水合作用迅速碳化金电极表面残留的有机物，使其逐层从金电极表面脱落；随后，浓硫酸和过氧化氢发生化学反应，生成具有极强氧化性的活化氧原子，后者可以破坏碳化物内部碳原子之间的共价键，最终将其氧化生成二氧化碳。工作电极预处理的最后一步是将电极浸入电解质溶液(如 0.5～1 mol/L 硫酸溶液、氢氧化钠溶液和 1×磷酸盐缓冲液)中进行电化学预活化。该过程一般是开始用阳极极化，直至产生氧的电位；随后采用阴极极化，直至产生氢的电位；循环往复多次，并保证最后一次极化为阴极还原。

(2) 参比电极

在三电极体系中，参比电极是测量工作电极电极电位的比较标准，它的性能直接影响着电极电位测量或控制的准确性、稳定性和重现性，因此在选择时应至少考虑如下基本要求。首先，参比电极必须是可逆电极，其电极反应处于平衡状态，电极电位符合 Nernst 方程。其次，参比电极必须具有良好的稳定性且不易极化，电极电位应较靠近零电位。再次，参比电极必须具有良好的重新性，即不同生产商或不同时间、批次制作的参比电极的电极电位应相同，且不受放置时间的影响。最后，参比电极必须具有较小的温度系数，即电极电位随温度的变化要小，同时其内部的电解质溶液与电化学分析使用的工作介质之间必须不能互相污染，且基本上不产生液接电位。此外，参比电极应结构牢固、材料稳定，制备、使用和维护都比较方便且成本低廉。

标准氢电极(SHE)是国际纯粹与应用化学联合会推荐使用的理想参比电极；但是这种电极不易制备且维护成本较高，因此在实际工作中应用并不广泛。目前在电化学分析测试中常见的参比电极主要有甘汞电极(calomel electrode)和银-氯化银电极(sliver chloride electrode, Ag/AgCl)。

甘汞电极是由汞、甘汞(Hg_2Cl_2)和一定浓度的氯化钾溶液所构成的微溶盐电极，其电极电位 $\varphi_{甘汞}$ 符合下式：

$$\varphi_{甘汞} = \varphi^{\ominus}_{甘汞} - \frac{RT}{F}\ln a_{Cl^-} \tag{3.5}$$

从式(3.5)中可以看出，甘汞电极的电极电位与所使用的氯化钾溶液的浓度直接相关。目前常用的三种氯化钾溶液的浓度分别为 0.1 mol/L、1.0 mol/L 和饱和浓度；其中，饱和浓度氯化钾溶液配制最为简单，因而最为常用，相应的甘汞电极被称为饱和甘汞电极。作为参比电极，甘汞电极最突出的优点是制备简单、使用方便。但是，这种电极对温度比较敏感，例如，当温度从 20℃升高至 25℃时，饱和甘汞电极的电极电位会从 0.247 9 V 降低至 0.244 4 V，这意味着为了获得最精密的结果，应将甘汞电极置于恒温水槽中进行分析测试。更重要的是，在较高的温度下，甘汞会发生歧化反应生成汞和氯化汞，这会导致甘汞电极失效。因此，甘汞电极只能在较低的温度(<70℃，一般<40℃)下使用。

银-氯化银电极是将一根表面涂有氯化银的银丝浸在含有氯离子的溶液中所制备得到的参比电极，其电极电位 $\varphi_{Ag/AgCl}$ 符合下式：

$$\varphi_{Ag/AgCl} = \varphi^{\ominus}_{Ag/AgCl} - \frac{RT}{F}\ln a_{Cl^-} \tag{3.6}$$

由式(3.6)可知，银-氯化银电极的电极电位也与氯离子的浓度有关。25℃条件下，使用 0.1 mol/L 氯化钾溶液的银-氯化银电极的电极电位为 0.222 V，使用 1.0 mol/L 氯化钾溶液的银-氯化银电极的电极电位为 0.288 V，使用饱和氯化钾溶液的银-氯化银电极的电极电位为 0.198 V。不同于甘汞电极，银-氯化银电极可以在高于 60℃的温度下使用。

(3) 对电极

在三电极体系中，对电极的功能是与工作电极组成一个串联回路，以保证工作电极上电流畅通。为了尽可能地减少对电极极化对工作电极的影响，一般采用本身电阻较小、面积较大的铂片或铂丝作为对电极，以降低通过对电极的电流密度，使其在测量过程中基本上不被极化。

3.2.3　电解质溶液

电化学分析尤其是蛋白质电化学定量分析通常是在由支持电解质和溶剂组成的电解质溶液中进行。溶剂的选择主要需要考虑待分析物质或其电极反应的产物以及支持电解质在其中的溶解度和氧化还原活性，以及溶剂自身的导电性、电化学活性和化学反应活性。原则上，溶剂不应与待分析物质或其电极反应的产物反应，并且在分析测试所使用的电位窗口范围内不发生电化学反应。水是最常用的溶剂，绝大多数蛋白质电化学定量分析都是在水溶液中进行。除水之外，一些有机溶剂（如乙腈、二甲基亚砜 DMSO、二甲基甲酰胺 DMF）有时也被用于电化学分析测试，它们的优点是能够溶解某些不溶于水的物质，并且可以在比水溶液更宽的电位、pH 或温度范围内进行测试。

正如我们在章节 3.1.5 中提到的，电极过程中涉及的液相传质包括扩散、电迁移和对流三种方式。在远离电极表面的液体中，液流的速率比物质粒子在电场作用下和浓度梯度作用下的运动速率大得多，此时，传质过程主要依赖于对流作用。而在电化学分析所关心的紧靠电极表面的薄层液体中，液流的速率可以忽略，此时，传质过程主要由扩散和电迁移作用主导。但是，当这两种传质方式同时存在时，我们很难在测试得到的电流与被分析物质的浓度之间建立起相互关系。幸运的是，如果向电化学分析所使用的溶剂中加入大量的不参与电极反应的支持电解质（如无机盐、矿物酸或缓冲剂），溶液中电荷的传输将主要由这些电解质承担；此时，参与电极反应的粒子的电迁移可以忽略不计，紧靠电极表面的液层中的传质过程也自然可以简化为反应粒子的扩散过程，这使得测试得到的电流与被分析物质的浓度之间可以建立起直接的数学关系。与此同时，添加入溶剂中的支持电解质还可以有助于维持电解质溶液的离子强度稳定，增加溶液的导电性，减小工作电极和对电极之间的电阻，保持均一的电流和电位分布。

绝大多数电解质溶液中都存在溶解氧，因此氧的电极反应对待研究的电极过程的影响不可忽视。氧的电极反应通常包括两个步骤：首先是过氧化氢的形成[式(3.7)]，其次是过氧化氢的还原[式(3.8)]。

$$O_2 + 2H^+ + 2e^- \rightarrow H_2O_2 \tag{3.7}$$

$$H_2O_2 + 2H^+ + 2e^- \rightarrow 2H_2O \tag{3.8}$$

以饱和甘汞电极为参比电极，氧的两步电极反应的电位分别近似为－0.1 V 和－0.9 V，这会在对应的电位范围内产生明显的背景电流。因此，如果待研究的电极反应与氧的电极反应在电位上存在一定程度的重叠时，必须事先采用一定的措施去除电解质溶液中的溶解氧。向电解质溶液中通入惰性气体（通常是高纯氮气）10～15 min 是最常用的除氧措施。

3.3　电化学分析测试方法

电化学分析测试方法主要是通过在不同的测试条件下，对电极电位和电流分别进行控制和测量，并对其相互关系进行分析。自20世纪30年代以来，一系列重要的电化学分析测试方法（如循环伏安法、计时电流法、脉冲伏安法、交流伏安法、溶出伏安法和电化学阻抗法等）的出现，对于电化学相关领域的研究起到了巨大的推动作用。考虑到电化学分析测试方法种类繁多、原理各异，本章节仅选择了三种在蛋白质电化学定量分析中应用比较广泛的方法予以介绍。

3.3.1　循环伏安法

循环伏安法（cyclic voltammetry）是最重要的电化学分析测试方法之一，通常也是一个新的电化学体系首选的分析测试方法，其不仅可以用于基本的定量分析，更能够快速地确定待研究物质的氧化还原电位，提供电极反应的性质、机理以及电极过程动力学参数等信息。

循环伏安法是典型的控制电位分析测试方法，它是在静止的电极上施加一个大小相等、方向相反、呈周期性变化的三角波形状的线性电位扫描。具体而言，循环伏安法是从某设定的起始电位 E_i 开始正向扫描，当扫描至某设定的终点电位 E_f后，再反向扫描至起始电位 E_i。扫描过程中所施加的电位发挥着驱动电子转移的作用，它迫使待分析的物质获得或失去电子，从而在电极表面发生氧化或还原反应，并产生相应的电流。电化学分析测试仪器可以测定并记录循环伏安电位扫描所引起的电流变化，所得到的电流-电位曲线图称为循环伏安图。

根据实验目的的不同，循环伏安电位扫描过程可以采用单循环模式也可以采用多循环模式。图3-2显示了对于一个如式(3.9)的简单的理想可逆体系采用单循环扫描模式得到的循环伏安图。

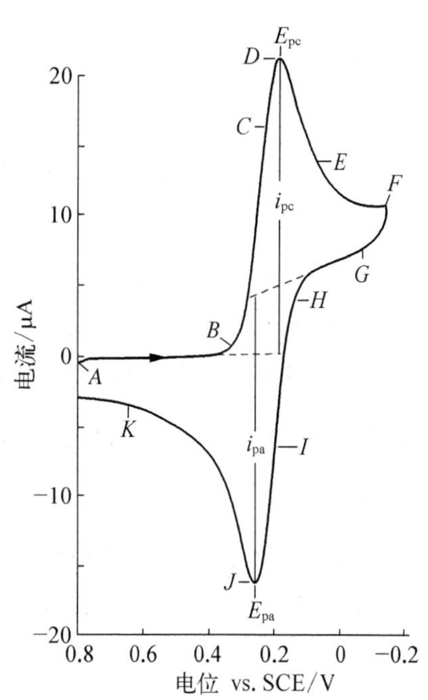

图3-2　理想可逆体系单循环扫描获得的典型循环伏安图

$$O_x + ze^- \leftrightarrow R_e \tag{3.9}$$

在该图中，首先假定初始溶液中只含有氧化态物质 O_x，初始电位是 O_x尚未发生还原的电位，且正向电位扫描方向为负电位方向，即从高电位向低电位扫描。在这种情况下，在初始的一段电位范围内，电极上仅有一定大小的充电电流通过（图中 A 段）。当电位扫描至接近氧化还原电对的标准电极电位$E^{\ominus}$时，氧化态物质 O_x开始在电极上还原，并随着电位的进一步负向变化而出现越来越大的阴极电流，直至到达峰值（图中 $B-D$ 段）。当电位继续负向扫描一定范围时，由于紧靠电极表面的薄层液体中 O_x的大量消耗，电流呈现逐渐下降的趋势（图中 $E-F$ 段）。当进一步正向扫描至设定的终点电位时，电位扫描方向反转进入反向扫描阶段；在这个阶段，随着电位逐渐向高电位变化，首先发生的是衰减电流（图中 $G-H$ 段），随后是在正向扫描阶段生成的还原态物质 R_e被重新氧化为 O_x，并产生阳极电流（图中 $I-J$ 段），最后是由于 R_e的消耗而导致的阳极电流的衰减（图中 K 段）。

循环伏安图中最重要的两组测量参数分别是① 阴极峰电流 i_{pc}、阳极峰电流 i_{pa}及其比值 $\left|\frac{i_{pc}}{i_{pa}}\right|$ 和② 阴极峰电位 E_{pc}、阳极峰电位 E_{pa}及其差值 $\Delta E_p = |E_{pa} - E_{pc}|$。

对于如式(3.9)的简单理想可逆体系，如果反应产物稳定且在电极表面不发生吸附，循环伏安图中阴极峰电流 i_{pc}和阳极峰电流 i_{pa}的比值 $\left|\frac{i_{pc}}{i_{pa}}\right| = 1$，且峰电流的数值符合 Randles-Sevcik 方程：

$$i_p = (2.69 \times 10^5) n^{3/2} ACD^{1/2} v^{1/2} \tag{3.10}$$

式中，n 为电子转移数，A 为电极表面面积(cm^2)，C 为浓度(mol/L)，D 为扩散系数(cm^2/s)，v 为电位扫描速度(V/s)。从式(3.10)中可以看出，峰电流的数值与氧化还原电对的浓度成正比，与电位扫描速度的平方根成正比。但是，在实际分析测试中，峰电流的数值往往难以精确测量，其误差主要来源于所使用的基线。如图 3-2 中虚线所示，通常使用起始电流外延得到的基线来测量阴极峰电流的数值；当设定的扫描终止电位比阴极峰电位 E_{pc}在$-\frac{35}{n}$ mV 以上时，使用反向扫描时的衰减电流外延得到的基线来测量阳极峰电流的数值。

同时，对于这种简单理想可逆体系，循环伏安图中阴极峰电位 E_{pc}和阳极峰电位 E_{pa}均与电位扫描速度 v 无关，而与标准电极电位 $E^{\ominus}$有关[式(3.11)]，两者之间的差值 ΔE_p符合式(3.12)。

$$E^{\ominus} = \frac{E_{pa} + E_{pc}}{2} \tag{3.11}$$

$$\Delta E_p \approx \frac{2.303RT}{nF} \tag{3.12}$$

式中，n 为电子转移数，R 为摩尔气体常数(R=8.314 J/mol·K)，T 为热力学温度(K)，F 为法拉第常数(F=96 500 C/mol)；当 T=298.15 K(即 25℃)时，式(3.12)可以简化为：

$$\Delta E_{\mathrm{p}} \approx \frac{0.059}{n}\ \mathrm{V} \tag{3.13}$$

由上式可知，单电子参与的简单理想可逆体系的 ΔE_{p} 为 59 mV 左右。

对于准可逆体系，其循环伏安图中两组重要参数具有下述主要特征：

① $i_{\mathrm{pc}} \neq i_{\mathrm{pa}}$；

② 准可逆体系的 ΔE_{p} 比可逆体系 ΔE_{p} 大，即 $\Delta E_{\mathrm{p}} > \frac{0.059}{\mathrm{n}}$ V，并且随着电位扫描速度 v 的增加而增大。

对于完全不可逆体系，逆反应十分缓慢，因而在循环伏安图中观察不到反向扫描的电流峰。

3.3.2 脉冲伏安法

脉冲伏安法是最早由 G. C. Barker 等人在 20 世纪 50 年代提出的一类能够有效地降低定量分析检测限的电化学分析测试方法。从原理上而言，脉冲伏安法是将一系列持续一定时间的电位脉冲施加于工作电极上，随后通过在不同脉冲时间节点处进行电流采样和数学处理，有效地去除背景充电电流对于氧化还原电流的影响，从而提高分析灵敏度。

微分脉冲伏安法(differential pulse voltammetry，DPV)是在蛋白质定量分析中非常有用的一种脉冲伏安分析方法。它是将一系列固定振幅的脉冲叠加到一个线性变化的斜坡扫描电位上，并在一次脉冲周期内进行两次电流采样(图 3-3)；其中，第一次采样恰好选择在脉冲施加之前的瞬间(图中 1 所示)，第二次采样选择在脉冲的后期(图中 2 所示)。通过将两次采样得到的电流之差(即第二次采样得到的电流扣除第一次采样得到的电流)对施加的电位作图，可以得到一个峰形曲线，称为微分脉冲伏安图；图中电流峰的高度 i_{p} 与相应待分析物质浓度 C 之间的关系符合如下关系式：

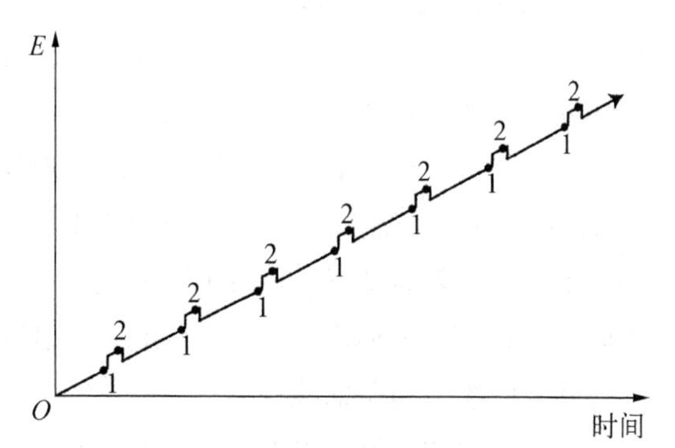

图 3-3 微分脉冲伏安法的扫描电位施加方式

$$i_{\mathrm{p}} = \frac{nFAD^{1/2}C}{\sqrt{\pi t_m}}\left(\frac{1-\sigma}{1+\sigma}\right) \tag{3.14}$$

式中，n 为电子转移数，F 为法拉第常数($F=96\,500$ C/mol)，A 为电极表面面积(cm^2)，D 为扩散系数(cm^2/s)，t_m 为电流采样的间隔(s)，$\sigma=\exp[(nF/RT)(\Delta E/2)]$ (ΔE 为脉冲的振幅)。

微分脉冲伏安法具有出色的分析灵敏度，检测限可以低至 10^{-8} mol/L。同时，微分脉冲伏安法具有良好的分辨率，可以有效地区分两个具有相似的氧化还原电位但峰间距大于 50 mV 的组分。在实际测试中，脉冲振幅 ΔE 和电位扫描速度 v 是两个需要重点关注和优化的参数，它们直接影响着微分脉冲伏安法的分析灵敏度、分辨率和分析速度。一般而言，大幅度的脉冲会导致大（通常意味着高灵敏度）而宽（通常意味着低分辨率）的峰。

3.3.3 电化学阻抗法

对于一个稳定的线性系统 M，如果输入一个角频率为 ω 的正弦波电信号（电压或电流）X 作为扰动信号，则该系统会相应地输出一个角频率也为 ω 的正弦波电信号（电压或电流）Y 作为响应信号，Y 和 X 之间的关系满足下式：

$$Y = G(\omega)X \tag{3.15}$$

式中，G 为角频率 ω 的函数，称为阻纳（immittance）；根据扰动信号和响应信号的不同，阻纳 G 可以进一步分为导纳（admittance）和阻抗（impedance），其中，阻抗用 Z 表示。阻抗 Z 是一个随角频率 ω 变化的矢量，常写成复数形式：

$$Z = Z' + jZ'' \tag{3.16}$$

式中，Z'称为阻抗 Z 的实部，Z''称为阻抗 Z 的虚部。作为一个矢量，阻抗 Z 可以利用以实部为横坐标、虚部为纵坐标的坐标体系来表示。一个特定的阻抗 Z 在坐标体系中表示为一个坐标为（Z', Z''）的点；此时，从原点到该点的矢量长度称为阻抗 Z 的模值 $|Z|$（$|Z|^2 = Z'^2 + Z''^2$）；从原点到该点的连线与横坐标轴的夹角称为阻抗 Z 的相位角 ϕ。

电化学阻抗谱（electrochemical impedance spectroscopy）通过对待研究的电化学系统施加一个具有一定振幅的不同频率的正弦波扰动信号，测量系统的阻抗 Z 随正弦波频率 ω 的变化，或者是阻抗 Z 的相位角 ϕ 随 ω 的变化。电化学阻抗谱可以使用阻抗 Z 的实部 Z'为横坐标，以阻抗 Z 的虚部 Z''为纵坐标进行绘制，所得到的图谱称为奈奎斯特（Nyquist）图。需要指出的是，奈奎斯特图在习惯上常使用虚部的负数 $-Z''$为纵坐标，这种图谱有时也被称为 Slyuters 图。除奈奎斯特图外，波特（Bode）图也可以用来表示电化学阻抗谱；该图谱使用 $\lg(\omega)$ 为横坐标，分别使用阻抗 Z 的模值的对数 $\lg(|Z|)$ 和相位角 ϕ 为纵坐标绘制两条曲线。

电化学阻抗谱可以用于电极系统的研究。通过将电极系统看作一个由电阻（R）、电容（C）和电感（L）等元件按照串联或并联等不同方式组成的等效电路，电化学阻抗谱可以测定等效电路的构成以及各元件的大小，从而分析电极系统的电学性质和电极过程的动力学参数。但是，电极系统是一个非常复杂的体系，在电极表面及其附近同时发生着电子传递、化学反应和物质扩散等过程。因此，在对电极系统进行电化学阻抗谱分析时，应尽可能地满足三个基本条件：首先是因果性（causality）条件，即电极系统的输出信号只是对被施加的正弦波扰动信号的响应，这就要求必须严格控制电极过程的电极电位以及其他变量都必须随正弦波信号的变化而变化。其次是线性（linearity）条件，即电极系统的输出信号与被施加的扰动信号之间存在线性关系；对于电极系统而言，只有在一个状态变量的变化足够小的情况下，才能够将电极过程速率随状态变量的变化与状态变量之间的关系做近似线性的处理，才能够使得输出信号和扰动信号之间呈近似的线性。因此，在对电极系统进行电化学阻抗谱分析时，正弦波扰动信号的振幅一般不超过 10 mV（一般在 5 mV 左右）。最后是稳定性（stability）条件，即对电极系统施加的扰动信号停止后，电极系统能够恢复到原有的状态。一般而言，对于可逆的电极过程进行测定时，稳定性条件比较容易满足。

当电极系统中发生一个由电荷传递和扩散过程混合控制的可逆电极过程时，该系统的等效电路可以分解为四个元件，分别是电解质溶液电阻 R_s、电荷传递电阻 R_{ct}、扩散引起的 Warburg 阻抗 Z_w 和双电层电容 C_{dl}。该系统的阻抗 Z 的实部 Z' 和虚部负数 $-Z''$ 可以分别由下式表示：

$$Z' = R_s + \frac{R_{ct} + \sigma\omega^{-1/2}}{(C_{dl}\sigma\omega^{1/2} + 1)^2 + \omega^2 C_{dl}^2 (R_{ct} + \sigma\omega^{-1/2})^2} \tag{3.17}$$

$$-Z'' = \frac{\omega C_{dl}(R_{ct} + \sigma\omega^{-1/2})^2 + \sigma\omega^{-1/2}(\omega^{1/2} C_{dl}\sigma + 1)}{(C_{dl}\sigma\omega^{1/2} + 1)^2 + \omega^2 C_{dl}^2 (R_{ct} + \sigma\omega^{-1/2})^2} \tag{3.18}$$

上两式中，σ 是一个与扩散有关的系数，称为 Warburg 系数。

当频率 ω 处于低频区（趋近于 0）时，$\omega^{1/2}$ 和 ω^2 可以忽略不计，因此 Z' 和 $-Z''$ 可以简化为下式：

$$Z' = R_s + \sigma\omega^{-1/2} + R_{ct} \tag{3.19}$$

$$-Z'' = \sigma\omega^{-1/2} + 2\sigma^2 C_{dl} \tag{3.20}$$

通过数学换算可得两者之间的关系符合下式：

$$-Z'' = Z' - R_s - R_{ct} + 2\sigma^2 C_{dl} \tag{3.21}$$

此时，奈奎斯特图中显示为一条斜率为 1 的直线。

当频率 ω 处于高频区时，扩散引起的 Warburg 阻抗 Z_w 可以忽略不计，此时，Z' 和 $-Z''$ 可以分别由下式表示：

$$Z' = R_s + \frac{R_{ct}}{(C_{dl} R_{ct}\omega)^2 + 1} \tag{3.22}$$

$$-Z'' = \frac{\omega R_{ct}^2 C_{dl}}{(C_{dl} R_{ct}\omega)^2 + 1} \tag{3.23}$$

通过数学换算可得两者之间的关系符合下式：

$$\left(Z' - R_s - \frac{R_{ct}}{2}\right)^2 + Z''^2 = \left(\frac{R_{ct}}{2}\right)^2 \tag{3.24}$$

此时，奈奎斯特图中显示为一个与横坐标轴交点坐标分别为 $(R_s, 0)$ 和 $(R_s + R_{ct}, 0)$ 且直径为 R_{ct} 的半圆。

综合上述两个频率区间，该电极系统的奈奎斯特图由高频区的半圆和低频区的直线共同组成。

3.4　电化学分析在蛋白质定量中的应用

电化学分析在实现蛋白质定量方面具有独特的优势。首先，众多电化学分析测试方法本身具有良好的灵敏性，例如，微分脉冲伏安法的检测限可以低至 10^{-8} mol/L；通过一些简单的实验设计或者引入一些信号放大方案，电化学分析实验技术可以轻松地实现 pg/mL 级别蛋白质的检测，从而可以满足肿瘤标志蛋白等低丰度蛋白质定量分析的需求。其次，与比色、荧光等在蛋白质定量中使用十分广泛的光学信号相比，电化学信号具有更加出色的稳定性，更加不容易受到复杂环境的干扰，这为临床样本、食品样品等复杂体系中蛋白质的定量分析提供了有效的解决方案。最后，电化学分析与电子技术和计算机技术具有天然的联系，这十分有利于电化学分析实验技术的集成和微型化；同时，随着丝网印刷和微电子机电系统（MEMS）等电极制作技术的日益成熟，电化学分析实验技术在成功仪器化后，设备成本和使用成本都可以降低至其他实验技术手段难以匹敌的水平，因而在蛋白质定量分析中可以充分地兼顾分析表现和成本控制。与此同时，近年来我们可以看到，多种以电化学分析实验技术为核心的分析仪器，如 Attana 公司的 Cell 200 蛋白互作分析仪、Axion 公司的 Mastro Z 实时无标记细胞分析仪、安捷伦公司的 xCELLigence RTCA 系列细胞分析系统、美国 Biosensing Instrument 公司的 BI 系列分子相互作用分析仪等，正逐渐被用于蛋白质定量、蛋白质互作、细胞毒性、肿瘤细胞浸润与转移、药物筛选等方面的研究。这些仪器的出现和成功推广，有力地展现了电化学分析实验技术在生物医学领域的光明应用前景。

蛋白质与电极之间的电子传递通路的建立和信号获取是很多蛋白质相关的电化学分析实验技术的核心和关键步骤。这些实验技术有的借助蛋白质在电极表面催化反应所涉及的天然产物或底物作为电子传递的媒介体。例如，L. C. Clark 和 C. Lyons 在 1962 年首次提出的葡萄糖酶电极就是借助葡萄糖氧化酶的第二底物——氧气作为天然的电子媒介体来完成分析检测[1]。有的实验技术使用额外加入的人工电子传递媒介体来解决电子在蛋白质与电极之间的传递问题。例如，李景虹院士课题组使用氢醌（hydroquinone）作为辣根过氧化酶与电极之间电子传递的媒介体[2]；I. Willner 课题组使用金纳米颗粒偶联的黄素腺嘌呤二核苷酸（FAD，flavin adenine dinucleotide）作为葡萄糖氧化酶与电极之间电子传递的媒介体[3]。二茂铁及其衍生物、钌和锇等的配合物、铁氰化物、醌类化合物、四硫富瓦烯-四氰基醌二甲烷等有机导电盐是常见的人工电子传递媒介体；它们有些含有过渡金属元素的化合物或配合物，从而通过过渡金属的价态变化来传递电子；有些含有大 π 键的环及与环相连的双键，从而通过双键的打开和再形成来传递电子。有的实验技术依赖于蛋白质与电极之间的直接电子传递(又称为蛋白质的直接电化学);这类技术无须向分析体系中引入天然或人工的电子传递媒介体,可以大幅度地简化实验步骤和反应体系,实现分析过程的"无试剂化"。F. A. Armstrong 等人在 20 世纪 90 年代发展的蛋白膜伏安法(protein-film voltammetry)在基于蛋白质直接电化学的分析应用中有着独特的优势,其不仅可以通过"交互式"的实验过程对蛋白质的电活性中心进行快速、准确的调控,而且可以十分方便地在无底物状态下考察蛋白质电活性中心的电子传递过程。这些基于蛋白质与电极之间电子传递的电化学分析实验技术可以成功地用于蛋白质的定量分析;例如,笔者等人在金电极表面建立能够有效吸附细胞色素 c 的 DNA@金纳米颗粒网络,进而利用其直接电化学信号实现了最低 0.67 nmol/L 细胞色素 c 的灵敏分析[4]。然而,在实践中,这些实验技术最主要的使用场景是葡萄糖、过氧化氢乃至有机磷杀虫剂农药等小分子的分析。这主要是因为这些实验技术通常需要将蛋白质通过物理吸附、化学交联、共价键合、膜包埋或电化学聚合等方式固定于电极表面,难以用于复杂样本中或低丰度条件下蛋白质的定量分析。

基于分子识别的亲和型电化学分析实验技术极大地拓展了电化学分析在蛋白质定量中的应用。这种实验技术利用多种生物分子作为分子识别元件,将对目标蛋白质的分子识别过程转换为可检测的电化学信号。分子识别元件与目标蛋白质之间的分子识别过程是一种具有高度专一性和亲和性的热力学控制过程,这保证了亲和型电化学分析实验技术的灵敏性和特异性。与此同时,随着分子标记技术的突飞猛进,多样化的电化学标记得以引入,使得亲和性电化学分析实验技术的靶标蛋白质不再仅仅局限于具有生物催化活性或直接电化学响应的蛋白质分子,这为通用和普适性的蛋白质电化学定量分析提供了技术方案。更重要的是,亲和型电化学分析实验技术能够十分便捷地通过分子标记、分子组装等途径与酶联免疫吸附测定、聚合酶链式反应等经典的生物分析技术相结合,从而在充分发挥电化学分析的优势的同时,有效地运用和整合现有理论和技术体系,这使得亲和型电化学分析实验技术在蛋白质定量中有着无穷的革新空间和潜力。

抗体是目前最为成熟且最为常用的分子识别元件,具有制备方法明确、商业化程度高、适用蛋白范围广等优点。自 1959 年 Yalow 和 Berson 创建放射免疫分析以来,基于抗原-抗体识别反应的免疫分析在蛋白质定量中的发展脚步从未停止;尤其是近年来,通过将免疫反应的特异性与电化学分析测试方法相结合,一系列灵敏、新颖且特异的蛋白质电化学免疫分析实验技术得以出现。这些技术有的是通过直接测定抗体与目标蛋白质免疫反应所引起的电化学响应信号的变化来实现目标蛋白质的定量,具有简便、快速、成本低廉等优势;有的是通过引入电化学活性分子或酶分子标记的电化学报告抗体,采用竞争式或夹心式操作模式,实现具有高灵敏性和特异性的蛋白质定量分析。核酸适体(aptamer)是近 30 年来发展起来的一类新型的分子识别元件。自 1990 年被首次报道以来,已经有上千种能够与各种蛋白质结合的核酸适体被陆续地通过体外筛选技术从人工构建的单链核酸分子文库中筛选出来。核酸适体不仅能够像抗体一样与目标蛋白质之间表现出如

“钥匙和锁”一般的高特异性和高亲和力的识别结合能力，而且具有分子量小、结构简单、易于化学合成和修饰、可长期保存且价格低廉等诸多优点。因此，核酸适体为基于分子识别的亲和型电化学分析实验技术的发展提供了新的契机，已经在蛋白质定量中取得了令人瞩目的成果。

亲和性电化学分析实验技术在蛋白质定量中已经得到了成功实践并有着卓越的发展前景。在本书后续4个章节中，我们将选取8个具有代表性的、有广泛借鉴价值的亲和型蛋白质电化学定量分析实验技术作为例子，以这些技术中使用的分子识别元件（抗体或核酸适体）或分析辅助元件（纳米材料或功能DNA）为切入点，全流程地介绍技术相关的基础背景、实验方案、操作步骤和技术要点。我们希望我们的介绍能够帮助刚刚进入该领域的老师和同学们使用最少的时间，获得最多的知识。

参考文献

[1] CLARK L C, LYONS C. Electrode systems for continuous monitoring in cardiovascular surgery[J]. Annals of the New York Academy of Sciences, 1962, 102(1): 29-45.

[2] ZENG Q, CHENG J S, TANG L H, LIU X F, LIU Y Z, LI J H, JIANG J H. Self-assembled graphene-enzyme hierarchical nanostructures for electrochemical biosensing[J]. Advanced Functional Materials, 2010, 20(19): 3366-3372.

[3] XIAO Y, PATOLSKY F, KATZ E, HAINFELD J F, WILLNER I. “Plugging into enzymes”: Nanowiring of redox enzymes by a gold nanoparticle[J]. Science, 2003, 299(5614): 1877-1881.

[4] ZHAO J, ZHU X L, LI T, LI G X. Self-assembled multilayer of gold nanoparticles for amplified electrochemical detection of cytochrome c[J]. Analyst, 2008, 133: 1242-1245.

[5] WANG J.分析电化学[M].朱永春，张玲，译.北京：化学工业出版社，2008.

[6] 鞠熀先.电分析化学与生物传感技术[M].北京：科学出版社，2006.

[7] 张鉴清.电化学测试技术[M].北京：化学工业出版社，2010.

[8] 谢德明，童少平，曹江林.应用电化学基础[M].北京：化学工业出版社，2013.

[9] GIRAULT H H. Analytical and physical electrochemistry[M]. New York: EPFL Press, 2004.

[10] KREYSA G, OTA K, SAVINELL R F. Encyclopedia of applied electrochemistry[M]. New York: Springer-Verlag, 2014.

[11] ZHANG X J, JU H X, WANG J.电化学与生物传感器：原理、设计及其在生物医学中的应用[M].张书圣，李雪梅，杨涛，等译.北京：化学工业出版社，2009.

[12] SCHOLZ F. Electroanalytical methods[M]. Berlin: Springer-Verlag Berlin Heidelberg, 2010.

[13] BARD A J, FAULKNER L R.电化学方法、原理和应用[M].邵元华，朱果逸，董献堆，张柏林，译.北京：化学工业出版社，2019.

[14] 查全性，等.电极过程动力学导论[M].3版.北京：科学出版社，2020.

[15] 高鹏，朱永明，于元春.电化学基础教程[M].2版.北京：化学工业出版社，2019.

[16] 卢小泉，王雪梅，郭惠霞，杜捷.生物电化学[M].北京：化学工业出版社，2016.

[17] SIMOES F R, XAVIER M G. Electrochemical sensors[M]//DA ROZ A L, FERREIRA M, DE LIMA LEITE F, OLIVEIRA O N. Nanoscience and its Applications. Oxford: Elsevier, 2017: 155-178.

[18] WANG G, ZHANG L, ZHANG J. A review of electrode materials for electrochemical supercapacitors [J]. Chemical Society Reviews, 2012, 41: 797 - 828.
[19] 李志果,戴建远,史艳青,毕树平.金电极基本性质的研究综述[J].分析测试学报,2012,31(9): 1170 - 1177.
[20] 王金浩.玻碳电极的电化学特性及其应用[J].环境科学丛刊,1983(5): 34 - 40.
[21] MCCREERY C L. Advanced carbon electrode materials for molecular electrochemistry [J]. Chemical Reviews, 2008, 108(7): 2646 - 2687.
[22] INZELT G, LEWENSTAM A, SCHOLZ F. Handbook of reference electrodes [M]. Berlin: Springer-Verlag Berlin Heidelberg, 2013.
[23] ZHANG W, ZHU S, LUQUE R, HAN S, HU L, XU G. Recent development of carbon electrode materials and their bioanalytical and environmental applications [J]. Chemical Society Reviews, 2016, 45: 715 - 752.
[24] DHANJAI, SINHA A, LU X, WU L, TAN D, LI Y, CHEN J, JAIN R. Voltammetric sensing of biomolecules at carbon based electrode interfaces: A review [J]. TrAC Trends in Analytical Chemistry, 2018, 98: 174 - 189.
[25] 胡会利,李宁.电化学测量[M].北京: 化学工业出版社,2020.
[26] SCHOLZ F. Voltammetric techniques of analysis: the essentials [J]. ChemTexts, 2015, 1: 17.
[27] 贾铮,戴长松,陈玲.电化学测量方法[M].北京: 化学工业出版社,2006.
[28] KISSINGER P T, HEINEMAN W R. Cyclic voltammetry [J]. Journal of Chemical Education, 1983, 60(9): 702.
[29] ELGRISHI N, ROUNTREE K J, MCCARTHY B D, ROUNTREE E S, EISENHART T T, DEMPSEY J L. A practical beginner's guide to cyclic voltammetry [J]. Journal of Chemical Education, 2018, 95(2): 197 - 206.
[30] ESPINOZA E M, CLARK J A, SOLIMAN J, DERR J B, MORALES M, VULLEV V I. Practical aspects of cyclic voltammetry: How to estimate reduction potentials when irreversibility prevails [J]. Journal of the Electrochemical Society, 2019, 166: H3175 - H3187.
[31] BLUTSTEIN H, BOND A M. Fast sweep differential pulse voltammetry at a dropping mercury electrode [J]. Analytical Chemistry, 1976, 48(2): 248 - 252.
[32] SUJARITVANICHPONG S, AOKI K, TOKUDA K, MATSUDA H. Voltammetry at microcylinder electrodes: Part IV. Normal and differential pulse voltammetry [J]. Journal of Electroanalytical Chemistry and Interfacial Electrochemistry, 1986, 199(2): 271 - 283.
[33] ARELLANO M, OTURAN N, OTURAN M A, PAZOS M, SANROMAN M A, GONZALEZ-ROMERO E. Differential pulse voltammetry as a powerful tool to monitor the electro-Fenton process [J]. Electrochimica Acta, 2020, 354: 136740.
[34] MOLINA A, GONZALEZ J. Pulse voltammetry in physical electrochemistry and electroanalysis: Theory and applications [M]. Switzerland: Springer International Publishing, 2013.
[35] MIRCESKI V, GUZIEJEWSKI D, BOZEM M, BOGESKI I. Characterizing electrode reactions by multisampling the current in square-wave voltammetry [J]. Electrochimica Acta, 2016, 213: 520 - 528.
[36] ORAZEM M E, TRIBOLLET B. Electrochemical impedance spectroscopy [M]. New Jersey: John Wiley & Sons, 2011.
[37] 曹楚南,张鉴清.电化学阻抗谱导论[M].北京: 科学出版社,2002.
[38] SACCO A. Electrochemical impedance spectroscopy: Fundamentals and application in dye-

sensitized solar cells[J]. Renewable and Sustainable Energy Reviews，2017，79：814 - 829.
[39] CHANG B Y，PARK S M. Electrochemical impedance spectroscopy[J]. Annual Review of Analytical Chemistry，2010，3：207 - 229.
[40] MONTEIRO T，ALMEIDA M G. Electrochemical enzyme biosensors revisited：Old solutions for new problems[J]. Critical Reviews in Analytical Chemistry，2019，49(1)：44 - 66.
[41] GULABOSKI R，MIRCESKI V，BOGESKI I，HOTH M. Protein film voltammetry：electrochemical enzymatic spectroscopy. A review on recent progress[J]. Journal of Solid State Electrochemistry，2012，16：2315 - 2328.
[42] ARMSTRONG F A，HEERING H A，HIRST J. Reaction of complex metalloproteins studied by protein-film voltammetry[J]. Chemical Society Reviews，1997，26：169 - 179.
[43] LI G X，MIAO P. Electrochemical analysis of proteins and cells[M]. New York：Springer-Verlag Berlin Heidelberg，2013.
[44] 曹亚，朱小立，赵婧，李昊，李根喜.肿瘤标志蛋白的电化学分析[J].化学进展，2015，27(1)：1 - 10.
[45] VESTERGARRD M，KERMAN K，TAMIYA E. An overview of label-free electrochemical protein sensors[J]. Sensors，2007，7(12)：3442 - 3458.
[46] SADIGHBAYAN D，SADIGHBAYAN M R，TOHID-KIA M R，KHOSROUSHAHI A Y，HASANZADEH M. Development of electrochemical biosensors for tumor marker determination towards cancer diagnosis：Recent progress[J]. TrAC Trends in Analytical Chemistry，2019，118：73 - 88.
[47] LABIB M，SARGENT E H，KELLEY S O. Electrochemical methods for the analysis of clinically relevant biomolecules[J]. Chemical Reviews，2016，116(16)：9001 - 9090.
[48] KOKKINOS C，ECONOMOU A，PRODROMIDIS M I. Electrochemical immunosensors：Critical survey of different architectures and transduction strategies[J]. TrAC Trends in Analytical Chemistry，2016，79：88 - 105.
[49] VILLALONGA A，PEREZ-CALABUIG A M，VILLALONGA R. Electrochemical biosensors based on nucleic acid aptamers[J]. Analytical and Bioanalytical Chemistry，2020，412：55 - 72.
[50] WONGKAEW N，SIMSEK M，GRIESCHE C，BAEUMNER A J. Functional nanomaterials and nanostructures enhancing electrochemical biosensors and lab-on-a-chip performances：Recent progress，applications，and future perspective[J]. Chemical Reviews，2019，119(1)：120 - 194.
[51] ZHANG Y，CHEN X Y. Nanotechnology and nanomaterial-based no-wash electrochemical biosensors：from design to application[J]. Nanoscale，2019，11：19105 - 19118.
[52] ABI A，MOHAMMADPOUR Z，ZOU X，SAFAVI A. Nucleic acid-based electrochemical nanobiosensors[J]. Biosensors and Bioelectronics，2018，102：479 - 489.

4 基于抗体的电化学免疫分析实验技术

免疫分析是最常用的基于生物传感的亲和型蛋白质定量分析实验技术。这类技术使用抗体作为分子识别元件并通过固定化技术将抗体结合至电极等感受器表面；当目标蛋白质存在时，目标蛋白质会与抗体发生特异性的免疫反应，生成的免疫复合物可以通过特定的换能器转化为与目标蛋白质浓度相关的物理信号，实现目标蛋白质的定量分析。随着各类分析手段的不断发展和进步，用于蛋白质定量的免疫分析实验技术已经发展出荧光免疫分析、时间分辨荧光免疫分析、荧光偏振免疫分析、化学发光酶免疫分析、电化学免疫分析、电化学发光免疫分析和表面等离子共振免疫分析等分支。其中，电化学免疫分析实验技术具有分析灵敏度高、操作简便、易于微型化和自动化等优点，因而是研究最为深入且发展最为成熟的一类免疫分析技术。

4.1 抗体

当机体免疫系统受到抗原刺激时，B 淋巴细胞或记忆 B 细胞会分化成浆细胞，后者可以合成并分泌一种能够高亲和力和特异性地与相应抗原结合的糖蛋白，称为抗体(antibody)。抗体是免疫球蛋白的一种，主要分布在血清、组织液等体液中，是执行特异性体液免疫的关键分子。如图 4-1 所示，抗体分子的单体一般由四条多肽链组成对称“Y”字形结构，其中两条较短且分子量较小的多肽链称为轻链(L 链)，两条较长且分子量较大的多肽链称为重链(H 链)；四条链彼此之间通过二硫键以及疏水作用等非共价作用结合，且两端游离的氨基和羧基方向一致，分别称为氨基端(N 端)和羧基端(C 端)。在不同的抗体分子单体中，L 链靠近 N 端的 1/2 区域以及 H 链靠近 N 端的 1/5 或 1/4 区域的氨基酸种类和排列顺序差异巨大，称为可变区(variable region，V 区)；L 链靠近 C 端的 1/2 区域以及 H 链靠近 N 端的 3/4 或 4/5 区域的氨基酸种类和排列顺序在同一种属生物体内相对稳定，称为恒定区(constant region，C 区)；L 链和 H 链的可变区分别称为 V_L 和 V_H，恒定区分别称为 C_L 和 C_H；在 L 链和 H 链的可变区中，大部分区域的氨基酸种类和排列顺序相对保守，称为骨架区(framework region，FR)，而剩余局部区域的氨基酸种类和排列顺序具有更高的变化程度，称为高变区(hypervariable region，HVR)；高变区是抗体分子与抗原结合的部位，决定了抗体结合抗原的特异性，因而又称为互补性决定区（complementarity-determining region, CDR）。此外，抗体分子的单体在木瓜蛋白酶的作用下可以裂解成为两个抗原结合片段（fragment of antigen binding, Fab 段）和一个可结晶片段（fragment crystallizable, Fc 段）；每一个 Fab 段都由一条完整的 L 链和一条 H 链靠近 N 端的约 1/2 区域组成，其可以与相应抗原发生单价免疫反应；Fc 段由两条 H 链靠近 C 端的约 1/2 区域和连接 H 链的二硫键组成，其本身没有抗体活性但具有补体结合或 Fc 受体结合等生物学活性。

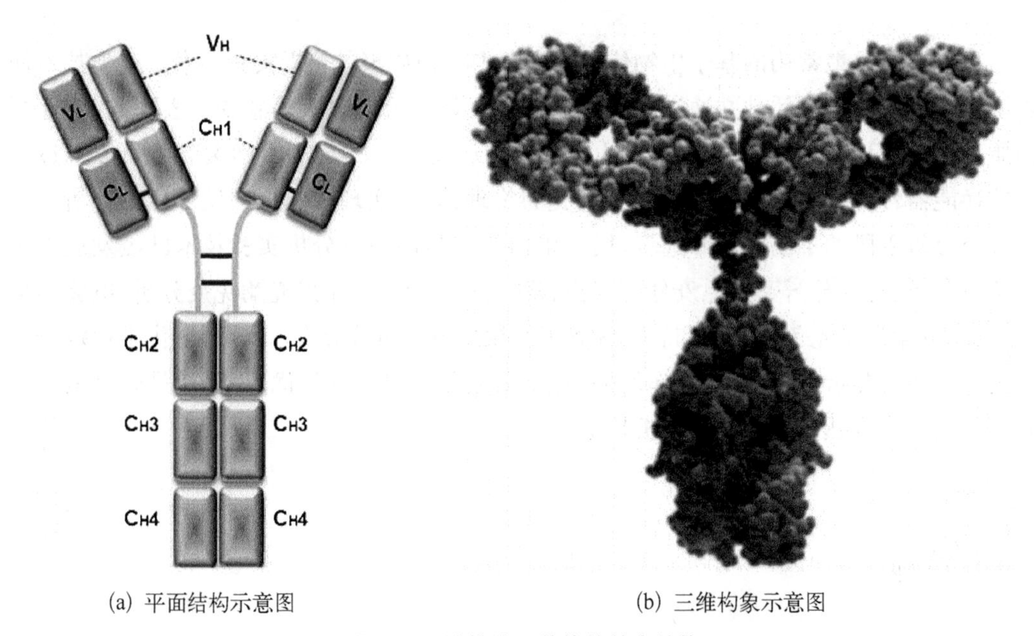

(a) 平面结构示意图　　(b) 三维构象示意图

图 4-1　抗体分子单体的基本结构

抗体可以根据不同的规则进行分类。例如，根据重链的差异，抗体可以分为 IgM、IgG、IgA、IgD 和 IgE。根据有无抗原刺激，抗体可以分为在没有感染或人工免疫等特异性抗原刺激条件下就正常存在于体液中的天然抗体（natural antibody）和感染或人工免疫后机体应激产生的免疫抗体（immune antibody）。根据抗原的来源，抗体可以分为由其他种属来源的抗原刺激产生的异种抗体（heteroantibody）、由同一种属的其他个体来源的抗原刺激产生的同种抗体（alloantibody）、由自身抗原刺激产生的自身抗体（autoantibody）和由人、动物、植物、微生物等不同种属之间共同存在的抗原（称为异嗜性抗原）刺激产生的异嗜性抗体（heterophilic antibody）。根据与抗原反应的活性，抗体可以分为能够特异性结合抗原且在一定条件下出现可见凝集反应的完全抗体（complete antibody）和能够特异性结合抗原但无法出现可见凝集反应的不完全抗体（incomplete antibody）；完全抗体是二价或多价抗体，具有两个或两个以上的抗原结合位点；不完全抗体只具有一个抗原结合位点，又称为单价抗体或封闭抗体。

抗体在生物体内或体外发挥着多种多样的功能。首先，某些抗体具有中和效应，能够特异性结合外来病原微生物的表面抗原，保卫机体免受侵害。例如，某些抗体能够与病原性细菌结合，从而在空间上阻止细菌对黏膜上皮细胞等机体细胞的附着和感染；某些抗体能够结合病毒的关键表位，从而包裹或包被病毒衣壳，封闭病毒与细胞表面受体之间的相互作用，阻断病毒感染；在席卷全球的新冠病毒肺炎疫情中，我国医疗工作者经过不懈努力，发现新冠肺炎康复者恢复期血浆中含有新冠病毒抗体，对于挽救重症、危重症新冠肺炎患者的生命成效显著。其次，某些抗体（IgM 或 IgG）与相应抗原结合形成复合物后会暴露出补体结合位点，激活补体依赖的细胞毒作用（complement-dependent cytotoxicity, CDC），从而在表达有相应抗原的细胞表面产生攻膜复合物引起细胞的裂解和死亡。再次，某些抗体能够通过 Fc 段与存在于巨噬细胞、中性粒细胞、嗜碱性粒细胞等表面的 Fc 受体结合，产生不同的生物学效应。例如，某些抗体通过 Fab 段结合目标细胞表面的特定抗原，通过 Fc 段结合 NK 细胞、中性粒细胞等杀伤细胞表面的 Fc 受体，从而借助抗体的桥联作用，激活杀伤细胞并使其释放穿孔素、颗粒酶等物质，实现对目标细胞的直接杀伤，该过程被称为抗体依赖的细胞介导的细胞毒作用（antibody-dependent cell-mediated cytotoxicity, ADCC）；某些抗体通过 Fab 段结合目标细胞表面的特定抗原，通过 Fc 段结合巨噬细胞、单核细胞等具有吞噬能力的细胞表面的 Fc 受体，从而介导吞噬细胞对目标细胞的内吞和降解，该过程被称为抗体依赖性细胞吞噬作用（antibody-dependent cellular phagocytosis, ADCP）。最后，某些抗体（主要是自身抗体）可以作为自身免疫性疾病、肿瘤等疾病诊断和治疗的关键标志物。例如，抗核抗体、抗平滑肌抗体、抗可溶性肝抗原/肝胰抗原抗体等自身抗体是自身免疫性肝炎（AIH）不可或缺的诊断指标；7 种特异性肿瘤抗原（p53、PGP9.5、GBU4-5、SOX2、MAGE A1、CAGE、GAGE7）与人体免疫系统相互作用而产生的自身抗体的联合检测可以有效地提高肺癌早期诊断的敏感性和特异性。

此外，随着单克隆抗体技术和基因工程抗体技术的不断进步，抗体在分析检测、疾病治疗等方面应用的飞速发展。通过与光学、电化学等分析手段的融合，以抗体为基础发展出了免疫比浊、免疫印迹、酶联免疫吸附测定、电化学免疫分析等一系列实验技术，成功地用于小分子、蛋白质乃至细胞等的定量分析。与此同时，抗体药物以及抗体药物偶联物（antibody-drug conjugates, ADC）作为一类新颖的治疗药物，在癌症、自身免疫性疾病、感染性疾病以及器官移植排斥反应等疾病的治疗中愈发引人瞩目。例如，曲妥珠单克隆抗体（Trastuzumab，商品名赫赛汀 Herceptin）是第一个被美国食品药品监督管理局（FDA）批准用于人表皮生长因子受体 2（HER2）阳性的转移性乳腺癌治疗的抗体药物，其选择性地作用于 HER2 的细胞外结构域，能够有效地提高 HER2 阳性乳腺癌患者的 5 年存活率；程序性死亡因子 1（PD-1）的单克隆抗体，如默沙东公司研发的帕博利珠单抗（商品名 Keytruda）、百时美施贵宝公司研发的纳武利尤单抗（商品名 Opdivo）以及罗氏公司研发的阿替利珠单抗（商品名 Tecentriq）等，能够通过结合 T 细胞表面的 PD-1，阻断肿瘤细胞表面 PD-1 受体（PD-L1）与 T 细胞表面 PD-1 之间的相互作用，减少肿瘤微环境中的免疫抑制信号，激发免疫系统清除肿瘤细胞的潜力，因而在黑色素瘤、肺癌、乳腺癌、膀胱癌等多个适应证中表现出良好的疗效。最近，北京大学谢晓亮教授课题组联合多家合作单位通过高通量单细胞测序技术，结合动物模型，从新冠肺炎康复者恢复期血浆中筛选得到多个高活性的具有中和效应的抗体，能够有效地阻断新冠病毒刺突蛋白受体结合域与人体细胞上的血管紧张素转化酶2(ACE2)之间的结合，为新冠病毒强效药物的研制提供了希望[1]。

4.2 抗体在蛋白质电化学定量分析中的应用

用于蛋白质定量的电化学免疫分析实验技术可以分为非标记型和标记型两类。其中，非标记型电化学免疫分析实验技术通过直接测定目标蛋白质与固定化抗体结合所导致的电化学响应信号的变化来实现目标蛋白质的定量。1975年，美国科学家J. Janata提出了最早的一种可以用于蛋白质定量的电化学免疫分析实验技术[2]。该技术是一种典型的非标记型技术，其利用聚氯乙烯膜将抗体固定于电极表面，然后通过目标蛋白质与固定化抗体之间的免疫反应所引起的电极膜电位变化来进行定量。蛋白质与固定在电极表面的抗体之间的免疫反应不仅可以改变电极膜电位，而且会在电极表面产生巨大的位阻效应，而这可以采用电化学阻抗谱进行测定，因此也常被应用于蛋白质的无标记电化学免疫分析。电化学阻抗谱是一种表征电极界面性质和了解电极界面反应过程的有效手段，在测量免疫反应所引起的电极表面特性改变等方面有着独特的优势。2013年，笔者等人利用金-巯(Au-S)键自组装和主客体识别的方式制备了人宫颈癌基因蛋白1(HCCR-1)抗体功能化的金电极，并利用该电极建立了一种用于HCCR-1定量分析的非标记型电化学阻抗实验技术[3]，具体实验原理和流程详见章节4.3。除了电化学阻抗信号，电流和电位信号同样可以反映目标蛋白质与固定化抗体免疫反应所产生的位阻效应。例如，C. Hu等人通过戊二醛交联的方式将视黄醇结合蛋白(RBP)抗体固定至金电极表面，然后借助特异性免疫反应所导致的铁氰化钾方波伏安响应电流信号和电化学阻抗信号的变化，实现了目标蛋白质的无标记电化学定量分析[4]。M. A. Al-Ghobashy等人利用高分子膜离子选择性电极发展了一种电位型免疫分析实验技术，可以实现0.10～20.00 μg/mL范围内重组人髓鞘碱性蛋白(rhMBP)的无标记定量分析[5]。

非标记型电化学免疫分析实验技术具有简便、快速、成本低廉等优势，但其分析灵敏度往往有限，难以满足很多场景下低丰度蛋白质定量分析的需求。通过引入电化学活性分子标记，标记型电化学免疫分析实验技术可以很好地解决这一问题。例如，R. Akter等人采用3,3′,5,5′-四甲基联苯胺(TMB)作为电化学活性分子标记，发展了一种竞争型电化学免疫分析实验技术[6]。G. Dutta和P. B. Lillehoj使用亚甲基蓝(MB)标记抗体，构建了一种夹心型电化学免疫分析实验技术[7]。在该技术中，目标蛋白质(恶性疟原虫富含组氨酸蛋白2，*Pf*HRP2)的特异性捕获抗体被首先通过戊二醛交联的方式固定于氧化铟锡电极表面;随后,电化学活性分子 MB 被标记至目标蛋白质的特异性报告抗体分子上;当目标蛋白质存在时,*Pf* HRP2 会与电极表面固定的捕获抗体和 MB 标记的报告抗体共同形成三明治夹心结构,使得 MB 接近电极表面;此时,MB 可以和六氨合钌(RuHex)以及三(2 -羰基乙基)磷盐酸盐(TCEP)反应产生显著的电化学响应信号,从而实现目标蛋白质的定量分析。氧化还原酶可以在短时间内催化大量的底物分子反应生成具有电化学活性的产物,因此常被用作上述电化学活性分子标记的替代物,以显著地提高电化学免疫分析实验技术的灵敏度。2013 年,笔者所在课题组通过两步免疫反应在金电极表面形成由固定化捕获抗体、目标蛋白质和辣根过氧化物酶(HRP)标记报告抗体所组成的三明治夹心结构,继而利用 HRP 催化 TMB 产生的电化学响应信号,实现了最低 52 pg/mL 目标蛋白质细胞外基质金属蛋白酶诱导因子 CD147 的电化学定量分析[8]。

纳米材料在光学、电学、力学性能乃至化学反应活性方面都具有与传统材料截然不同的性质,这使得纳米材料在改善电化学免疫分析微环境、提高电化学免疫分析灵敏度等方面有着巨大的应用价值。首先,某些纳米材料具有较大的比表面积和良好的电子传导能力,因此可以作为电极修饰材料有效地提高抗体在电极表面的固定数量并增强电化学响应的强度。例如,K. Kim 课题组通过电化学沉积、静电吸附、π-π 堆叠、电化学还原等步骤在电极表面修饰还原性氧化石墨烯,进而在其表面组装目标蛋白质 IgG 的抗体,最终通过三明治夹心结构的形成和 HRP 催化对苯二酚反应等过程产生明显的电化学响应信号,实现了最低 700 amol/L 目标蛋白质 IgG 的电化学定量分析[9]。其次,某些纳米材料具有良好的电催化活性或电化学响应性能,因此可以作为高效的电化学信号探针用于蛋白质的免疫定量分析。例如,J. Das 等人将抗体修饰于金纳米颗粒上,进而借助两步免疫反应和金纳米颗粒催化对硝基酚还原产生电化学响应信号,实现对低至 1 fg/mL 前列腺特异性抗原(PSA)的免疫定量分析[10]。戴志晖课题组使用具有出色电化学响应的银纳米颗粒和铜纳米颗粒作为信号探针,建立了一种能够同时实现总甲胎蛋白(AFP)和扁豆凝集素亲和型甲胎蛋白异质体(AFP-L3)定量的电化学免疫分析实验技术[11]。在该技术中,捕获抗体被首先固定于电极表面并通过免疫反应有效地结合包含 AFP-L3 在内的目标蛋白质分子;随后,修饰有 4 -巯基苯硼酸的铜纳米颗粒和修饰有扁豆凝集素的银纳米颗粒分别识别结合 AFP 分子表面的糖链和 AFP-L3 分子表面的果糖基团,使得这两种纳米材料所产生的电化学响应信号可以分别用于总 AFP 和 APF-L3 的定量分析。

一些新的分析策略或技术的引入能够进一步推动电化学免疫分析实验技术在蛋白质定量中的应用。邻近分析是其中一个比较有代表性的例子,其基本原理是目标蛋白质能够同时识别结合一对分子识别元件,从而导致这对分子识别元件在空间上彼此邻近并引发后续的信号转换过程。2012 年,C. J. Easley 课题组将邻近分析引入蛋白质电化学免疫分析实验技术[12]。在该技术中,C. J. Easley 课题组首先将能够同时与目标蛋白质发生特异性免疫反应的一对抗体分别与一段 DNA 探针偶联;当目标蛋白质存在时,这对抗体与目标蛋白质的同时结合会导致它们所偶联的 DNA 探针在空间上彼此邻近,从而能够与预先固定在电极上的捕获探针以及电化学活性基团标记的信号探针在电极表面发生杂交，最终产生显著的电化学响应信号用于目标蛋白质的定量分析。2015 年，笔者所在课题组在 C. J. Easley课题组发展的这种电化学免疫分析实验技术中进一步引入基于 DNAzyme 的分子切割机器，实现了血小板衍生因子(VEGF)、PSA、癌胚抗原(CEA)、AFP 以及肌钙蛋白Ⅰ(troponin Ⅰ)等目标蛋白质的灵敏定量分析，检测限分别低至 0.191 pmol/L(VEGF)、0.148 pmol/L(PSA)、5.5 pmol/L(CEA)、1.26 pmol/L(AFP)和 41.8 pmol/L(troponin Ⅰ)[13]。DNA 自组装是近年来另一种在蛋白质电化学免疫分析实验技术中得到成功应用的新策略。DNA 分子具有十分完善的碱基互补配对能力和一定的刚性与尺度；通过适当的序列设计和条件控制，DNA 分子能够针对特定的目标蛋白质按照预先设定的模式进行自发组装，最终实现信号的有效输出和放大。DNA 自组装应用于蛋白质电化学免疫分析具有两方面的优势：一方面，DNA 自组装严格遵守碱基互补配对原则，这保证了目标蛋白质分析的可靠性和可重复性；另一方面，DNA 自组装具有高度的并行性，能够提供极为可观的信号放大效果，这保证了目标蛋白质分析的灵敏性。例如，H. Lei 等人将催化发卡环组装(catalyzed hairpin assembly, CHA)引入电化学免疫分析体系，建立了一种用于富含半胱氨酸蛋白 61(CYR61 或 CCN1)定量分析的电化学实验技术[14]。该技术采用的 CHA 策略是一种靶标触发的依赖于两个 DNA 发卡环分子循环杂交的 DNA 自组装策略，能够显著提高分析技术的灵敏性，使得该技术对目标蛋白质 CYR61 进行电化学定量分析的浓度下限可以低至 3.9 fg/mL。

4.3 非标记型电化学阻抗免疫分析实验技术

4.3.1 原理

非标记型电化学免疫分析实验技术可以直接且无损地获取所分析的生物体系的电化学信号，具有简便、快速、成本低廉等优点。基于电化学阻抗谱(electrochemical impedance spectroscopy, EIS)的电化学阻抗免疫分析是非标记型电化学免疫分析实验技术中非常重要的一个类型，其通过电极表面的阻抗变化来反映待测分子在电极表面的固定情况和识别反应情况。蛋白质和其抗体都是带有一定电荷并具有一定大小的生物大分子；当其中一种固定至电极表面或两者在电极表面发生免疫反应形成复合物时，电极表面原有的电学状态会被改变，引起电化学阻抗信号的变化。因此，电化学阻抗免疫分析在蛋白质定量领域有着十分广阔的应用场景。图 4-2 展示了一种基于 Au-S 键自组装和超分子化学的电化学阻抗免疫分析实验技术的基本原理。如图 4-2 所示，本技术使用一种杯芳烃衍生物 Prolinker 作为抗体固定的媒介分子，其既可以通过分子一端的巯基与金电极之间的 Au-S 键而在电极表面形成自组装单层，又可以通过分子另一端的冠醚基团与抗体分子内自由氨基之间的主客体作用将抗体固定至电极表面。当目标蛋白质(此处以 CEA 为例)存在时,目标蛋白质与固定化抗体发生免疫反应,所形成的复合物在电极表面造成明显增加的位阻效应,进一步阻碍了电化学探针分子铁氰化钾($[Fe(CN)_6]^{3-/4-}$)与电极之间的电子传递;此时,通过记录电极界面电子传递电阻的变化,可以实现目标蛋白质 CEA 的定量分析。

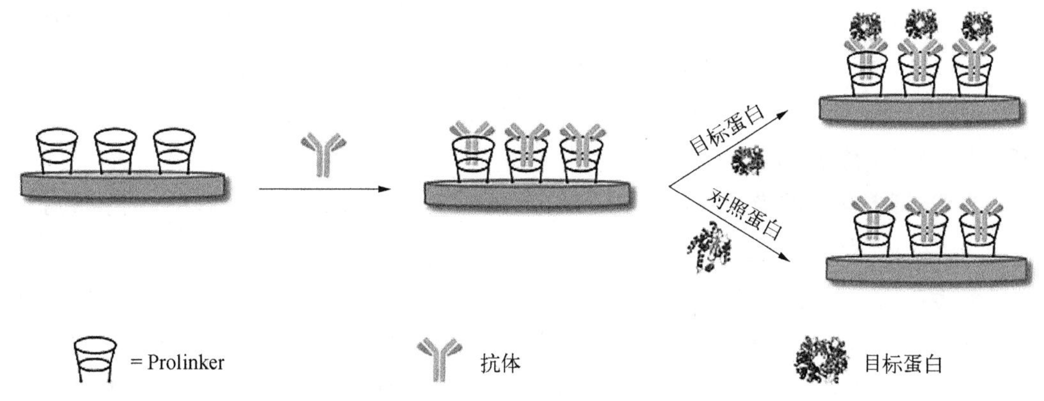

图 4-2 基于 Au-S 键自组装和超分子化学的电化学阻抗免疫分析实验技术[3]

4.3.2 基本实验流程

(1) 涉及的化学试剂及其英文名称(或英文缩写)

① 氢氧化钠: NaOH;

② 硫酸: H_2SO_4;

③ 氯化钾: KCl;

④ 氯化钠: NaCl;

⑤ 磷酸氢二钠: Na_2PO_4;

⑥ 磷酸二氢钾: KH_2PO_4;

⑦ 三(羟甲基)氨基甲烷: Tris;

⑧ 盐酸: HCl;

⑨ 6-巯基己醇: MCH;

⑩ 叠氮化钠: NaN_3;

⑪ 铁氰化钾: $K_3Fe(CN)_6$;

⑫ 亚铁氰化钾三水合物: $K_4Fe(CN)_6 \cdot 3H_2O$。

(2) 溶液配制

① 0.5 mol/L NaOH 溶液: 准确称取 2.0 g NaOH,使用蒸馏水溶解后转移至 100 mL 容量瓶中,加蒸馏水定容至刻度;该溶液最多可以在室温条件下保存 2 周。

② 0.5 mol/L H_2SO_4 溶液: 准确量取 200 mL 蒸馏水,向其中缓慢加入 5.4 mL 浓 H_2SO_4,混合均匀;该溶液最多可以在室温条件下保存 6 个月。

③ 0.01 mol/L KCl/0.1 mol/L H_2SO_4 溶液：准确称取 0.149 2 g KCl，溶解于 200 mL 蒸馏水中，随后向其中缓慢加入 1.16 mL 浓 H_2SO_4，混合均匀。

④ 10×PBS：准确称取 80 g NaCl、11.36 g Na_2PO_4、2.7 g KH_2PO_4 和 2.0 g KCl，溶解于 1 000 mL 蒸馏水中。（注意：该溶液应放置于室温环境下保存；该溶液稀释 10 倍即为 1×PBS。）

⑤ 0.01 mol/L Tris-HCl 缓冲液(pH 7.4)：准确称取 0.121 14 g Tris，使用蒸馏水溶解并用 HCl 溶液调节 pH 至 7.4 后，转移至 100 mL 容量瓶中，加蒸馏水定容至刻度。

⑥ 0.001 mol/L MCH 溶液：准确移取 0.2 μL MCH，加入 1.0 mL 0.01 mol/L Tris-HCl 缓冲液中，混合均匀。

⑦ PBST 溶液：准确量取 0.5 mL Tween-20，加入 100 mL 1×PBS 中；该溶液可以在 4℃条件下保存 1 个月。

⑧ 蛋白质保存缓冲液(1×PBS，含 0.2 mol/L NaCl 和 0.09% NaN_3)：准确称取 1.17 g NaCl 和 0.09 g NaN_3，溶解于 100 mL 1×PBS 中。

⑨ 0.005 mol/L $[Fe(CN)_6]^{3-/4-}$ 溶液(含 0.1 mol/L KCl)：准确称取 0.164 6 g $K_3Fe(CN)_6$、0.211 2 g $K_4Fe(CN)_6 \cdot 3H_2O$ 和 0.745 5 g KCl，使用蒸馏水溶解后转移至 100 mL 容量瓶中，加蒸馏水定容至刻度。

(3) 工作电极预处理

本实验技术选择直径为 3 mm 的圆盘形状的金电极作为工作电极，并按照如下流程进行预处理，以最终获得光滑平整且具有高度重现性的活性电极界面。

① 金电极能够与巯基化合物之间形成稳定的 Au-S 键，这导致金电极表面常存在过往实验中残留的巯基化合物。针对这一现象，将金电极与铂电极(作为对电极)、Ag/AgCl 电极(作为参比电极)共同搭建形成三电极体系，并使用 0.5 mol/L NaOH 溶液进行循环伏安扫描，从而使金电极表面残留的巯基化合物发生电化学还原脱附；循环伏安扫描的电位范围为−0.35～−1.35 V，扫描速度为 1 V/s，扫描过程持续至所得到的循环伏安曲线平滑且稳定。（注意：若使用的金电极为第一次使用的新电极，本步骤可以省略。）

② 除了巯基化合物，金电极表面还可能存在其他的残留物质或吸附的杂质。为了有效地去除这些物质，将金电极在 3 000 目和 5 000 目的砂纸上分别打磨 1～2 min，继而依次用直径为 1.0 μm、0.3 μm 和 0.05 μm 的铝粉在人造绒抛光布上抛光 3 min，之后分别使用无水乙醇和蒸馏水超声处理 3 min，除去电极表面残留的铝粉粉末。（注意：无论是在砂纸上打磨还是在人造绒抛光布上抛光，务必保证电极垂直放置，以获得光滑水平的电极界面。）

③ 使用 0.5 mol/L H_2SO_4 溶液对金电极进行电化学抛光，以去除电极表面的氧化层，具体过程是：施加一个+2 V 电压，持续 5 s；施加一个−0.35 V 电压，持续 10 s；在−0.35～1.5 V 范围内进行循环伏安扫描，扫描速度为 0.1 V/s，扫描持续至得到的循环伏安图谱稳定。

④ 使用 0.01 mol/L KCl/0.1 mol/L H_2SO_4 溶液对金电极依次进行 4 组不同电压范围的循环伏安扫描(每组各扫描 10 个循环),最终得到活性电极界面;4 组循环伏安扫描电位范围分别是:0.2～0.75 V、0.2～1.0 V、0.2～1.25 V 和 0.2～1.5 V。

⑤ 为了保证目标蛋白质定量分析结果的准确性和可重复性,每次实验中预处理后的金电极应具有近似相同的面积。需要注意的是,这里所说的金电极的面积指的是金电极的真实面积,即其实际的微观表面积。预处理后的金电极的真实面积可以采用氧吸附法计算。该方法的基本原理是:预处理后的金电极在溶液中会氧化形成 AuO 单层,当使用 1×PBS 对金电极在－0.1～1.1 V 电位范围内,以 0.05 V/s 的扫速进行循环伏安扫描时,AuO 单层会被还原而产生还原峰;通过积分得到 AuO 单层的还原峰电量 Q_r,并结合单位面积 AuO 单层的还原积分理论电量 Q_{th},就可以代入式(4.1)计算得到金电极的真实面积 A。

$$A = Q_r / Q_{th} \tag{4.1}$$

上式中使用的 Q_{th} 的具体数值和金电极的晶体结构有关:普通的多晶金电极的 Q_{th} 为 390±10 $\mu C/cm^2$,Au(111)单晶金电极的 Q_{th} 为 440 $\mu C/cm^2$,Au(100)单晶金电极的 Q_{th} 为 380 $\mu C/cm^2$。需要注意的是,由于表面粗糙,金电极的真实面积一般应大于通过几何直径计算得到的几何面积。

⑥ 使用蒸馏水将预处理后的金电极冲洗干净,并用氮气吹干。(注意:为了避免电极表面的再次污染,预处理后的金电极应立即用于后续实验。)

(4) 抗体功能化工作电极的制备

① 将预处理后的金电极置于 100 μL 含有 1 mmol/L 杯[4]芳烃衍生物 Prolinker 的氯仿溶液中,室温或 25℃条件下反应 6 h,从而在电极表面形成 Prolinker 自组装单层。(注意:如果需要节约试剂,可以将 10 μL 含有 1 mmol/L Prolinker 的氯仿溶液直接滴加于电极表面并在室温条件下反应 6 h 以形成自组装单层;但在该过程中,必须使用电极帽封闭电极并保持实验环境中温度和湿度条件适宜,以避免 Prolinker 溶液因干结而吸附至电极表面。)

② Prolinker 自组装完成后,依次使用无水乙醇和蒸馏水冲洗电极并用氮气吹干,除去物理吸附在电极表面的 Prolinker 分子;之后,将金电极转移至 100 μL 0.001 mol/L MCH 溶液中,室温或 25℃条件下处理 1 h,封闭电极表面多余的裸露空位;随后,使用蒸馏水冲洗电极并用氮气吹干。

③ 准确称取 1.0 mg 目标蛋白质 CEA 的特异性单克隆抗体(anti-CEA),溶解于 1 mL 1×PBS 中,得到浓度为 1.0 mg/mL 的 anti-CEA 母液;随后,使用 1×PBS 倍比稀释,得到浓度为 20 μg/mL 的 anti-CEA 工作溶液。(注意:anti-CEA 母液可以在－20℃条件下长时间保存,但若 anti-CEA 母液体积较大,应根据实验需要进行分装;分装可以最大限度减少冻融造成的抗体损坏,还可避免多次从同一管中移取抗体而引入污染;浓度为 20 μg/mL 的 anti-CEA 工作溶液可以放置于 4℃条件下保存 1～2 周。)

④ 将步骤②中得到金电极浸入 100 μL 20 μg/mL anti-CEA 工作溶液中，25℃孵育 2 h，从而使 anti-CEA 固定至 Prolinker 单层上，制备得到抗体功能化工作电极；最后，使用 PBST 溶液将电极彻底冲洗干净，去除未结合的 anti-CEA。

(5) 目标蛋白质的定量分析

① 准确称取 2.0 mg CEA 标准品冻干粉，溶解于 2 mL 蛋白质保存缓冲液中，得到 1.0 mg/mL CEA 母液；随后，使用 1×PBS 倍比稀释，得到 0.1～50 ng/mL 的一系列不同浓度的 CEA 标准溶液。（注意：与抗体母液类似，CEA 母液可以在－20℃条件下长时间保存；但为了避免反复冻融，CEA 母液也应根据实验需要进行分装。）

② 将抗体功能化工作电极置于 100 μL 50 ng/mL CEA 标准溶液中，37℃条件下反应 2 h，以保证免疫反应的充分进行。（注意：37℃是大多数蛋白质与相应抗体发生免疫反应的最适温度；某些情况下，为了缩短免疫反应的时间，可以将温度适当提高至 43℃，但更高的温度可能会导致目标蛋白质及其抗体的变性，造成假阴性结果；此外，4℃也是常用的免疫反应温度，但这种反应温度下一般需要过夜反应。）

③ 使用 PBST 彻底冲洗工作电极并用氮气吹干，除去物理吸附在电极表面的 CEA 分子；随后，将工作电极与对电极和参比电极共同浸入 5 mL 5 mmol/L $[Fe(CN)_6]^{3-/4-}$ 溶液中，进行电化学阻抗图谱扫描，具体扫描参数是：初始电位 0.224 V，增幅 5 mV，频率 0.1～100 kHz；采用 Scribner Associates 公司开发的 Zveiw 软件绘制 Randles 回路，拟合阻抗曲线，得到并记录相应的氧化还原过程中的电荷传递电阻 R_{ct} 值。

④ 重复步骤②和③，获得一系列不同浓度的 CEA 标准溶液的电荷传递电阻 R_{ct} 值；针对每一个浓度的 CEA 标准溶液，均重复进行 3 组以上的实验并计算得到平均 R_{ct} 值（注意：3 组重复实验得到的 R_{ct} 值的组间相对标准偏差应小于 5% 或 10%）；以 CEA 标准溶液的浓度为横坐标，以对应的平均 R_{ct} 值为纵坐标，绘制相关曲线，并在一定的浓度范围内，拟合线性相关曲线，得到线性回归方程。

⑤ 重复步骤②和③，获得样品溶液 3 组以上的电荷传递电阻 R_{ct} 值；将样品溶液的平均 R_{ct} 值代入线性回归方程，计算得到样品溶液中 CEA 的量。

4.3.3 关键技术要点

技术要点 1

工作电极是电化学反应发生的场所，是电化学分析的核心元件。因此，需要根据所应用的实验场景并综合考虑多方面的因素，选择合适的电极作为工作电极。首先，工作电极应具有良好的惰性，在实验测试过程中不会与电解质溶剂或其他组分发生非预期的化学反应。其次，工作电极应具有较低的背景电流和较宽的电位窗口，从而能够在较大的电位范围内满足各种电化学分析实验需求。最后，工作电极应具有均一平滑的表面，并且能够通过简单的物理抛光、电化学扫描等方式进行重现和活化。碳电极是最常用的一类工作电极，其可以进一步分为玻碳电极（glass carbon electrode）、热解石墨电极（pyrolytic graphite electrode)和碳糊电极(carbon paste electrode)等。碳电极具有良好的惰性和导电性,同时价格低廉、易于进行各类化学修饰,因而对于很多种类的电化学分析实验技术都有着很好的适用性。金电极是另一类非常常用的工作电极。与碳电极相比,金电极具有更强的化学惰性,并且它能够与巯基化合物之间形成稳定的 Au-S 键,因此可以作为巯基化合物自组装的基底,从而被赋予迥然不同的功能和界面反应活性,这大大拓展了金电极在电化学分析领域的应用范围。除此之外,氧化铟锡、氟掺杂氧化锡、铝掺杂氧化锌等透明导电薄膜电极以及聚苯胺、聚吡咯等有机聚合物薄膜基电极因其各自独特的特性而逐渐在电化学分析领域受到越来越多的关注。例如,氧化铟锡(indium tin oxide, ITO)是一种高简并的锡掺杂氧化铟的 n 型半导体薄膜材料,具有优越的导电性和光透过率(可见光透过率大于 90%),因而作为工作电极材料在核酸、蛋白质乃至细胞的电化学分析领域都有着巨大的应用潜力。

技术要点 2

除了氧吸附法,预处理后的金电极的真实面积还可以通过碘吸附法、Randles-Sevcik 方程法、欠电位沉积法和 Gouy-Chapman 理论法求算。其中,Randles-Sevcik 方程法十分常用,它是根据电极在电化学探针(如铁氰化钾或六氨合钌)溶液中进行循环伏安扫描时得到的氧化还原反应峰电流值,并运用 Randles-Sevcik 方程[式(4.2)]求算。但值得注意的是,由于扩散层具有一定的厚度,利用 Randles-Sevcik 方程法计算得到的真实面积往往小于金电极实际的真实面积。

$$A = I_p / (2.68 \times 10^5 n^{3/2} D^{1/2} v^{1/2} c) \tag{4.2}$$

式中,A 代表电极的真实面积,I_p代表电化学探针的氧化还原反应峰电流值,n 代表电化学探针氧化还原反应的得失电子数,D 代表电化学探针在溶液中的扩散系数,v 代表循环伏安扫描的扫速,c 代表电化学探针的浓度。

技术要点 3

在本实验技术中,杯芳烃衍生物 Prolinker 是通过分子内的巯基与金电极之间的 Au-S键而自组装至电极表面。自组装是指某些分子通过分子间氢键、静电作用、范德华力、疏水作用、π-π 堆积等作用力,自发地在固/液界面上形成某种有序且热力学稳定的分子聚集体或超分子结构。自组装是最常见的电极修饰方式之一,主要具有三方面的优点:首先,自组装过程简便易行,具有自发、快速、原位形成等特点;其次,自组装过程能够在电极表面形成具有一定取向且排列紧密的稳定单分子膜,从而在分子水平上控制电极表面的微结构;再次,通过使用具有相同头部基团(如巯基)和不同尾部基团(如羧基、羟基、氨基等)的分子,自组装过程可以通过相同的机理,修饰得到物理和化学性质截然不同的电极界面,从而能够有效地满足各种不同的使用需求。在各类自组装体系中,含硫化合物特别是含巯基化合物在金基底(如金电极)上的自组装是最具代表性的且研究、应用最为广泛,这一方面是因为含硫化合物与金基底之间的 Au-S 键极易发生,另一方面是因为所形成的自组装单分子层具有非常理想的稳定性、有序性和致密性。除此之外，硅烷或磷酸酯在羟基化基底(如二氧化碳基底、云母、玻璃等)、脂肪酸在金属氧化物基底(如三氧化二铝、氧化银等)以及碳氢化合物在硅基底上的自组装也较为常见。

技术要点 4

超分子化学体系是由两种或两种以上的主体和客体分子通过疏水作用、氢键、电荷-偶极作用、偶极-偶极作用、范德华力、π-π 堆叠等非共价相互作用缔结形成的具有一定功能和结构的超分子聚集体，是化学与物理学、材料学、生物学等领域交叉融合的产物。环糊精、冠醚、杯芳烃、葫芦脲等大环主体分子是超分子化学体系中的明星元素，它们一般具有相对刚性的立体结构和独特的疏水空腔，可以通过非共价相互作用结合不同类型的客体分子。其中，杯芳烃(calixarene)是 20 世纪 40 年代起逐渐进入人们视野的第三代大环主体分子，因其分子结构形似古希腊圣杯而得名。杯芳烃是由多个苯酚单元通过亚甲基在酚羟基邻位桥连形成的大环低聚物；根据环中苯酚单元的数目，不同的杯芳烃分子被分别命名为杯[n]芳烃(n 一般在 4～20 范围内)，目前研究和应用最为广泛的是杯[4]芳烃、杯[6]芳烃和杯[8]芳烃。杯芳烃的分子结构分为上缘、下缘和圆锥形空腔三个部分；其圆锥形空腔具有良好的疏水性，这使得杯芳烃能够很好地识别并包合一系列尺寸匹配的非极性或弱极性物质；其上缘是亲脂性的烷氧基，下缘是亲水性的酚羟基，两者都易于修饰和功能化，这使得杯芳烃具有近乎无限的应用可能性。本实验技术中使用的杯芳烃衍生物 Prolinker 是杯[4]芳烃的上缘和下缘分别进行冠醚和巯基取代后的产物。

技术要点 5

抗体功能化电极及其制备方法对于电化学免疫分析实验技术的分析表现有着至关重要的影响。一个合格的抗体功能化电极需要满足几方面的要求：首先，固定在电极表面的抗体应在最大程度上保留原有的免疫活性，从而高效地与目标分子识别并结合。其次，抗体功能化电极界面应尽可能地减少非特异性吸附现象，从而保证分析实验技术的特异性。最后，抗体在电极表面固定的数量和空间取向应具有良好的重现性，从而保证分析结果的准确性和可重复性。除了借助 Prolinker 作为媒介分子，抗体也可以通过多种不同的方式固定至金电极表面。例如，抗体可以通过疏水或静电作用直接物理吸附至金电极表面，但以这种方式制备抗体功能化电极的效率和重现性都难以保证[15]；抗体也可以利用分子内某些氨基酸残基的特定化学基团与预先组装于金电极表面的桥连分子之间的偶联反应而固定至电极表面，如氨基与 11-巯基十一烷酸单层之间的碳二亚胺缩合反应[16]或氨基与聚酪胺单层之间依赖于戊二醛的交联反应[17]；抗体还可以通过化学修饰而携带上特定的功能基团(如生物素、醛基、二硫键)或 DNA 片段，从而借助生物素-链霉亲和素相互作用、化学选择性反应、Au-S 键自组装、DNA 杂交等过程而固定至电极表面[18-21]。此外，一些选择性结合抗体 Fc 段的蛋白质(如 Protein A 或 Protein G)或多肽也可以被用于实现抗体在金电极表面的固定[22,23]。在这里，我们介绍两种常用的在金电极表面实现抗体固定的方法的具体实验步骤。

- **11-巯基十一烷酸自组装单层法**

i) 参照基本实验流程(3)中的步骤进行金电极的预处理。

ii) 将预处理后的金电极置于 100 μL 含有 5 mmol/L 11-巯基十一烷酸的乙醇溶液中,4℃条件下过夜反应,以在电极表面自组装形成单层。

iii) 自组装完成后,使用无水乙醇冲洗电极并用氮气吹干,除去未结合的 11-巯基十一烷酸;之后,将金电极浸入 100 μL 含有 400 mmol/L N-乙基-N′-(3-二甲基氨基丙基)碳二亚胺盐酸盐(EDC)和 100 mmol/L N-羟基琥珀酰亚胺(NHS)的溶液中,室温下反应 1 h,以活化电极表面自组装的 11-巯基十一烷酸分子末端的羧基;随后,使用蒸馏水冲洗电极并用氮气吹干。

iv) 滴加 10 μL 0.5 mg/mL 抗体溶液至金电极表面,37℃条件下反应 1.5 h,从而使抗体通过分子内自由氨基与活化后的 11-巯基十一烷酸分子末端的羧基之间的偶联反应而固定至金电极表面;随后,使用 PBST 溶液冲洗电极,除去未结合的抗体分子。

v) 将金电极转移至 100 μL 含有 1%牛血清白蛋白的 1×PBS 中,室温下处理 1 h,封闭电极表面多余的空位,以尽可能避免非特异性吸附现象;最后,使用 PBST 溶液冲洗电极并用氮气吹干。

- **Protein G 结合法**

i) 准确称取 1.0 mg 重组 Protein G 冻干粉,溶解于 10 mL 含有 1 mmol/L 乙二胺四乙酸二钠(EDTA)的 1×PBS 中,得到浓度为 0.1 mg/mL 的 Protein G 溶液。

ii) 准确移取 0.5 mL 0.1 mg/mL Protein G 溶液和 0.5 mL 10 倍浓度的 3-(2-吡啶基二硫基)丙酸 N-琥珀酰亚胺酯(SPDP)溶液至离心管中,混合均匀后在室温下反应 2 h,使得 Protein G 分子内的自由氨基与 SPDP 分子一端的羟基琥珀酰亚胺脂基团发生交联反应,形成 Protein G-SPDP 复合物;随后,使用 Sephadex G-25 凝胶过滤柱分离去除未反应的 SPDP。

iii) 将分离纯化后的 Protein G-SPDP 复合物与终浓度为 50 mmol/L 二硫苏糖醇(DTT)在室温条件下反应 30 min,以断裂 Protein G-SPDP 复合物分子内的二硫键,从而获得巯基修饰的 Protein G;随后,使用 Sephadex G-25 凝胶过滤柱分离去除 DTT 等小分子。

iv) 参照基本实验流程(3)中的步骤进行金电极的预处理。

v) 滴加 10 μL 1 μg/mL 巯基修饰的 Protein G 溶液至金电极表面,4℃条件下反应过夜,使 Protein G 借助巯基与金电极之间的 Au-S 键而自组装于电极表面;随后,使用 PBST 溶液冲洗电极,除去未结合的巯基修饰的 Protein G。

vi) 将金电极浸入 100 μL 含有 1%牛血清白蛋白的 1×PBS 中,室温下处理 1 h,以封闭电极表面多余的空位。

vii) 滴加 10 μL 0.1 mg/mL 抗体溶液至金电极表面,室温下反应 1 h,从而使抗体通过 Fc 段与 Protein G 之间的结合而固定至金电极表面;随后,使用 PBST 溶液冲洗电极,除去未结合的抗体分子。

技术要点 6

抗体在金电极表面的空间取向会直接影响到抗体与目标蛋白质进行识别和免疫反应的效率，进而决定了蛋白质定量分析的灵敏性和特异性。如图 4－3 所示，抗体在金电极表面的空间取向一般有四种类型，即 Fc 段接近电极的 End-on 型、两个 Fab 段临近电极的 Head-on 型、Fc 段和一个 Fab 段临近电极的 Side-on 型以及 Fc 段和两个 Fab 段同时临近电极的 Lying-on 型。显而易见，End-on 型在空间上最有利抗体与目标蛋白质之间的免疫反应，因而是电化学免疫分析实验技术中最希望得到的抗体取向。根据研究报道，本实验技术中采用的杯芳烃衍生物 Prolinker 可以依赖于其自身和抗体分子的偶极矩分布而协助抗体以 End-on 型取向固定至金电极表面[24]。

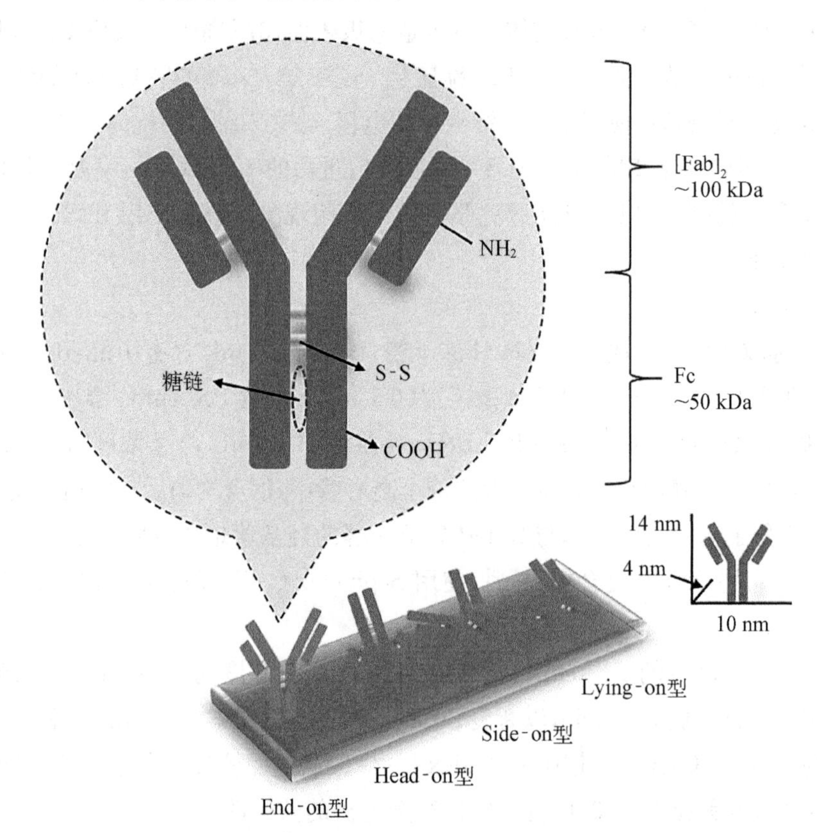

图 4－3 抗体在金电极表面可能采取的四种空间取向

固定化抗体在金电极表面的空间取向可以利用多种实验技术来确定，如原子力显微镜技术(atomic force microscopy，AFM)、飞行时间二次离子质谱技术(time-of-flight secondary ion mass spectrometry，ToF-SIMS)、双偏振干涉技术(dual polarization interferometry，DPI)、中子反射技术(neutron reflectometry，NR)、石英晶体微天平技术(quartz crystal microbalance，QCM)、表面等离子共振技术(surface plasmon resonance，SPR)和椭圆偏振光谱技术(spectroscopic ellipsometry，SE)等。其中，原子力显微镜技术是一种基于固定于弹性微悬臂一端的探针针尖与样品之间的相互作用力来实现原子级别高分辨率表征样品表面形貌的成像技术，其可以通过测定电极表面固定的抗体分子层的厚度和粗糙程度来确定抗体的空间取向。例如，H. Chen 等人利用原子力显微镜技术测定出固定在 Prolinker 单层上的抗体分子层的厚度约为 11 nm，这与抗体分子的长轴理论高度基本一致，证明了借助 Prolinker 固定的抗体采取 End-on 型分子取向[25]。

技术要点 7

电化学阻抗谱是一种研究电极表面的电学性质和生物学反应过程的有效工具。对于某一状态的电极，实验测定可以直接获得相应的电化学阻抗谱图，但若要通过该谱图进一步分析电极表面的状态和反应过程，就必须对谱图进行适当的数据处理和解析。常用的电化学阻抗谱图解析方法是等效电路曲线拟合法，其基本流程如下：

i）实验测定得到电化学阻抗谱图。

ii）根据所研究的电极系统的特点，评估该系统中可能存在的电阻（R）、电容（C）和电感（L）等元件的种类、数量和组合方式（并联或串联等），提出一个可能的等效电路用于曲线拟合。本实验中测定得到电化学阻抗谱图一般采用 Randles 等效电路进行拟合。如图 4-4(a)所示，该等效电路包含一个电解质溶液电阻 R_s、一个氧化还原过程中的电荷传递电阻 R_{ct}、一个由参与氧化还原反应过程的离子从本体溶液向电极表面扩散引起的 Warburg 阻抗 Z_w和一个区间电荷产生的双电层电容 C_{dl}。

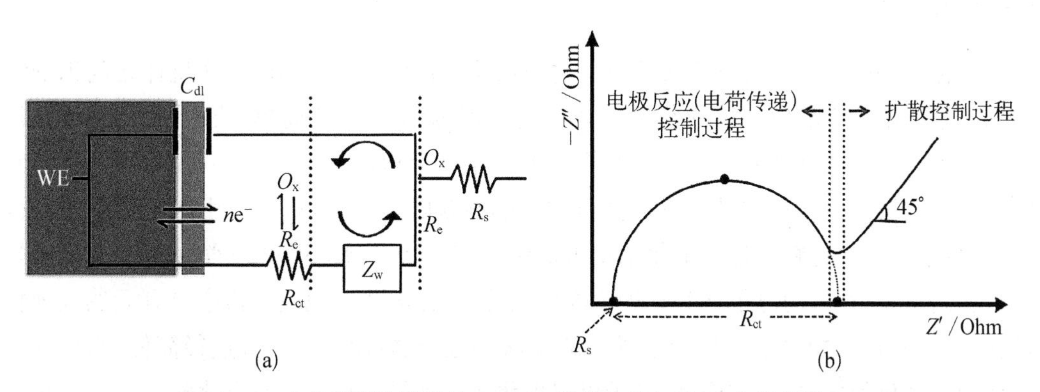

图 4-4 电化学阻抗谱图的 Randles 等效电路(a)和奈奎斯特图(b)

iii）采用专业的电化学阻抗谱分析软件进行曲线拟合；根据拟合曲线与实际测定曲线之间的拟合程度，对所提出的等效电路进行必要的修正；常用的电化学阻抗谱分析软件主要有 Scribner Associates 公司开发的 Zveiw 软件、AMETEK Scientific Instruments 公司开发的 ZSimpWin 软件、Metrohm Autolab 公司开发的 Nova 软件等。

iv）在最优的拟合状态下，通过软件获取 R_s、R_{ct}、Z_w和 C_{dl}等参数的数值，进而结合研究背景和其他的电化学方法对电极表面的状态和电极过程进行分析。本实验主要关注 R_{ct}的数值，其受到电极表面免疫反应引起的电荷和膜厚度变化的影响，因而可以用于目标蛋白质的定量分析。

电化学阻抗谱的测定必须注意设置固定的电极电势，这是因为电极所处的电势不同会直接导致测定得到的阻抗谱不同。电化学阻抗谱的测定也必须注意设定足够宽的频率范围，这是因为电化学阻抗谱是频率域的测量，速度不同的电极过程可以在频率域上有效分开。一般情况下，电极过程的快速步骤的响应通过电化学阻抗谱的高频部分体现，慢速步骤的响应通过电化学阻抗谱的低频部分体现。因此，本实验技术中得到的电化学阻抗谱（奈奎斯特图）一般由高频区的一个半圆和低频区的一条倾斜角为 45°的直线组成[图 4-4(b)]；其中，高频区的半圆对应于$[Fe(CN)_6]^{3-/4-}$电极反应（电荷传递）控制过程，低频区的直线对应于电极反应的反应物或产物的扩散控制过程。但在实际测定得到的奈奎斯特图中，高频区的曲线往往偏离半圆轨迹，呈现为一个压扁的半圆（depressed semi-circle），即圆心处于横坐标轴的下方，这种现象被称为半圆旋转，一般认为来源于电极表面的不均匀性或电极表面的吸附层及溶液导电性不佳；低频区的直线也往往偏离 45°角，这可能是由于电极表面很粗糙，导致扩散过程类似于球面扩散。

4.4 夹心型电化学免疫分析实验技术

4.4.1 原理

非标记型电化学免疫分析实验技术直接依赖于目标蛋白质与固定化抗体之间识别结合所引起的电化学响应信号的变化，这使得这类实验技术虽然简单、快速，但灵敏度往往十分有限。为了更好地满足很多应用场景下低丰度蛋白质定量分析的需求，国内外学者们在使用电极固定化抗体进行目标蛋白质识别捕获的基础上，进一步引入电化学活性分子、酶分子或纳米材料标记的电化学报告抗体，开发了诸多夹心型电化学免疫分析实验技术。在诸多标记中，酶分子作为一种生物催化分子，在电化学免疫分析中具有天然且独特的优势。一方面，酶分子可以通过戊二醛交联法、过碘酸盐氧化法等途径简便、高效地与抗体分子共价偶联；另一方面，酶分子可以催化产生大量的具有特定电化学响应的产物分子，显著地放大检测信号。

图 4-5 展示了一种代表性的利用酶分子标记抗体的夹心型电化学免疫分析实验技术的原理示意图。如图 4-5 所示，玻碳电极表面首先通过电化学聚合的方式修饰一层聚（吡咯-1-丙酸）(polypyrrole propylic acid, pPPA)。随后，目标蛋白质的特异性捕获抗体通过分子内的自由氨基与聚（吡咯-1-丙酸）分子层所带的羧基之间的化学交联反应而固定至电极表面。当目标蛋白质（此处以 CD147 为例）存在时，目标蛋白质分别与电极表面固定的捕获抗体和溶液中的标记有辣根过氧化物酶（HRP）分子的报告抗体发生特异性免疫反应，从而在电极表面形成抗体/蛋白/抗体三明治夹心结构。此时，在 3,3′,5,5′-四甲基联苯胺（TMB）存在的条件下，标记在报告抗体上的 HRP 可以催化过氧化氢还原生成水，产生明显的电化学响应，从而实现目标蛋白质 CD147 的定量分析。

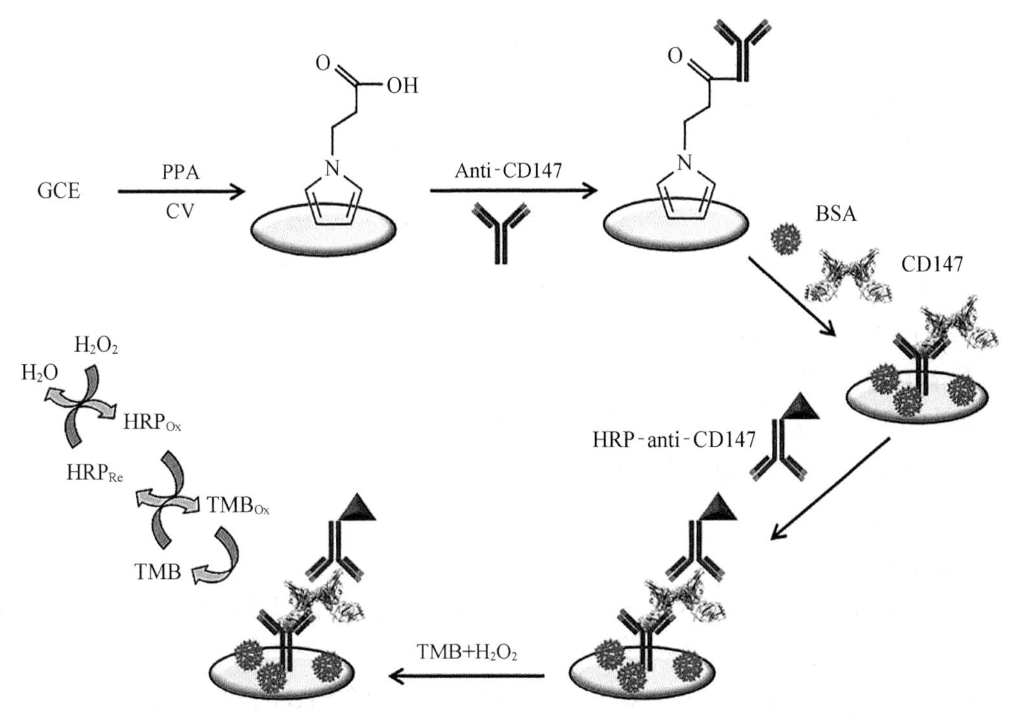

图 4-5 基于酶分子标记抗体的夹心型电化学免疫分析实验技术[26]

4.4.2 基本实验流程

(1) 涉及的化学试剂及其英文名称(或英文缩写)

① 硫酸：H_2SO_4；

② 氯化钠：NaCl；

③ 磷酸氢二钠：Na_2PO_4；

④ 磷酸二氢钾：KH_2PO_4；

⑤ 氯化钾：KCl；

⑥ 铁氰化钾：$K_3Fe(CN)_6$；

⑦ 亚铁氰化钾三水合物：$K_4Fe(CN)_6 \cdot 3H_2O$；

⑧ 吡咯-1-丙酸：PPA；

⑨ 氢氧化钠：NaOH；

⑩ 2-吗啉乙磺酸一水合物：MES；

⑪ 1-(3-二甲基氨基丙基)-3-乙基碳二亚胺盐酸盐：EDC；

⑫ N-羟基琥珀酰亚胺：NHS；

⑬ 叠氮化钠：NaN_3；

⑭ 酪蛋白：casein；

⑮ 吐温 20：Tween-20；

⑯ 戊二醛：glutaraldehyde；

⑰ 碳酸钠：Na_2CO_3；

⑱ 碳酸氢钠：$NaHCO_3$；

⑲ 赖氨酸：lysine；

⑳ 高碘酸钠：$NaIO_4$；

㉑ 醋酸：acetate；

㉒ 醋酸钠三水合物：sodium acetate trihydrate；

㉓ 硼氢化钠：$NaBH_4$；

㉔ 硫酸铵：$(NH_4)_2SO_4$；

㉕ 4-(2-羟乙基)-1-哌嗪乙磺酸：HEPES；

㉖ 3,3′,5,5′-四甲基联苯胺：TMB；

㉗ 过氧化氢：H_2O_2。

(2) 溶液配制

① 0.5 mol/L H_2SO_4 溶液：准确量取 200 mL 蒸馏水，向其中缓慢加入 5.4 mL 浓 H_2SO_4，混合均匀。

② 10×PBS：准确称取 80 g NaCl、11.36 g Na_2PO_4、2.7 g KH_2PO_4 和 2.0 g KCl，溶解于 1 000 mL 蒸馏水中。（注意：10×PBS 在 4℃条件下容易析出晶体且不易复溶，因此应放置于室温环境下保存；使用蒸馏水将 10×PBS 稀释 10 倍可以得到 1×PBS，该溶液在室温下容易滋生细菌，应保存于 4℃条件下。）

③ 0.005 mol/L $[Fe(CN)_6]^{3-/4-}$ 溶液(含 0.1 mol/L KCl)：准确称取 0.164 6 g $K_3Fe(CN)_6$、0.211 2 g $K_4Fe(CN)_6 \cdot 3H_2O$ 和 0.745 5 g KCl，使用蒸馏水溶解后转移至 100 mL 容量瓶中，加蒸馏水定容至刻度。

④ 0.5 mol/L KCl 溶液(含 5 mmol/L PPA)：准确称取 7.455 g KCl 和 0.139 2 g PPA，使用蒸馏水溶解后转移至 200 mL 容量瓶中，加蒸馏水定容至刻度。

⑤ 0.1 mol/L NaOH 溶液：准确称取 0.4 g NaOH，溶解于 100 mL 蒸馏水中。

⑥ 25 mmol/L MES 溶液(pH 5.0)：准确称取 1.066 g MES，使用蒸馏水溶解并用 0.1 mol/L NaOH 溶液调节 pH 至 5.0 后，转移至 200 mL 容量瓶中，加蒸馏水定容至刻度。

⑦ 蛋白质保存缓冲液(1×PBS，含 0.2 mol/L NaCl 和 0.09% NaN_3)：准确称取 1.17 g NaCl 和 0.09 g NaN_3，溶解于 100 mL 1×PBS 中。

⑧ PBST 溶液：准确量取 0.5 mL Tween-20，加入 100 mL 1×PBS 中。

⑨ 0.01 mol/L PBS(pH 6.8)：准确称取 1.42 g Na_2PO_4 和 0.27 g KH_2PO_4，使用蒸馏水溶解并用 HCl 或 NaOH 溶液调节 pH 至 6.8 后，转移至 1 000 mL 容量瓶中，加蒸馏水定容至刻度。

⑩ 0.15 mol/L NaCl 溶液：准确称取 0.877 g NaCl，溶解于 100 mL 蒸馏水中。

⑪ 1 mol/L 碳酸盐缓冲液(pH 9.6)：准确称取 3.39 g Na_2CO_3 和 5.71 g $NaHCO_3$，溶

解于 100 mL 蒸馏水中。

⑫ 0.1 mol/L $NaIO_4$ 溶液：准确称取 0.214 g $NaIO_4$，溶解于 10 mL 蒸馏水中。

⑬ 0.001 mol/L 醋酸-醋酸钠缓冲液(pH 4.4)：准确称取 1.361 g 醋酸钠三水合物，溶解于 100 mL 蒸馏水中，得到 0.1 mol/L 醋酸钠溶液；准确量取 0.601 mL 醋酸，加入 100 mL 蒸馏水中，得到 0.1 mol/L 醋酸溶液；准确量取 3.7 mL 0.1 mol/L 醋酸钠溶液和 6.3 mL 0.1 mol/L 醋酸溶液，混合均匀后加蒸馏水至 1 000 mL。

⑭ 0.2 mol/L 碳酸盐缓冲液(pH 9.5)：准确称取 0.276 g Na_2CO_3 和 0.62 g $NaHCO_3$，溶解于 50 mL 蒸馏水中；该溶液稀释 20 倍即得到 0.01 mol/L 碳酸盐缓冲液(pH 9.5)。

⑮ 20 mM HEPES 溶液(pH 6.0)：准确称取 0.476 6 g HEPES，使用蒸馏水溶解并调节 pH 至 6.0 后，转移至 100 mL 容量瓶中，加蒸馏水定容至刻度。

⑯ TMB 母液(4 mmol/L)：准确称取 0.96 mg TMB，溶解于 1 mL 50%乙醇中。

⑰ 过氧化氢母液(4 mmol/L)：准确移取 4.1 μL 30%过氧化氢溶液，加至 10 mL 蒸馏水中，混合均匀。

⑱ TMB 底物溶液：准确移取 150 μL TMB 母液和 75 μL 过氧化氢母液，加至 2.775 mL 20 mM HEPES 溶液中，混合均匀。(注意：该溶液需现用现配，以避免 TMB 和过氧化氢自发反应。)

(3) 工作电极预处理

直径为 3 mm 的圆盘形状的玻碳电极是本实验技术采用的工作电极，预处理流程如下：首先将玻碳电极置于人造绒抛光布上分别使用 0.3 μm 和 0.05 μm 的铝粉抛光处理 3 min，除去电极表面可能存在的吸附杂质或氧化层；随后，将玻碳电极依次使用无水乙醇、丙酮和蒸馏水超声处理 3 min，并在每步超声完成后均使用蒸馏水冲洗干净电极表面；之后，将电极置于 0.5 mol/L H_2SO_4 溶液中进行循环伏安扫描活化，扫描电位范围为 −1.0～1.0 V，扫描速度为 0.1 V/s，扫描周期为 20 个循环(注意：为了考察电极预处理的效果，可以将上述处理后的玻碳电极置于 5 mmol/L $[Fe(CN)_6]^{3-/4-}$ 溶液中进行循环伏安扫描，扫描电位范围为 0.05～0.4 V，扫描速度为 100 mV/s；若扫描得到的循环伏安图谱中氧化峰和还原峰峰间距小于 80 mV，则说明电极预处理效果较为理想)；最后，使用蒸馏水将玻碳电极冲洗干净并用氮气吹干。(注意：预处理后的玻碳电极应尽快用于后续实验，以防止电极表面重新形成氧化层或吸附杂质。)

(4) 捕获抗体的电极界面固定

① 将预处理后的玻碳电极置于 3 mL 含有 5 mmol/L PPA 的 0.5 mol/L KCl 溶液中进行循环伏安扫描，从而实现 pPPA 层在电极表面的电化学聚合形成；扫描电位范围为 0～0.85 V，扫描速度为 0.1 V/s，扫描周期为 20 个循环。

② 将形成有 pPPA 层的玻碳电极转移至 100 μL 含有 2 mg/mL EDC 和 NHS 的 25 mmol/L MES 溶液中，室温或 25℃条件下反应 15 min，活化 pPPA 层所携带的羧基基团；之后，使用 25 mmol/L MES 溶液将电极冲洗干净。

③ 准确称取 1.0 mg 目标蛋白质 CD147 的特异性单克隆抗体(capture anti-CD147)，溶解于 1 mL 蛋白质保存缓冲液中，得到浓度为 1.0 mg/mL 的 capture anti-CD147 母液(注意：该母液可以在 −20℃条件下长时间保存，但在使用过程中应避免反复冻融)；随后，使用 25 mmol/L MES 溶液倍比稀释，得到浓度为 50 μg/mL 的 capture anti-CD147 工作溶液。

④ 将步骤②中得到的玻碳电极浸入 100 μL 50 μg/mL capture anti-CD147 工作溶液中，室温或 25℃条件下反应 1.5 h，从而使 capture anti-CD147 通过分子内的自由氨基与 pPPA 层所携带的羧基之间的化学交联反应而固定至玻碳电极表面；之后，使用 PBST 溶液将电极彻底冲洗干净，去除未固定的抗体。

⑤ 将步骤④中得到的玻碳电极转移至 100 μL 含有 0.5%酪蛋白的 25 mmol/L MES 溶液中，室温条件下孵育 1 h，封闭电极表面未被抗体占据的空位，以减少后续实验步骤中可能出现的非特异性吸附现象；最后，使用 25 mmol/L MES 溶液将电极冲洗干净。

(5) HRP 标记报告抗体的制备

HRP 标记报告抗体通常采用戊二醛交联法或过碘酸盐氧化法制备，我们在这里分别予以介绍。

① 戊二醛交联法

戊二醛是一种双功能团试剂，它可以分别与酶和抗体分子的自由氨基形成 Schiff 式碱，从而将两者交联起来。戊二醛交联法分为一步法和两步法两种，其中 HRP 标记报告抗体一般通过两步法制备：

i) 准确称取 10 mg HRP 溶解于 0.2 mL 含有 1.25%戊二醛的 0.01 mol/L PBS(pH 6.8)中，4℃条件下反应 16 h 或 37℃条件下水浴反应 4 h；随后，使用 0.01 mol/L PBS，4℃条件下透析过夜，除去多余的未发生反应的戊二醛；使用 0.01 mol/L PBS 将所得到的醛化 HRP 溶液的体积补至 1 mL，得到终浓度为 10 mg/mL 的醛化 HRP 溶液。[注意：本步骤可以使用浓度为 0.01～0.1 mol/L、pH 为 7～10 的硼酸缓冲液或醋酸缓冲液代替 0.01 mol/L PBS(pH 6.8)，但不可以使用含有氨基的缓冲液，如 Tris-HCl 缓冲或甘氨酸-HCl 缓冲。]

ii) 准确称取 5 mg 目标蛋白质 CD147 的特异性多克隆抗体(detection anti-CD147)，溶解于 1 mL 0.15 mol/L NaCl 溶液中，进而与步骤 i)得到的 10 mg/mL 醛化 HRP 溶液混合。

iii) 向步骤 ii)得到的溶液中加入 0.1 mL 1 mol/L 碳酸盐缓冲液(pH 9.6)，4℃条件下反应 24 h；随后，向溶液中进一步加入 0.1 mL 0.2 mol/L 赖氨酸溶液，4℃条件下反应 2 h，封闭残余的未反应的醛基。

iv) 将步骤 iii)得到的溶液转移至透析袋中，使用 0.01 mol/L PBS，4℃条件下透析过夜，得到 HRP 标记报告抗体。(注意：HRP 标记报告抗体切勿冻存，而应将其在 4℃条件下避光保存。)

② 过碘酸盐氧化法

过碘酸盐氧化法适用于糖基化水平较高的酶(如 HRP)与抗体之间的结合。在该方法中,过碘酸盐将 HRP 分子表面糖链中的羟基氧化为化学性质更加活泼的醛基,后者可以与抗体分子的自由氨基形成 Schiff 式碱,从而实现 HRP 标记抗体的制备。过碘酸盐氧化法的具体实验流程如下:

i) 准确称取 5 mg HRP,溶解于 1 mL 蒸馏水中;随后,向该溶液中加入 0.2 mL 新鲜配置的 0.1 mol/L $NaIO_4$ 溶液,混合均匀后置于室温下避光搅拌反应 20 min。

ii) 将步骤 i)得到的溶液转移至透析袋中,使用 0.001 mol/L 醋酸-醋酸钠缓冲液(pH 4.4),4℃条件下透析过夜,得到醛化 HRP 溶液。

iii) 向醛化 HRP 溶液中加入 20 μL 0.2 mol/L 碳酸盐缓冲液(pH 9.5),使溶液的 pH 升高至 9.0~9.5;随后,向溶液中加入 1 mL 含有 10 mg CD147 特异性多克隆抗体(detection anti-CD147)的 0.01 mol/L 碳酸盐缓冲液(pH 9.5),室温下避光反应 2 h。

iv) 向步骤 iii)得到的溶液中加入 0.1 mL 新鲜配置的 4 mg/mL $NaBH_4$ 溶液,混合均匀后置于 4℃条件下反应 2 h;随后,将溶液转移至透析袋中,使用 0.15 mol/L PBS(pH 7.4),4℃条件下透析过夜。

v) 在搅拌的情况下,向步骤 iv)得到的溶液中逐滴加入等体积饱和$(NH_4)_2SO_4$ 溶液,4℃条件下静置 1 h;随后,将溶液以 3 000 r/min 的转速离心 30 min,弃去上清,所得沉淀使用 50%饱和$(NH_4)_2SO_4$ 溶液洗涤两次后溶于 0.15 mol/L PBS 中。

vi) 将步骤 v)得到的溶液转移至透析袋中,使用 0.15 mol/L PBS(pH 7.4)透析 12 h,去除铵离子;最后,将溶液以 10 000 r/min 的转速离心 30 min,弃去沉淀,所得上清液即为 HRP 标记报告抗体。

(6) 目标蛋白质的定量分析

① 准确称取 1.0 mg CD147 标准品冻干粉,溶解于 1 mL 蛋白质保存缓冲液中,得到 1.0 mg/mL CD147 母液;随后,使用 1×PBS 倍比稀释得到浓度为 0.01~10 ng/mL 的一系列 CD147 标准溶液。

② 将固定有捕获抗体的玻碳电极置于 100 μL 10 ng/mL CD147 标准溶液中,37℃条件下反应 2 h,使得目标蛋白质 CD147 通过与固定化捕获抗体之间的特异性免疫反应而结合至电极表面。

③ 将玻碳电极使用 PBST 彻底冲洗,去除未结合的目标蛋白质分子;随后,向电极表面滴加 10 μL 含有 10 μg/mL HRP 标记报告抗体和 1 mg 酪蛋白的 1×PBS,室温或 25℃条件下反应 30 min。(*注意:在该过程中,使用塑料电极帽盖住电极,以避免溶液因挥发而干结在电极表面。*)

④ 使用 PBST 将玻碳电极冲洗干净,进而将玻碳电极与对电极和参比电极共同浸入 3 mL TMB 底物溶液中,进行循环伏安或电流-时间曲线(amperometric $i-t$ curve)扫描(其中,循环伏安扫描的具体参数是:电位范围 0.7~0 V,扫描速度 0.1 V/s;电流-时间曲

线的具体参数是：初始电位 0.1 V，采样间隔 0.1 s，实验时间 100 s，实验尺度参数 1)；得到并记录循环伏安图谱中的氧化或还原峰电流值或电流-时间曲线中的稳态电流值 I。[注意：(1) 与 HRP 标记报告抗体作用后的玻碳电极经 PBST 冲洗后应立即浸入 TMB 底物溶液中，若确实无法立即浸入溶液中，需向电极表面滴加几滴 1×PBS，以保持电极表面的湿润状态，从而有效地维持 HRP 的活性。(2) TMB 底物溶液可以自行配置，但这往往比较耗时；也可以通过商品化途径购买，其中美国 Neogen 公司生产的 Enhanced K-Blue TMB Substrate 溶液因为同时含有 TMB 和过氧化氢且可以长期稳定保存而受到国内外很多研究者们的青睐。(3) 由于 TMB 和它的氧化产物都具有电化学活性，因此相比于循环伏安法，电流-时间曲线是更加合适的定量数据采集方法。]

⑤ 重复步骤②～④，获得一系列不同浓度的 CD147 标准溶液的循环伏安图谱峰电流值或电流-时间曲线稳态电流值 I；针对每一个浓度的 CD147 标准溶液，均重复进行 3 组以上的实验并计算得到平均 I 值(注意：3 组重复实验得到的 I 值的组间相对标准偏差应小于 5%或 10%)；以 CD147 标准溶液的浓度为横坐标，以对应的平均 I 值为纵坐标，绘制相关曲线，并在一定的浓度范围内，拟合线性相关曲线，得到线性回归方程。

⑥ 重复步骤②～④，获得样品溶液 3 组以上的循环伏安图谱峰电流值或电流-时间曲线稳态电流值 I；将样品溶液的平均 I 值代入线性回归方程，计算得到样品溶液中 CD147 的量。

4.4.3 关键技术要点

技术要点 1

玻碳又称玻璃碳，是将聚丙烯腈树脂或酚醛树脂在惰性环境中缓慢加热至高温而得到的一种具有微孔结构的外形类似玻璃的非晶形碳。玻碳是常用的工作电极材料，所制作的玻碳工作电极具有导电性好、化学稳定性高、电势适用范围宽、背景电流小等优点。与金电极类似，玻碳电极在使用前也必须进行预处理，这一方面是为了去除可能存在的吸附污染物和惰化层，另一方面是为了改变电极表面结构、形貌和化学组成，实现电极的活化。使用细金刚砂、三氧化二铝、氧化锆、三氧化二铬粉末等材料的机械打磨抛光是玻碳电极预处理的第一步，其理想效果是使玻碳电极表面光亮如镜，无明显划痕(一般要求在 20 倍放大镜下观察不到明显划痕)。抛光完成后，玻碳电极需要进一步使用化学、电化学、激光或射频等离子体等预处理方法来实现活化，其中，电化学预处理方法因简便、经济而最为常用。玻碳电极的电化学预处理一般是将玻碳电极浸入电解质溶液中进行恒电位阳极氧化、恒电流氧化或循环伏安扫描；0.5～1 mol/L H_2SO_4 溶液、NaOH 溶液和 1×PBS 是常用的三种电解质溶液。电化学预处理可以通过复杂的物理和化学反应过程而有效地改变玻碳电极的表面结构和形貌。例如，使用 H_2SO_4 溶液进行电化学预处理可以破坏多芳环带之间的某些交联，使得玻碳电极表面产生花瓣状结构，并随着处理时间的延长而形成富含官能团的多孔水化膜；使用 NaOH 溶液进行电化学预处理可以引起氢氧根离子浸入电极表层以下，使得玻碳电极表面形成外密内疏的平顶高台状结构。与此同时，电化学预处理可以有效地改变玻碳电极的表面化学组成，例如引起酚羟基、醌基、羰基、环氧基等含氧基团在电极表面的数量增加、种类改变等。电化学预处理所导致的这种表面结构和化学组成的变化直接影响玻碳电极的电化学特性：一方面，这体现在玻碳电极的背景电流和双电层电容会受到电化学预处理的影响，例如，H_2SO_4 溶液和 1×PBS 处理后的玻碳电极的背景电流明显增加，而 NaOH 溶液处理后的玻碳电极的背景电流和双电层电容大大减小；另一方面，这也体现在电化学预处理可以改善玻碳电极表面电化学反应的可逆性、分辨率和选择性，例如，$[Fe(CN)_6]^{3-/4-}$ 在 H_2SO_4 溶液处理后的玻碳电极上的循环伏安响应峰间距减小、峰电流增大，多巴胺和抗坏血酸在 NaOH 溶液处理后的玻碳电极上的微分脉冲伏安响应峰可以得到明显区分。

技术要点 2

本实验技术中使用的抗体可以通过商品化途径从 Abcam、Invitrogen、Novos 等公司购买。各家公司提供的抗体通常是以冻干粉或溶液的形式保存于离心管中；收到抗体后，研究者需要首先将装有抗体的离心管在室温下以 10 000 r/min 的转速离心 30 s，从而使滞留在管盖螺纹中的粉末或溶液沉降至管底；随后，小心打开离心管盖，根据实验需要加入适当体积的抗体保存溶液，将所得到的抗体溶液分装为小等份，置于－20℃或－80℃条件下保存。对于大部分抗体而言，－20℃保存和－80℃保存并没有明显的差异。抗体在保存和使用过程中应尽可能地避免反复冻融，因为反复冻融容易导致抗体变性或聚集。分装可以最大限度地减少反复冻融对抗体的破坏，同时也可以避免多次从同一离心管中移取抗体而导致的污染。一般情况下，分装后每一管抗体溶液的体积不应少于 10 μL，因为过少的体积会导致溶液中抗体的浓度容易受到液体蒸发和管壁吸附等的影响。分装后的抗体溶液只可以冻融一次，如果取出使用后依旧有剩余，应保存在 4℃条件下，至多不超过 24 h。

为了防止微生物引起的污染，各家公司提供的抗体溶液以及额外添加的抗体保存溶液中通常含有一定浓度的叠氮化钠；但是叠氮化钠会干扰所有涉及氨基的化学偶联反应，所以当利用抗体或者酶分子的氨基进行酶标记抗体制备时，应当提前将溶液中的叠氮化钠去除；考虑到抗体、酶以及叠氮化钠的分子量，可以采用透析或凝胶过滤的方式去除叠氮化钠。此外，抗体溶液中有时会添加高浓度的无关蛋白质（如牛血清白蛋白）作为稳定剂，这一方面是因为高浓度蛋白质不易降解，另一方面是因为加入的高浓度无关蛋白质可以减少抗体吸附到管壁上的可能性；但是，用于酶标记抗体制备的抗体溶液中不能添加高浓度无关蛋白质，以免后者与抗体发生竞争，降低标记效率。

技术要点 3

捕获抗体的固定是本实验技术的关键步骤之一。除了基本实验流程中介绍的借助 pPPA 电化学聚合单层的化学交联法，国内外学者发展出了种类繁多的方法用于实现抗体在玻碳电极表面的固定。例如，P. Shi 等人通过简单的两轮物理吸附过程，制备得到了同时固定有异茳草素和抗体的玻碳电极[27]；L. Yang 等人通过电化学沉积和 Au-S 键自组装过程在玻碳电极表面形成 HWRGWV 多肽单层，进而利用该多肽与抗体 Fc 段之间的特异性结合实现抗体的定向固定[28]；H. Jia 等人通过物理吸附和电化学沉积过程构建 β-环糊精功能化玻碳电极，进而利用 β-环糊精与抗体分子自由氨基基团之间的主客相互作用实现抗体的固定[29]；X. Zhang 等人通过物理吸附过程制备二醛基纤维素功能化玻碳电极，进而通过二醛基纤维素分子的醛基基团与抗体分子的自由氨基基团之间的共价结合实现抗体的电极表面固定[30]；H. Qi 等人利用电嫁接使玻碳电极表面携带大量的叠氮基团，进而利用电化学-点击化学反应将炔基功能化抗体高效地固定于电极表面[31]；Y. Zheng 等人通过物理吸附过程在玻碳电极表面沉积聚乙烯亚胺/石墨烯，进而利用聚乙烯亚胺分子的氨基基团与抗体分子的羧基基团之间的化学交联反应实现抗体的固定[32]。限于本书的篇幅，我们在这里无法详细地给出上述全部方法的具体实验流程，只能选择其中一种方法(即“基于电嫁接和电化学-点击化学反应的抗体固定方法”)为例进行较为细致的介绍。

- **基于电嫁接和电化学-点击化学反应的抗体固定方法**

电嫁接(electrochemical grafting)是通过电化学反应将有机分子共价键合到固体导电基底上，从而获得具有特定表面修饰的功能化电极。目前，应用成熟的电嫁接过程主要包括胺类氧化电嫁接、醇类氧化电嫁接、羧化物氧化电嫁接、格氏试剂氧化电嫁接和重氮盐还原电嫁接等。这里介绍的抗体固定方法利用单电子还原反应将具有叠氮基团的芳香族重氮化合物嫁接至玻碳电极表面，继而利用电化学-点击化学反应实现炔基功能化抗体的固定，具体实验流程如下：

i) 准确称取 5.12 mg 4-叠氮苯胺盐酸盐(4-azidoaniline hydrochloride)，溶解至 10 mL 0.5 mol/L 盐酸溶液中；随后，向溶液中加入 2.07 mg 亚硝酸钠，在完全黑暗的条件下冰浴 40 min，得到含有 3 mmol/L 4-叠氮苯胺盐酸盐和亚硝酸钠的重氮化物溶液。

ii) 参照基本实验流程(3)中的步骤进行玻碳电极的预处理。

iii) 将预处理后的玻碳电极浸入 5 mL 重氮化物溶液中进行循环伏安扫描，从而完成电嫁接过程，扫描电位范围为 0～−0.8 V，扫描速度为 0.1 V/s；随后，使用蒸馏水将玻碳电极冲洗干净，此时，电极表面存在大量的叠氮基团。

iv) 将步骤 iii)得到的玻碳电极浸入 100 μL 含有 0.5 mmol/L 硫酸铜、0.5 mmol/L 水合红菲绕啉二磺酸钠(bathophenanthrolinedisulfonic acid disodium salt hydrate)、0.67 μmol/L 炔基功能化抗体和 0.1 mol/L 六氟磷酸钠的 1×PBS 中进行循环伏安扫描；在该过程中，溶液中的铜离子被电化学还原为亚铜离子，后者可以催化炔基功能化抗体分子的炔基基团与电极表面的叠氮基团之间发生点击化学反应，从而实现抗体的电极界面固定；循环伏安扫描的具体参数是：扫描电位范围为−0.35～0.6 V，扫描速度为 0.05 V/s，扫描时间为 30 min；扫描结束后，使用 PBST 溶液冲洗玻碳电极，除去未结合的抗体分子。

v) 将步骤 iv)得到的玻碳电极转移至 100 μL 含有 1.5%牛血清白蛋白的 1×PBS 中，

室温下处理 30 min，封闭电极表面的非特异性吸附位点；最后，使用 PBST 溶液将玻碳电极冲洗干净并用氮气吹干。

技术要点 4

在本实验技术中，捕获抗体和报告抗体的选择直接影响着实验的成败。这是因为：每一种抗体都只能特异性地识别目标蛋白质分子的一个或多个抗原表位；如果捕获抗体和报告抗体所识别的抗原表位相同或存在冲突，抗体/蛋白/抗体三明治夹心结构就无法形成，目标蛋白质的定量分析自然就无从谈起。因此，捕获抗体和报告抗体的选择必须遵从表位匹配性原则，即两者识别目标蛋白质的两个不同的且在空间、分子结构等方面彼此不冲突的抗原表位。本实验技术中使用的抗体包括单克隆抗体和多克隆抗体两类，其中单克隆抗体识别目标蛋白质的单个抗原表位，非特异性交叉反应性低；而多克隆抗体可以识别目标蛋白质的多个抗原表位。一般情况下，研究者会选择多克隆抗体作为夹心型电化学免疫分析实验技术中的捕获抗体，从而能够最大限度地将样品中的目标蛋白质结合至电极表面；同时，选择单克隆抗体作为报告抗体，从而尽可能地排除与目标蛋白质存在一定结构相似性的非特异性蛋白的干扰。但需要提醒的是，一种多克隆抗体和一种单克隆抗体的组合并不意味着天然地满足夹心型免疫分析的需求；在实验中，研究者应尽可能选择预先经过验证的抗体组合。当然，有些研究者倾向于使用两个单克隆抗体分别作为本实验技术中的捕获抗体和报告抗体，这可以有效地提高目标蛋白质定量分析的特异性和结果一致性，但会在一定程度上损失定量分析的灵敏性和线性范围。更重要的是，当使用两个单克隆抗体分别作为捕获抗体和报告抗体时，研究者必须在实验前就清楚地了解两个抗体的识别表位信息。这种信息有时可以直接从销售抗体的公司获取，但有时需要进行额外的实验来得到。此外，捕获抗体和报告抗体的选择也需要考虑价格的因素。一般而言，同一种蛋白质的相同规格的单克隆抗体的价格约是多克隆抗体的 5～10 倍。

技术要点 5

在本实验技术中，标记于抗体上的酶分子催化相应底物发生水解、氧化或还原反应，使得目标蛋白质能够通过电化学分析方法实现定量。因此，本实验技术中使用的酶必须满足两个基本条件：首先，具有足够的表面活性基团，从而便利地与抗体结合，并在结合后保持高催化活性；其次，能够催化无电化学活性的底物生成有电化学活性的产物，从而产生可检测的电流、电位、电导等电化学信号。HRP、碱性磷酸酶（ALP）和葡萄糖氧化酶（GO_x）是本实验技术中最为常用的三种酶。在实际操作中，研究者往往会将酶催化反应过程与一些额外的氧化还原过程相结合，进一步建立反应偶联体系，以获得更高的分析灵敏性。

图 4－6(a)示意了一种典型的反应偶联体系。在该体系中，标记于抗体上的酶分子催化底物 O 反应生成 R，同时催化媒介分子 S 反应生成 P；随后，P 在电极表面经过电化学还原过程重新转变为 S，后者可以再次参与酶催化反应过程。HRP 参与的蛋白质电化学免疫分析一般采用这种反应偶联体系，其中底物 O 是过氧化氢，媒介分子 S 可以是 TMB、硫堇（thionine）和氢醌（hydroquinone）等。图 4－6(b)示意了另一种常用的反应偶联体系。

在该体系中，酶催化反应过程与一个电化学氧化还原过程以及一个化学氧化还原过程相偶联。具体而言，标记于抗体上的酶分子首先催化底物 S 反应生成 P；随后，P 在电极表面经过电化学氧化过程生成 Q，而 Q 在强还原剂 R 的存在下被重新化学还原为 P，从而不断地循环参与电化学氧化过程，产生显著的电化学信号。这种反应偶联体系常被用于 ALP 参与的蛋白质电化学免疫分析。例如，韩国国立釜山大学的 Haesik Yang 教授课题组通过将 ALP 催化抗坏血酸－2－磷酸（L-ascorbic acid 2-phosphate）生成抗坏血酸的过程、抗坏血酸被电化学氧化的过程以及氧化产物被 TCEP 重新还原为抗坏血酸的过程相偶联，构建了一种夹心型电化学免疫分析实验技术，实现了最低 10 fg/mL 目标蛋白质肌钙蛋白 I 的灵敏分析[33]。与图 4－6(a)示意的反应偶联体系相比，这种反应偶联体系不需要酶分子参与就可以实现电化学信号分子的循环再生，因此所产生的电化学信号的放大程度不受限于电极表面酶分子的数量，通常具有更高的分析灵敏度。

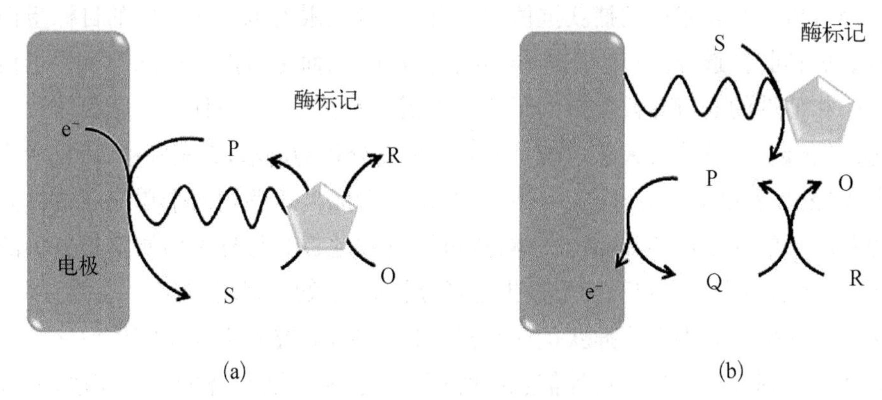

图 4－6　两种典型的反应偶联体系

技术要点 6

戊二醛交联法和过碘酸盐氧化法是最常用的两种制备 HRP 标记报告抗体的方法，但这两种方法也各自存在明显的缺陷。对于戊二醛交联法而言，该方法主要利用 HRP 分子的自由氨基基团进行标记，但是商品化的 HRP 分子中能用于标记的自由氨基基团的数目仅有 1 个或 2 个，这会大大限制戊二醛交联法的标记效率；此外，戊二醛交联法是氨基基团之间的随机交联，这一方面很容易形成 HRP 或抗体分子的自我交联产物，另一方面会导致所制备的 HRP 标记报告抗体的均一性不佳。对于过碘酸盐氧化法而言，该方法需要使用 $NaBH_4$ 溶液处理初步反应得到的 HRP－抗体共轭物，从而稳定共轭物中醛基和氨基之间的化学键，但该步骤不仅增加了实验操作的复杂性，而且所采用的相对苛刻的还原条件很容易使得 HRP 的催化活性或抗体的免疫活性出现不可逆的损失。考虑到戊二醛交联法和过碘酸盐氧化法的缺陷，国内外学者近年来发展了一些新的交联方法，例如基于 SpyCatcher/SpyTag 系统的分子偶联法、三聚氰酰氯（cyanuric chloride）联结法、转肽酶 A（sortase A）介导的位点特异性肽链转移法和生物正交化学（bio-orthogonal chemistry）法等，用于 HRP 标记报告抗体的制备。在这里，我们以三聚氰酰氯联结法为例加以介绍。

• 三聚氰酰氯联结法

三聚氰酰氯，即2,4,6-三氯-1,3,5-三嗪，是一种分子内含有三个能够与羟基、氨基等亲核基团反应的氯原子的小分子。三聚氰酰氯分子内的氯原子与亲核基团的反应能力具有一定的顺序性：第一个氯原子可以在低温条件下与亲核基团快捷地发生反应并形成稳定的化学键，第二个氯原子可以在25℃～40℃和碱性pH条件下与亲核基团快捷反应，而第三个氯原子几乎不能与亲核基团反应。这种顺序性的反应活性使得三聚氰酰氯能够被用于HRP标记抗体的制备。具体而言，三聚氰酰氯可以首先通过第一个氯原子与HRP分子的自由氨基基团以及表面糖链中的羟基基团反应，生成三聚氰酰氯-HRP复合物，随后，该复合物可以借助三聚氰酰氯的第二个氯原子与抗体分子的自由氨基发生反应，联结形成HRP标记抗体。三聚氰酰氯联结法的基本实验步骤如下(具体细节请读者们参考[97])：

i) 准确称取20 mg三聚氰酰氯晶体，溶解于1 mL冰丙酮中，得到浓度为20 mg/mL的三聚氰酰氯溶液；随后，移取160 μL溶液至玻璃瓶中，在通风橱中利用氮气流去除丙酮，得到干燥的三聚氰酰氯。(注意：本步骤的目的是去除三聚氰酰氯中的杂质，但这种处理的效果有限；如果希望获得高纯度的三聚氰酰氯，可以采用溶解再结晶的方式进行杂质去除。)

ii) 配置0.05 mol/L碳酸盐缓冲液(pH 9.4)作为联结缓冲液；准确称取6.0 mg HRP，溶解于1 mL冰冷的联结缓冲液中，得到浓度为6 mg/mL的HRP溶液；随后，将该溶液迅速加入步骤i)得到的含有干燥三聚氰酰氯的玻璃瓶中，置于冰上混合均匀后避光搅拌反应4 h。

iii) 将步骤ii)得到的三聚氰酰氯-HRP反应混合溶液转移至预先平衡好的PD-10 Sephadex G-25柱中进行凝胶过滤层析，使用分馏管收集1 mL流出液。

iv) 向PD-10 Sephadex G-25柱中加入1 mL柱平衡溶液(0.01 mol/L PBS，pH 5.5)，待溶液流过整个色谱柱后，使用分馏管收集1 mL流出液；重复上述过程至少6次，收集得到另外6管1 mL流出液。

v) 使用紫外-可见分光光度计测定步骤iii)和iv)得到的8管1 mL流出液的吸光度值，选择吸光度值最高的两管溶液与1 mL 6 mg/mL抗体溶液混合于超滤离心管中；随后，向离心管中加入1 mL联结缓冲液，混合均匀后置于4℃条件下以4 000×g的转速离心20 min；使用移液枪将组分混合均匀后，向超滤离心管中再次加入1 mL联结缓冲液，4℃条件下以4 000×g的转速离心30 min；之后，弃去滤液，向管中重新加入7 mL联结缓冲液。

vi) 将步骤v)得到的超滤离心管置于37℃水浴中孵育16 h；随后，去除滤液，继而向超滤离心管中重新加入1 mL联结平衡溶液(0.05 mol/L PBS，pH 5.5)，混合均匀后以4 000×g的转速离心20 min；重复上述步骤，使HRP标记抗体得到完全平衡。

vii) 将步骤vi)得到的HRP标记抗体溶解于0.5 mL联结平衡溶液中，继而与0.5 mL

甘油混合，得到 1 mL HRP 标记抗体溶液；根据实验需要，将所得到的 HRP 标记抗体溶液分装保存。

参考文献

[1] CAO Y, SU B, GUO X, SUN W, DENG Y, BAO L, ZHU Q, ZHANG X, ZHENG Y, GENG C, CHAI X, HE R, LI X, LV Q, ZHU H, DENG W, XU Y, WANG Y, QIAO L, TAN Y, SONG L, WANG G, DU X, GAO N, LIU J, XIAO J, SU X, DU Z, FENG Y, QIN C, JIN R, XIE X S. Potent neutralizing antibodies against SARS-CoV-2 identified by high-throughput single-cell sequencing of convalescent patients' B cells[J]. Cell, 2020, 182(1): 73 - 84.

[2] JANATA. Immunoelectrode[J]. Journal of the American Chemical Society, 1975, 97(10): 2914 - 2916.

[3] CHEN D, SHEN M, CAO Y, BO B, CHEN Z, SHU Y, LI G. Electrochemical identification of hepatocellular carcinoma based on the assay of human cervical cancer oncoprotein-1 in serum[J]. Electrochemistry Communications, 2013, 27: 38 - 41.

[4] HU C, YANG D, XU K, CAO H, WU B, CUI D, JIA N. Ag@BSA core/shell microspheres as an electrochemical interface for sensitive detection of urinary retinal-binding protein[J]. Analytical Chemistry, 2012, 84(23): 10324 - 10331.

[5] AL-GHOBASHY M A, NADIM A H, EI-SAYED G M, NEBSEN M. Label-free potentiometric ion flux immunosensor for determination of recombinant human Myelin basic protein: Application to downstream purification from transgenic milk[J]. ACS Sensors, 2019, 4(2): 413 - 420.

[6] AKTER R, RHEE C K, RAHMAN A. A stable and sensitive voltammetric immunosensor based on a new non-enzymatic label[J]. Biosensors and Bioelectronics, 2013, 50: 118 - 124.

[7] DUTTA G, LILLEHOJ P B. An ultrasensitive enzyme-free electrochemical immunosensor based on redox cycling amplification using methylene blue[J]. Analyst, 2017, 142: 3492 - 3499.

[8] ZHENG D, ZHU X, DING X, ZHU Z, YIN Y, LI G. Sensitive detection of CD147/EMMPRIN and its expression on cancer cells with electrochemical technique[J]. Talanta, 2013, 105: 187 - 191.

[9] HAQUE A J, PARK H, SUNG D, JON S, CHOI S Y, KIM K. An electrochemically reduced graphene oxide-based electrochemical immunosensing platform for ultrasensitive antigen detection [J]. Analytical Chemistry, 2012, 84(4): 1871 - 1878.

[10] DAS J, AZIZ A, YANG H. A nanocatalyst-based assay for proteins: DNA-free ultrasensitive electrochemical detection using catalytic reduction of p-nitrophenol by gold-nanoparticle labels[J]. Journal of the American Chemical Society, 2006, 128(50): 16022 - 16023.

[11] WEI T, ZHANG W, TAN Q, CUI X, DAI Z H. Electrochemical assay of the alpha fetoprotein-L3 isoform ratio to improve the diagnostic accuracy of hepatocellular carcinoma[J]. Analytical Chemistry, 2018, 90(21): 13051 - 13058.

[12] HU J, WANG T, KIM J, SHANNON C, EASLEY C J. Quantitation of femtomolar protein levels via direct readout with the electrochemical proximity assay[J]. Journal of the American Chemical Society, 2012, 134(16): 7066 - 7072.

[13] LI C, LI X, WEI L, LIU M, CHEN Y, LI G. Simple electrochemical sensing of attomolar proteins using fabricated complexes with enhanced surface binding avidity[J]. Chemical Science,

2015, 6: 4311 - 4317.

[14] LEI H, NIU C, LI T, WAN Y, LIANG W, YUAN R, LIAO P. A novel electrochemiluminescent immunoassay based on target transformation assisted with catalyzed hairpin assembly amplification for the ultrasensitive bioassay[J]. ACS Applied Materials & Interfaces, 2019, 11(34): 31427 - 31433.

[15] FERRETTI S, PAYNTER S, RUSSELL D A, SAPSFORD K E, RICHARDSON D J. Self-assembled monolayers: a versatile tool for the formulation of bio-surfaces[J]. Trends in Analytical Chemistry, 2000, 19: 530 - 540.

[16] AHMAD A, MOORE E. Electrochemical immunosensor modified with self-assembled monolayer of 11-mercaptoundecanoic acid on gold electrodes for detection of benzo[a] pyrene in water[J]. Analyst, 2012, 137: 5839 - 5844.

[17] FOUBERT A, BELOGLAZOVA N V, HEDSTROM M, DE SAEGER S. Antibody immobilization strategy for the development of a capacitive immunosensor detecting zearalenone[J]. Talanta, 2019, 191: 202 - 208.

[18] LE H Q A, SAURIAT-DORIZON H, KORRI-YOUSSOUFI H. Investigation of SPR and electrochemical detection of antigen with polypyrrole functionalized by biotinylated single-chain antibody: A review[J]. Analytica Chimica Acta, 2010, 674: 1 - 8.

[19] SORCI M, DASSA B, LIU H, ANAND G, DUTTA A K, PIETROKOVSKI S, BELFORT M, BELFORT G. Oriented covalent immobilization of antibodies for measurement of intermolecular binding forces between zipper-like contact surfaces of split inteins[J]. Analytical Chemistry, 2013, 85: 6080 - 6088.

[20] SANCHEZ J L A, FRAGOSO A, JODA H, SUAREZ G, MCNEIL C J, O'SULLIVAN C K. Site-directed introduction of disulfide groups on antibodies for highly sensitive immunosensors[J]. Analytical and Bioanalytical Chemistry, 2016, 408: 5337 - 5346.

[21] SEYMOUR E, DAABOUL G G, ZHANG X, SCHERR S M, UNLU N L, CONNOR J H, UNLU M S. DNA-directed antibody immobilization for enhanced detection of single viral pathogens[J]. Analytical Chemistry, 2015, 87: 10505 - 10512.

[22] FOWLER J M, STUART M C, WONG D K Y. Comparative study of thiolated Protein G scaffolds and signal antibody conjugates in the development of electrochemical immunosensors[J]. Biosensors and Bioelectronics, 2007, 23: 633 - 639.

[23] TSAI C W, JHENG S L, CHEN W Y, RUANN R C. Strategy of Fc-recognizable peptide ligand design for oriented immobilization of antibody[J]. Analytical Chemistry, 2014, 86(6): 2931 - 2938.

[24] CHEN H, LIU F, QI F, KOH K, WANG K. Fabrication of calix[4]arene derivative monolayers to control orientation of antibody immobilization[J]. International Journal of Molecular Sciences, 2014, 15(4): 5496 - 5507.

[25] CHEN H, HUANG J, LEE J, HWANG S, KOH K. Surface plasmon resonance spectroscopic characterization of antibody orientation and activity on the calixarene monolayer[J]. Sensors and Actuators B: Chemical, 2010, 147: 548 - 553.

[26] SERAFIN V, TORRENTE-RODRIGUEZ R M, BATLLE M, DE FRUTOS P G, CAMPUZANO S, YANEZ-SEDENO P, PINGARRON J M. Electrochemical immunosensor for receptor tyrosine kinase AXL using poly(pyrrolepropionic acid)-modified disposable electrodes[J]. Sensors and Actuators B: Chemical, 2017, 240: 1251 - 1256.

[27] SHI P, XIE R, WANG P, LEI Y, CHEN B, LI S, WU Y, LIN X, YAO H. Non-covalent modification of glassy carbon electrode with isoorientin and application to alpha-fetoprotein detection by fabricating an immunosensor[J]. Sensors and Actuators B: Chemical, 2020, 305: 127494.

[28] YANG L, FAN D, ZHANG Y, DING C, WU D, WEI Q, JU H X. Ferritin-based electrochemiluminescence nanosurface energy transfer system for procalcitonin detection using HWRGWVC heptapeptide for site-oriented antibody immobilization[J]. Analytical Chemistry, 2019, 91(11): 7145 - 7152.

[29] JIA H, TIAN Q, XU J K, LU L M, MA X, YU Y F. Aerogels prepared from polymeric β-cyclodextrin and graphene aerogels as a novel host-guest system for immobilization of antibodies: a voltammetric immunosensor for the tumor marker CA 15 - 3[J]. Microchimica Acta, 2018, 185: 517.

[30] ZHANG X, SHEN G, SUN S, SHEN Y, ZHANG C, XIAO A. Direct immobilization of antibodies on dialdehyde cellulose film for convenient construction of an electrochemical immunosensor[J]. Sensors and Actuators B: Chemical, 2014, 200: 304 - 309.

[31] QI H, LI M, ZHANG R, DONG M, LING C. Double electrochemical covalent coupling method based on click chemistry and diazonium chemistry for the fabrication of sensitive amperometric immunosensor[J]. Analytica Chimica Acta, 2013, 792: 28 - 34.

[32] ZHENG Y, ZHAO L, MA Z. pH responsive label-assisted click chemistry triggered sensitivity amplification for ultrasensitive electrochemical detection of carbohydrate antigen 24 - 2[J]. Biosensors and Bioelectronics, 2018, 115: 30 - 36.

[33] AKANDA R, AZIZ A, JO K, TAMILAVAN V, HYUN M H, KIM S, YANG H. Optimization of phosphatase- and redox cycling-based immunosensors and its application to ultrasensitive detection of troponin I[J]. Analytical Chemistry, 2011, 83(10): 3926 - 3933.

[34] ZHAO Z, LAI J, WU K, HUANG X, GUO S, ZHANG L, LIU J. Liu. Peroxidase-catalyzed chemiluminescence system and its application in immunoassay[J]. Talanta, 2018, 180: 260 - 270.

[35] 赵伟伟，马征远，徐静娟，陈洪渊.光电化学免疫分析研究进展[J].科学通报，2014, 59(2): 122 - 132.

[36] CHIKKAVEERAIAH B V, BHIRDE A A, MORGAN N Y, EDEN H S, CHEN X. Electrochemical immunosensors for detection of cancer protein biomarkers[J]. ACS Nano, 2012, 6(8): 6546 - 6561.

[37] ZHAO C Q, DING S N. Perspective on signal amplification strategies and sensing protocols in photoelectrochemical immunoassay[J]. Coordination Chemistry Reviews, 2019, 391: 1 - 14.

[38] MORKVENAITE-VILKONCIENE I, RAMANAVICIENE A, KISIELIUTE A, BUCINSKAS V, RAMANAVICIUS A. Scanning electrochemical microscopy in the development of enzymatic sensors and immunosensors[J]. Biosensors and Bioelectronics, 2019, 141: 111411.

[39] ZHU G, YIN X, JIN D, ZHANG B, GU Y, AN Y. Paper-based immunosensors: Current trends in the types and applied detection techniques[J]. Trends in Analytical Chemistry, 2019, 111: 100 - 117.

[40] TANG Z, HUANG J, HE H, MA C, WANG K M. Contributing to liquid biopsy: Optical and electrochemical methods in cancer biomarker analysis[J]. Coordination Chemistry Reviews, 2020, 415: 213317.

[41] SADIGHBAYAN D, SADIGHBAYAN M R, TOHID-KIA M R, KHOSROUSHAHI A Y, HASANZADEH M. Development of electrochemical biosensors for tumor marker determination

towards cancer diagnosis: Recent progress[J]. Trends in Analytical Chemistry, 2019, 118: 73 - 88.

[42] 鞠熀先.电分析化学与生物传感技术[M].北京:科学出版社,2006.

[43] ZHANG X J, Ju H X, Wang J.电化学与生物传感器:原理、设计及其在生物医学中的应用[M].张书圣,李雪梅,杨涛,等译.北京:化学工业出版社,2009.

[44] 曹亚,朱小立,赵婧,李昊,李根喜.肿瘤标志蛋白的电化学分析[J].化学进展,2015,27(1):1 - 10.

[45] WEN W, YAN X, ZHU C, DU D, LIN Y H. Recent advances in electrochemical immunosensors [J]. Analytical chemistry, 2017, 89(1): 138 - 156.

[46] 周光炎.免疫学原理[M].北京:科学出版社,2018.

[47] 邵荣光.基于单克隆抗体的肿瘤免疫治疗[J].药学学报,2020,55(6):1110 - 1118.

[48] 张海萍,闫惠平.自身免疫性肝炎自身抗体的研究进展[J].临床肝胆病杂志,2020,36(4):749 - 753.

[49] REN S, ZHANG S, JIANG T, HE Y, MA Z, CAI H, XU X, Y LI, CAI W, ZHOU J, LIU X, HU X, ZHANG J, YU H, ZHOU C C, HIRSCH F R. Early detection of lung cancer by using an autoantibody panel in Chinese population[J]. OncoImmunology, 2018, 7: e1384108.

[50] BECK A, GOETSCH L, DUMONTET C, CORVAIA N. Strategies and challenges for the next generation of antibody-drug conjugates[J]. Nature Reviews Drug Discovery, 2017, 16: 315 - 337.

[51] RRODROMIDIS M I. Impedimetric immunosensors—A review[J]. Electrochimica Acta, 2010, 55: 4227 - 4233.

[52] 朱丹,李强强,逄秀梅,刘悦,王雪,贾曼,陈刚.阻抗光谱在电化学生物传感器中的应用[J].化学传感器,2016, 36(1): 42 - 47.

[53] OZDEMIR M S, MARCZAK M, BOHETS H, BONROY K, ROYMANS D, STUYVER L, VANHOUTTE K, PAWLAK M, BAKKER E. A label-free potentiometric sensor principle for the detection of antibody-antigen interactions[J]. Analytical Chemistry, 2013, 85(9): 4770 - 4776.

[54] TANG Z, MA Z. Multiple functional strategies for amplifying sensitivity of amperometric immunoassay for tumor markers: A review[J]. Biosensors and Bioelectronics, 2017, 98: 100 - 112.

[55] WANG G, ZHANG L, ZHANG J. A review of electrode materials for electrochemical supercapacitors[J]. Chemical Society Reviews, 2012, 41: 797 - 828.

[56] 孙磊,晏菲,周璘,苏彬.氧化铟锡薄膜电极的表面修饰[J].分析测试学报,2018,37(10):1182 - 1191.

[57] 韩鹏.基于葫芦脲主客体识别的比色分析新方法研究[D].上海:上海大学,2016.

[58] 高杰,郭东升.杯芳烃超分子医学[J].中国科学:化学,2019,49(5):811 - 820.

[59] 郑刚.杯芳烃功能化碳材料电化学传感器的研制与应用研究[D/OL].江苏:扬州大学,2017[2018 - 08 - 01]. http://d.wanfangdata.com.cn/thesis/ChJUaGVzaXNOZXdTMjAyMDEwMjgSCFkzMzc1NTk2Gghuend0bTQ4aw%3D%3D.

[60] LI Y, CHEN Y, LIU Y. Calixarene/pillararene-based supramolecular selective binding and molecular assembly[J]. Chinese Chemical Letters, 2019, 30(6): 1190 - 1197.

[61] ZHOU M, FENG C, MAO D, YANG S, REN L, CHEN G, ZHU X. An electrochemical biosensor integrating immunoassay and enzyme activity analysis for accurate detection of active human apurinic/apyrimidinic endonuclease 1[J]. Biosensors and Bioelectronics, 2019, 142: 111558.

[62] HAJI-HASHEMI H, NOROUZI P, SAFARNEJAD M R, GANJALI M R. Label-free electrochemical immunosensor for direct detection of Citrus tristeza virus using modified gold electrode[J]. Sensors and Actuators B: Chemical, 2017, 244: 211 - 216.

[63] PHAL S, SHATRI B, BERISHA A, GELADI P, LINDHOLM-SETHSON B, TESFALIDET S. Covalently electrografted carboxyphenyl layers onto gold surface serving as a platform for the construction of an immunosensor for detection of methotrexate[J]. Journal of Electroanalytical Chemistry, 2018, 812: 235 - 243.

[64] ARYA K, PUI T S, WONG C C, KUMAR S, RAHMAN A R A. Effects of the electrode size and modification protocol on a label-free electrochemical biosensor [J]. Langmuir, 2013, 29(22): 6770 - 6777.

[65] LEE W, OH B K, BAE Y M, PAEK S H, LEE W H, CHOI J W. Fabrication of self-assembled protein A monolayer and its application as an immunosensor[J]. Biosensors and Bioelectronics, 2003, 19: 185 - 192.

[66] DUVAL F, VAN BEEK T A, ZUILHOF H. Key steps towards the oriented immobilization of antibodies using boronic acids[J]. Analyst, 2015, 140: 6467 - 6472.

[67] WELCH N G, SCOBLE J A, MUIR B W, PIGRAM P J. Orientation and characterization of immobilized antibodies for improved immunoassays (Review) [J]. Biointerphases, 2017, 12: 02D301.

[68] KAUSAITE-MINKSTIMIENE A, RAMANAVICIENE A, KIRLYTE J, RAMANAVICIUS A. Comparative study of random and oriented antibody immobilization techniques on the binding capacity of immunosensor[J]. Analytical Chemistry, 2010, 82(15): 6401 - 6408.

[69] MAKARAVICIUTE A, RAMANAVICIENE A. Site-directed antibody immobilization techniques for immunosensors[J]. Biosensors and Bioelectronics, 2013, 50: 460 - 471.

[70] SHEN M, RUSLING J F, DIXIT C K. Site-selective orientated immobilization of antibodies and conjugates for immunodiagnostics development[J]. Mehtods, 2017, 116: 95 - 111.

[71] TRILLING A K, BEEKWILDER J, ZUILHOF H. Antibody orientation on biosensor surfaces: a minireview[J]. Analyst, 2013, 138: 1619 - 1627.

[72] HOLZER B, MANOLI K, DITARANTO N, MACCHIA E, TIWARI A, DI FRANCO C, SCAMARCIO G, PALAZZO G, TORSI L. Characterization of covalently bound anti-human immunoglobulins on self-assembled monolayer modified gold electrodes[J]. Advanced Biosystems, 2017, 1: 1700055.

[73] SONG H Y, ZHOU X, HOBLEY J, SU X. Comparative study of random and oriented antibody immobilization as measured by dual polarization interferometry and surface plasmon resonance spectroscopy[J]. Langmuir, 2012, 28: 997 - 1004.

[74] MATYSIAK-BRYNDA E, WAGNER B, BYSTRZEJEWSKI M, GRUDZINSKI I P, NOWICKA A M. The importance of antibody orientation in the electrochemical detection of ferritin[J]. Biosensors and Bioelectronics, 2018, 109: 83 - 89.

[75] 杨序纲,杨潇.原子力显微术及其应用[M].北京：化学工业出版社，2012.

[76] CHO I, PARK J, LEE T G, LEE H, PARK S. Biophysical characterization of the molecular orientation of an antibody-immobilized layer using secondary ion mass spectrometry[J]. Analyst, 2011, 136: 1412 - 1419.

[77] 张鉴清.电化学测试技术[M].北京：化学工业出版社，2010.

[78] 曹楚南，张鉴清.电化学阻抗谱导论[M].北京：科学出版社，2002.

[79] KOKKINOS C, ECONOMOUS A, PRODROMIDIS M I. Electrochemical immunosensors: Critical survey of different architectures and transduction strategies[J]. Trends in Analytical Chemistry, 2016, 79: 88 - 105.

[80] XIA F, ZHANG X, LOU X, YUAN Q. Biosensors based on sandwich assays [M]. Singapore: Springer Nature Singapore Pte Ltd, 2018.
[81] SHEN J, LI Y, GU H, XIA F, ZUO X L. Recent development of sandwich assay based on the nanobiotechnologies for proteins, nucleic acids, small molecules, and ions[J]. Chemical Reviews, 2014, 114(15): 7631 - 7677.
[82] COHEN L, WALT D R. Highly sensitive and multiplexed protein measurements[J]. Chemical Reviews, 2019, 119(1): 293 - 321.
[83] PIRO B, REISBERG S. Recent advances in electrochemical immunosensors[J]. Sensors, 2017, 17(4): 794.
[84] PEI X, ZHANG B, TANG J, LIU B, LAI W, TANG D P. Sandwich-type immunosensors and immunoassays exploiting nanostructure labels: A review[J]. Analytica Chimica Acta, 2013, 758: 1 - 18.
[85] ARYA S K, ESTRELA P. Recent advances in enhancement strategies for electrochemical ELISA-based immunoassays for cancer biomarker detection[J]. Sensors, 2018, 18(7): 2010.
[86] FELIX F S, ANGNES L. Angnes. Electrochemical immunosensors — A powerful tool for analytical applications[J]. Biosensors and Bioelectronics, 2018, 102: 470 - 478.
[87] DONG H, LI C M, CHEN W, ZHOU Q, ZENG Z X, LUONG J H T. Sensitive amperometric immunosensing using polypyrrolepropylic acid films for biomolecule immobilization[J]. Analytical Chemistry, 2006, 78(21): 7424 - 7431.
[88] LIN M, SONG P, ZHOU G, ZUO X L, ALDALBAHI A, LOU X D, SHI J, FAN C H. Electrochemical detection of nucleic acids, proteins, small molecules and cells using a DNA-nanostructure-based universal biosensing platform[J]. Nature Protocols, 2016, 11: 1244 - 1263.
[89] PEI H, WAN Y, LI J, HU H, SU Y, HUANG Q, FAN C H. Regenerable electrochemical immunological sensing at DNA nanostructure-decorated gold surfaces[J]. Chemical Communications, 2011, 47: 6254 - 6256.
[90] 王金浩.玻碳电极的电化学特性及其应用[J].环境科学丛刊,1983,4(5): 34 - 40.
[91] 杨勇,林祖赓.玻碳电极表面氧化物种的电化学及光电子能谱研究[J].厦门大学学报(自然科学版),1994,33(2): 192 - 196.
[92] 张汉昌,左孝兵,王兆荣.电化学预处理修饰的玻碳电极[J].分析仪器,1997,1: 2 - 7.
[93] YANG H. Enzyme-based ultrasensitive electrochemical biosensors [J]. Current Opinion in Chemical Biology, 2012, 16(3 - 4): 422 - 428.
[94] 刘梦琴,黄勇,刘阳新,蒋健晖.电化学酶联免疫传感器的发展概述[J].化学传感器,2007,27(1): 3 - 8.
[95] RICCI F, ADORNETTO G, PALLESCHI G. A review of experimental aspects of electrochemical immunosensors[J]. Electrochimica Acta, 2012, 84: 74 - 83.
[96] BARTELS L, PLOEGH H L, SPITS H, WAGNER K. Preparation of bispecific antibody-protein adducts by site-specific chemo-enzymatic conjugation[J]. Methods, 2019, 154: 93 - 101.
[97] ABUKNESHA R A, JEGANATHAN F, WU J, BAALAWY Z. Labeling of biotin antibodies with horseradish peroxidase using cyanuric chloride[J]. Nature Protocols, 2009, 4: 452 - 460.

5 基于核酸适体的蛋白质电化学分析实验技术

核酸适体(aptamer,也称“核酸适配体”)是近30年中发展起来的一种新型的分子识别元件,它们是通过体外筛选技术从人工构建的单链核酸分子文库中得到的识别结合靶标分子的DNA或RNA片段。自1990年被首次报道以来,已经有上千种与各类蛋白质识别结合的核酸适体被陆续筛选出来。这些核酸适体具有与抗体类似的靶标蛋白质结合亲和力和特异性,而且结构简单、易于合成和修饰、热稳定性和化学稳定性高,在蛋白质定量分析领域被视为是抗体的优越补充。与此同时,电化学技术应用于蛋白质定量分析时表现出灵敏度高、样品用量少、成本低廉、易于实现自动化和微型化等优点。因此,有机整合了核酸适体和电化学技术的基于核酸适体的蛋白质电化学分析实验技术在近年来发展十分迅速,取得了令人瞩目的成果。

5.1 核酸适体的体外筛选

核酸适体的靶标分子范围十分广泛,无论是钾离子、铅离子等无机离子,还是腺苷三磷酸、可卡因等小分子,凝血酶、甲胎蛋白等蛋白质,甚至是CCRF-CEM、HepG2等肿瘤细胞,都可以通过一定的体外筛选技术得到相应的核酸适体。指数富集式配体系统进化(Systemic Evolution of Ligands by Exponential Enrichment, SELEX)技术是最为常用的核酸适体筛选技术,它使用一个人工构建的单链核酸分子文库与靶标分子混合,进而通过多轮次的重复筛选和扩增,去除与靶标分子不结合或低亲和力结合或中亲和力结合的核酸分子,最终分离纯化得到与靶标分子高度亲和的核酸适体。

SELEX技术的实验流程大体包括以下步骤:

① 人工化学合成一个含有10^{14}～10^{15}个单链核酸的分子文库,文库中每一条单链核酸的序列均由两端的固定序列区和中间的随机序列区组成,固定序列区是聚合酶链式反应(PCR)等扩增反应所需引物的结合位点,随机序列区用来保证文库具有巨大的序列和结构多样性,长度一般为20～40 bp。

② 在适宜的实验条件下,将单链核酸分子文库与靶标分子(Target)结合,从而形成

单链核酸-靶标分子复合物。

③ 采用磁珠分离、硝化纤维素膜过滤、亲和层析、凝胶电泳、毛细管电泳等方式将单链核酸-靶标分子复合物与未结合的单链核酸分离开来,并将未结合的单链核酸去除。

④ 通过加热变性等方式将单链核酸从单链核酸-靶标分子复合物中洗脱下来,进而以洗脱得到的单链核酸为模板进行 PCR 等扩增反应,获得优化的次级分子文库,用于下一轮次的筛选。

⑤ 重复进行多轮次步骤②~④;随着每一轮次筛选条件的提高,与靶标分子低亲和力或中亲和力结合的单链核酸被逐步淘汰。

⑥ 一般情况下,经过 8~15 轮次筛选后可以得到能够与靶标分子较高亲和力结合的单链核酸分子文库;将此时的分子文库进行克隆、测序和鉴定,其中结合亲和力和特异性均理想的单链核酸即可作为靶标分子的核酸适体。

5.2 核酸适体在蛋白质电化学定量分析中的应用

相对于抗体,核酸适体在蛋白质电化学定量分析中有着一些独特的优势。首先,核酸适体可以通过化学合成的方式在体外大量、快速合成,可以有效地降低蛋白质电化学定量分析的实验成本。其次,作为一种化学合成的单链 DNA 或 RNA 分子,核酸适体可以非常方便地进行电化学活性分子的标记或者其他功能性基团修饰,并且能够在修饰之后很好地维持原有的分子识别活性。再次,核酸适体能够通过金-巯(Au-S)键自组装、点击化学、生物素-链霉亲和素相互作用等方式便捷且高效地组装于电极表面,大大简化了蛋白质电化学定量分析的操作步骤。最后,理论上任何蛋白质都可以通过体外筛选技术得到能够与其特异性且高亲和力结合的核酸适体,这使得基于核酸适体的蛋白质电化学分析实验技术有着十分广泛的应用场景。

核酸适体与其目标蛋白质的识别结合会引起核酸适体的分子内构象转换,这常被用于构建特定蛋白质电化学分析实验技术。早在 2005 年,Y. Xiao 等人就利用这种结合前后的核酸适体构象转换现象,通过引入电化学活性分子标记,建立了一种经典的 E-AB(electronic aptamer-based)技术用于凝血酶(thrombin)的电化学定量分析[1](详见章节 5.3)。近年来,国内外学者在 E-AB 技术的基础上又不断地进行拓展和更新,发展出一系列新的基于核酸适体构象转换的蛋白质电化学分析实验技术。例如,加拿大 Simon Fraser 大学的于化忠教授课题组在 2012 年借助目标蛋白质结合前后核酸适体构象转换引起的 DNA 导电能力的变化,建立了一种电化学实验技术用于结缔组织激活肽Ⅲ(CTAP Ⅲ)和中性粒细胞激活肽 2(NAP2)等肺癌标志蛋白的定量分析[2]。在该技术中,目标蛋白质的特异性核酸适体序列被插入于两段 DNA 双链序列之间;在初始状态下,由核酸适体序列和两段 DNA 双链序列组成的 DNA 探针被固定于电极表面并呈现一种较为松散的构象，导致电子沿 DNA 探针骨架的传输效率较低；当核酸适体与目标蛋白质识别结合后，DNA 探针从较为松散的构象转换为更加刚性的构象，有效地提高了电子沿 DNA 探针骨架的传输效率，并因此获得了显著增强的电化学响应信号用于目标蛋白质的分析。

除了引起核酸适体分子内的构象转换，蛋白质与核酸适体的特异性识别结合也会竞争性地破坏核酸适体与其互补链的杂交，这为基于核酸适体的蛋白质电化学分析实验技术的发展提供了新的契机。2014 年，笔者等人曾利用目标蛋白质（骨桥蛋白，OPN）与其核酸适体特异性识别结合所引发的核酸适体与互补 DNA 序列杂交双链的解链，进而借助核酸外切酶Ⅰ对于 DNA 单链的选择性切割作用，成功设计了一种能够实现最低 10.7 ng/mL 骨桥蛋白分析的电化学实验技术[3]。此外，笔者等人还曾将目标蛋白质结合所引起的这种双链解链现象与核酸适体构象转换现象相结合，提出了一种能够同时实现两种蛋白质定量分析的电化学实验技术[4]。在该技术中，两种目标蛋白质[黏蛋白-1（MUC1）和血小板衍生因子（VEGF）]的核酸适体能够同时与电极表面固定的探针 DNA 链杂交形成双链，导致电化学活性分子远离电极表面，电化学响应信号十分微弱；当 MUC1 或 VEGF 单独存在时，相应的核酸适体与探针 DNA 链之间的杂交被破坏，缩短了电化学活性分子与电极表面的距离，电化学响应信号得到一定程度的增强；当 MUC1 和 VEGF 同时存在时，两者的核酸适体都无法与探针 DNA 链杂交，使得电化学活性分子靠近电极表面，电化学响应信号显著增强。

作为一段化学合成的单链 DNA 或 RNA，核酸适体可以很方便地与金纳米颗粒、碳纳米管、石墨烯等纳米材料相互作用，从而为蛋白质电化学定量分析实验技术的开发提供广阔的空间。金纳米颗粒（gold nanoparticles）是一种在分析化学领域研究最为深入的纳米材料，它具有良好的表面效应、量子尺寸效应和荧光淬灭效应。更为重要的是，金纳米颗粒具有优越的导电能力、良好的生物相容性和负载能力，因而在蛋白质电化学定量分析中应用十分广泛。例如，R. Hu 等人将生物素修饰的 MUC1 核酸适体和辣根过氧化物酶共同负载于金纳米颗粒表面，进而借助 MUC1 特异性识别结合所引发的核酸适体构象转换和生物素-链霉亲和素相互作用，建立了一种能够实现 8.8～353.3 nmol/L 范围内 MUC1 定量分析的电化学实验技术[5]。石墨烯（graphene）是一种具有二维片层结构的新型碳纳米材料，被认为是 21 世纪的“未来材料”。石墨烯不仅可以通过 π-π 堆叠等非共价作用吸附单链核酸，而且可以作为载体合成金、银、铂等金属纳米颗粒。笔者所在课题组利用氧化石墨烯-银纳米颗粒复合材料和核酸适体自组装构建了电化学实验技术用于目标蛋白质凝血酶的定量分析[6]。在该技术中，具有出色的固态 Ag/AgCl 伏安响应的银纳米颗粒被首先通过原位共还原的方式合成于氧化石墨烯表面；随后，合成得到的氧化石墨烯-银纳米颗粒复合材料通过 π-π 堆叠作用组装于电极表面固定的核酸适体上，从而产生显著的电化学响应信号；当目标蛋白质凝血酶存在时，凝血酶与其核酸适体的识别结合竞争性地抑制了复合材料与核酸适体分子之间的 π-π 堆叠作用，从而阻碍了电化学响应信号的产生;通过测定复合材料的电化学响应信号,该技术可以实现最低 1 pmol/L 凝血酶的电化学分析。

基于核酸适体与目标蛋白质之间多位点识别结合的夹心型电化学分析技术具有灵敏、特异、高效等优点,已经被成功地用于凝血酶、血小板衍生生长因子(PDGF)、免疫球蛋白 E(immunoglobulin E)、脂质运载蛋白-2(lipocalin-2)等的定量分析。早在 2005 年,K. Ikebukuro 等人借助两步核酸适体-蛋白质特异性识别结合过程在电极表面构建了"核酸适体-蛋白质-核酸适体"三明治夹心结构,并利用第二条核酸适体末端标记的葡萄糖氧化酶催化葡萄糖产生的电化学响应信号,实现了 40~100 nmol/L 范围内目标蛋白质(凝血酶)的定量分析[7]。近年来,一些新的传感技术或信号放大技术的引入进一步推动了基于核酸适体的夹心型蛋白质电化学分析技术的发展和进步。例如,笔者所在课题组在 K. Ikebukuro 等人工作的基础上引入 "hand-in-hand"线状纳米组装策略,成功构建了一种"超级三明治"夹心型核酸适体电化学分析技术用于肿瘤标志蛋白 PDGF 的定量分析,检测下限达到了 100 fmol/L[8]。J. Chen 等人将凝血酶的特异性核酸适体合理地分裂成两段,并利用这两段分裂核酸适体与同一凝血酶分子的同时识别结合,建立了分裂夹心型核酸适体电化学分析技术[9]。C. J. Easley 课题组将邻近分析策略引入夹心型核酸适体体系,提出了一种新颖且高效的蛋白质电化学分析实验技术[10]。在该技术中,目标蛋白质凝血酶能够同时识别结合一对包含核酸适体序列的 DNA 探针,这种结合会导致这对 DNA 探针在空间上彼此靠近,从而引发这对 DNA 探针和预先固定的捕获探针以及标记有电化学活性分子的信号探针在电极表面的邻近杂交,最终产生明显的电化学响应信号。最近,笔者等人利用三(2-羰基乙基)磷盐酸盐(TCEP)参与的温和还原反应来改进和更新夹心型核酸适体电化学分析体系,发展了一种操作简便、实验条件温和且具有很强通用性的蛋白质定量分析新技术,具体实验原理和流程详见章节 5.4。

5.3 基于核酸适体构象转换的 E-AB 技术

5.3.1 原理

2003 年,来自美国加州大学圣塔芭芭拉分校的 C. H. Fan(即现就职于上海交通大学化学化工学院的樊春海院士)、K. W. Plaxco 和 A. J. Heeger 报道了用于 DNA 电化学无试剂分析的 E-DNA 技术[11]。该技术采用类似于光学分子信标的 stem-loop DNA 探针,并借助靶标诱导的构象转换(conformational change)过程,实现靶标 DNA 的高特异性、灵敏性和便捷性分析。得益于 E-DNA 技术的诸多优势,该技术不仅被广泛用于各种 DNA 的分析,而且不断被拓展应用于无机离子、小分子以及蛋白质等的分析。例如,2005 年,Y. Xiao 等人通过使用一段包含核酸适体序列的 DNA 探针替代 E-DNA 技术中使用的 stem-loop DNA 探针，报道了能够用于特定蛋白质电化学定量分析的 E-AB 技术[1]。

图 5-1 展示了 E-AB 技术的基本原理。如图 5-1 所示，该技术依赖于一段能够发生构象转换的单链 DNA 探针，其主体部分是目标蛋白质（此处以凝血酶为例）的核酸适体，因此可以特异性地识别并结合目标蛋白质。与此同时，该核酸探针的 5′和 3′末端分别修饰有巯基基团（thiol group，SH）和电化学活性分子（如亚甲基蓝或二茂铁），因此一方面可以通过巯基基团与金电极之间的金-硫（Au-S）键自组装至电极表面，另一方面可以借助电化学活性分子产生可测定的电化学信号。初始状态下，自组装于金电极表面的单链 DNA 探针处于一种自由且松散的构象状态；此时，探针末端修饰的电化学活性分子靠近电极表面，从而能够与电极发生电子传递，产生较大的电化学信号。当目标蛋白质存在时，目标蛋白质能够特异性地与单链 DNA 探针结合，导致探针的构象发生改变，呈现一种稳定且刚性的构象状态；此时，探针末端修饰的电化学活性分子难以接近电极表面，从而难以与电极发生电子传递，产生显著减小的电化学信号。通过测定电化学信号的变化，目标蛋白质的定性和定量分析就得以实现。

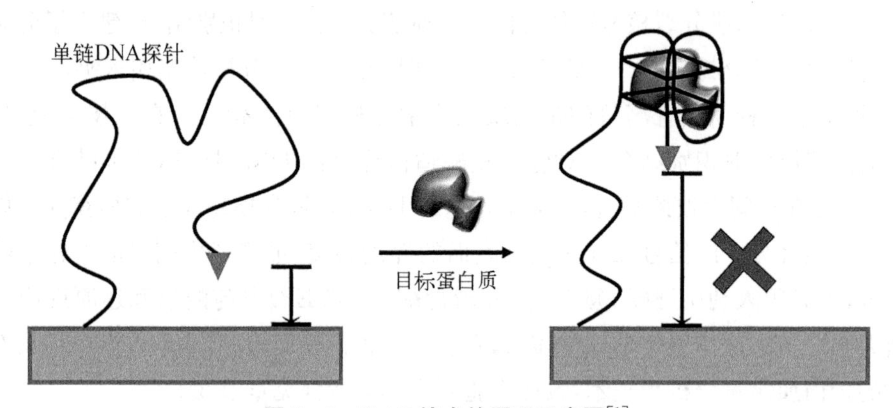

图 5-1　E-AB 技术的原理示意图[1]

5.3.2　基本实验流程

(1) 涉及的化学试剂及其英文名称(或英文缩写)

① 三(羟甲基)氨基甲烷：Tris；

② 乙二胺四乙酸二钠：EDTA；

③ 盐酸：HCl；

④ 氢氧化钠：NaOH；

⑤ 硫酸：H_2SO_4；

⑥ 氯化钾：KCl；

⑦ 氯化钠：NaCl；

⑧ 磷酸氢二钠：Na_2PO_4；

⑨ 磷酸二氢钾：KH_2PO_4；

⑩ 三(2-羰基乙基)磷盐酸盐：TCEP；

⑪ 6-巯基己醇：MCH；

⑫ 氯化镁：$MgCl_2$；

⑬ 4-(2-羟乙基)哌嗪-1-乙磺酸：HEPES；

⑭ 高氯酸钠：$NaClO_4$；

⑮ 盐酸胍盐酸盐：guanidine-HCl；

⑯ 六铵合钌：$[Ru(NH_3)_6]^{3+}$，RuHex。

(2) 溶液配制

① TE缓冲液(0.01 mol/L Tris-HCl，含 0.1 mmol/L EDTA，pH 7.8)：准确称取0.121 14 g Tris 和 3.72 mg EDTA，使用蒸馏水溶解并用 HCl 溶液调节 pH 至 7.8 后，转移至 100 mL 容量瓶中，加蒸馏水定容至刻度。

② 0.5 mol/L NaOH 溶液：准确称取 2.0 g NaOH，使用蒸馏水溶解后转移至 100 mL 容量瓶中，加蒸馏水定容至刻度；该溶液最多可以在室温条件下保存 2 周。

③ 0.5 mol/L H_2SO_4 溶液：准确量取 200 mL 蒸馏水，向其中缓慢加入 5.4 mL 浓 H_2SO_4，混合均匀；该溶液最多可以在室温条件下保存 6 个月。

④ 0.01 mol/L KCl/0.1 mol/L H_2SO_4 溶液：准确称取 0.1491 g KCl，溶解于 200 mL 蒸馏水中，随后向其中缓慢加入 1.16 mL 浓 H_2SO_4，混合均匀。

⑤ 10×PBS：准确称取 80 g NaCl、11.36 g Na_2PO_4、2.7 g KH_2PO_4 和 2.0 g KCl，溶解于 1 000 mL 蒸馏水中。(注意：该溶液最多可以在室温条件下保存 3 个月；若保存于 4℃条件下，该溶液会析出晶体且不易复溶；使用蒸馏水将该溶液稀释 10 倍即为 1×PBS。)

⑥ 单链 DNA 探针母液：根据待分析蛋白质(即凝血酶)的核酸适体序列，设计适当的单链 DNA 探针，并委托专业化学合成公司(如 ThermoFisher、Sangon Biotech 和 Takara Bio 等)合成；公司交付的单链 DNA 探针一般是置于离心管中的冻干粉，此种状态下，探针可以在−20℃条件长期保存；当要配置单链 DNA 探针母液时，首先将装有探针冻干粉的离心管在室温下以 12 000 r/min 的转速离心 10 min，以使粘附在管盖和管壁上的冻干粉沉降至底部；随后，小心打开离心管盖，加入适当体积的 TE 缓冲液，振荡溶解后得到一定浓度的单链 DNA 探针母液(母液浓度一般选择 100 μmol/L 或 10 μmol/L)；根据实验需要，将配置得到的探针母液分装至多个离心管中，置于−20℃条件下保存；实验过程中需要避免单链 DNA 探针母液的反复冻融，以免探针发生降解。

⑦ 0.01 mol/L TCEP 溶液：准确称取 2.87 mg TCEP，溶解于 1.0 mL 蒸馏水中。(注意：TCEP 在 PBS 中稳定性不佳，因此应避免使用 PBS 溶解。)

⑧ 0.01 mol/L Tris-HCl 缓冲液(pH 7.4)：准确称取 0.121 14 g Tris，使用蒸馏水溶解并用 HCl 溶液调节 pH 至 7.4 后，转移至 100 mL 容量瓶中，加蒸馏水定容至刻度。

⑨ 0.002 mol/L MCH 溶液：准确移取 0.4 μL MCH，加入 1.0 mL 0.01 mol/L Tris/HCl 缓冲液中，混合均匀。(注意：该溶液需要在每次使用前新鲜配置。)

⑩ 工作缓冲液（0.02 mol/L Tris-HCl，含 0.14 mol/L NaCl、0.02 mol/L $MgCl_2$ 和 0.02 mol/L KCl，pH 7.4）：准确称取 0.242 28 g Tris、0.819 g NaCl、0.19 g $MgCl_2$ 和 0.149 1 g KCl，使用蒸馏水溶解并用 HCl 溶液调节 pH 至 7.4 后，转移至 100 mL 容量瓶中，加蒸馏水定容至刻度。

⑪ 电化学测试溶液（0.01 mol/L HEPES，含 0.5 mol/L $NaClO_4$，pH 7.0）：准确称取 0.595 75 g HEPES 和 15.3 g $NaClO_4$，使用蒸馏水溶解并用 HCl 溶液调节 pH 至 7.0 后，转移至 250 mL 容量瓶中，加蒸馏水定容至刻度。

⑫ PBST 溶液：准确量取 0.5 mL Tween-20，加入 100 mL 1×PBS 中；该溶液可以在 4℃条件下保存 1 个月。

⑬ Guanidine-HCl 溶液（6 mol/L）：准确称取 57.318 g Guanidine-HCl，使用蒸馏水溶解后转移至 100 mL 容量瓶中，加蒸馏水定容至刻度。

⑭ RuHex 溶液（0.01 mol/L）：准确称取 3.1 mg RuHex，溶解于 1.0 mL 蒸馏水中；该溶液最多可以在 4℃条件下保存 2 周。

(3) 工作电极预处理

本实验中使用的工作电极是直径为 3 mm 的圆盘形状的金电极，其预处理过程如下：首先将金电极置于 0.5 mol/L NaOH 溶液中，在−0.35～−1.35 V 电位范围内，以 1 V/s 的扫速，进行循环伏安扫描，从而通过电化学还原过程去除电极表面可能残留的巯基化合物（*注意：若使用的金电极为第一次使用的新电极，省略此步骤*）；随后，将金电极在砂纸（3 000 目和 5 000 目）上打磨 1～2 min，并在人造绒抛光布上依次用直径为 1.0 μm、0.3 μm 和 0.05 μm 的铝粉抛光 3 min，从而通过物理抛光过程去除电极表面的污染物；之后，使用无水乙醇和蒸馏水分别超声处理金电极 3 min，以避免铝粉粉末在电极表面的残留；随后，将金电极置于 0.5 mol/L H_2SO_4 溶液中，依次施加一个持续 5 s 的+2 V 电压和一个持续 10 s 的−0.35 V 电压，继而在−0.35～1.5 V 电位范围内，以 0.1 V/s 的扫速，进行循环伏安扫描，直至所得到的循环伏安图谱达到稳定；再后，使用 0.01 mol/L KCl/0.1 mol/L H_2SO_4 溶液，依次在 0.2～0.75 V、0.2～1.0 V、0.2～1.25 V 和 0.2～1.5 V 电位范围内，对金电极进行循环伏安扫描，使之活化；最后，采用氧吸附法测定预处理后的金电极的实际面积，使用蒸馏水将电极冲洗干净并用氮气吹干。更加详细的工作电极预处理过程请读者参考本书章节 4.2.2。

(4) 功能化工作电极的制备

① 准确移取 1 μL 100 μmol/L 单链 DNA 探针母液和 1 μL 0.01 mol/L TCEP 溶液至 200 μL 微量离心管中，室温或 25℃条件下混合反应，还原单链 DNA 探针自身带有的分子内二硫（S-S）键或分子间可能形成的二硫键；60 min 后，向离心管中加入 198 μL 1×PBS，得到终浓度为 0.5 μmol/L 的单链 DNA 探针溶液。（*注意：经 TCEP 处理后的单链 DNA 探针应立刻用于电极自组装；若确实无法立刻使用，应冷冻保存，但时间不能超过两周，否则 DNA 探针末端的巯基基团会再次发生氧化，形成二硫键。*）

② 将预处理后的金电极浸入步骤①得到的 200 μL 0.5 μmol/L 单链 DNA 探针溶液中，4℃条件下置于黑暗环境中反应过夜，从而在金电极表面形成单链 DNA 探针自组装单层。该过程也可以采用如下实验操作：滴加 10 μL 步骤①得到的 0.5 μmol/L 单链 DNA 探针溶液至金电极表面，4℃条件下置于黑暗环境中反应过夜（注意：在该过程中，使用塑料电极帽盖住电极，以避免探针溶液因挥发而干结在电极表面）。单链 DNA 探针自组装完成后，使用蒸馏水冲洗电极并用氮气吹干，除去物理吸附在电极表面的多余探针分子。

③ 将组装有单链 DNA 探针的金电极浸入 100 μL MCH 溶液（0.002 mol/L）中，室温或 25℃条件下反应 2 h；随后，使用蒸馏水冲洗电极并用氮气吹干，去除吸附在电极表面的多余的 MCH 分子，得到制备完好的功能化工作电极。这种功能化工作电极可以立即用于目标蛋白质的定量分析，也可以浸入 0.1 mol/L PBS 并置于 4℃条件下保存，保存时间建议不超过 1 周。（注意：为了获得更佳的保存效果，可以将电极首先用含有 2.5%(w/v) 葡萄糖和牛血清白蛋白的 SSC(saline-sodium citrate buffer) 冲洗，然后盖上塑料电极帽，置于干燥环境中保存。）

(5) 目标蛋白质的定量分析

① 准确称取 1.835 mg 凝血酶标准品冻干粉，溶解于 1 mL 工作缓冲液中，得到 50 μmol/L 凝血酶标准溶液；随后，使用工作缓冲液倍比稀释，得到范围为 10～500 nmol/L 的一系列不同浓度的凝血酶标准溶液。（注意：在实际操作中，应根据所购买或获取的凝血酶标准品的实际分子量，计算所需称取的冻干粉质量。）

② 将制备完好的功能化工作电极以及对电极（铂电极）和参比电极（Ag/AgCl 电极）同时插入 5 mL 电化学测试溶液中，运用交流伏安法（alternating current voltammetry, ASV）或方波伏安法（square wave voltammetry, SWV）采集电化学响应信号，记录此时所得到的电化学响应峰电流值为 I_0。（注意：具有稳定电化学响应的功能化工作电极对 E-AB 技术至关重要，因此，可以将功能化工作电极在电化学测试溶液中平衡 30 min，并在这个过程中每隔 5～10 min 采集一次电化学响应信号，观察所得到的电化学响应峰电流值或基线电流值是否存在明显变化；如果电流值存在明显变化，就说明该功能化工作电极无法满足 E-AB 技术需要，应重新进行打磨或处理。）

③ 使用蒸馏水冲洗功能化工作电极，随后将其浸入 100 μL 500 nmol/L 凝血酶标准溶液中，37℃条件下反应 1 h，实现单链 DNA 探针与凝血酶的识别结合和构象转换。（注意：单链 DNA 探针与目标蛋白质的识别结合往往对环境温度和所使用缓冲液的组成、离子强度以及 pH 值十分敏感，因此，在实验中，需要对这些因素进行充分的探索和优化。）

④ 将工作电极用 PBST 溶液彻底冲洗干净并用氮气吹干，再次插入 5 mL 电化学测试溶液中，采集电化学响应信号，记录此时所得到的电化学响应峰电流值为 I；计算工作电极与凝血酶作用前后的电化学响应峰电流值变化百分比，即 signal gain $=(I-I_0)/I_0\times100\%$，并以此作为后续凝血酶定量分析的数值依据。（注意：在 E-AB 技术中，难以

实现预处理、探针自组装以及目标蛋白质识别结合等实验过程的完全重复，这会导致每一次实验使用的功能化工作电极的电化学响应绝对值存在一定的偏差；因此，使用 signal gain 值相比于电化学响应峰电流绝对值或变化绝对值，更有利于保证目标蛋白质定量分析的准确性和可重复性。）

⑤ E-AB 技术中使用的功能化工作电极具有一定的可再生性：在完成步骤②～④后，使用 6 mol/L Guanidine-HCl 溶液处理工作电极 5～8 min；若处理后的工作电极进行电化学扫描得到的响应峰电流值恢复至 I_0 的 95%以上（通常可恢复至 99%以上），则该电极可以直接再次用于蛋白质的定量分析。

⑥ 在 E-AB 技术中，电化学响应信号的变化来源于目标蛋白质与单链 DNA 探针中核酸适体部分的结合及其所引起的探针构象变化，而这两者都会受到工作电极表面自组装的 DNA 探针密度的显著影响。例如，过高的自组装密度会对目标蛋白质与单链 DNA 探针的结合带来显著的位阻效应，同时会使得单链 DNA 探针因为缺少足够的空间而无法发生预期的构象转换；过低的自组装密度不仅会导致不佳的电化学响应峰电流绝对值，而且会便于核酸水解酶对于电极表面单链 DNA 探针的降解，不利于 E-AB 技术在血清等实际样本中的应用。因此，为了获得最理想的分析效果，需要在进行目标蛋白质定量分析前对单链 DNA 探针的自组装密度进行量化和优化。

单链 DNA 探针自组装密度的量化可以借助探针末端修饰的电化学活性分子的循环伏安响应来实现，即通过采集功能化工作电极在电化学测试溶液中的循环伏安图谱，进而积分得到电化学活性分子的还原峰电量 Q 并代入下式求算：

$$\Gamma = \frac{Q}{nFA} \tag{5.1}$$

式中，Γ 代表单链 DNA 探针在工作电极表面的自组装密度（mol/cm^2），Q 代表循环伏安图谱中还原峰积分电量（C），n 代表电化学活性分子氧化还原反应的得失电子数，F 代表法拉第常数（C/mol），A 代表工作电极的面积（cm^2）。（注意：这种求算方式建立在一个假设事件的基础之上，即电极表面自组装的所有单链 DNA 探针末端修饰的电化学活性分子能够在同一轮循环伏安扫描过程中高效地发生氧化还原反应；但是，这一假设事件实际发生的概率很低，因此，利用这种求算方式得到的单链 DNA 探针自组装密度在很大程度上是一个相对估算值，而不是一个绝对精确值。）

多项研究表明，E-AB 技术用于蛋白质定量时的最佳 signal gain 和分析效果一般是在中等自组装密度条件下获得的，但具体密度数值受到工作电极的面积和形状、单链 DNA 探针的碱基序列、长度和结合亲和力以及目标蛋白质的分子量等因素的影响而不尽相同。与此同时，研究表明，单链 DNA 探针在工作电极表面的自组装密度依赖于步骤（4）②中使用的探针溶液的浓度。因此，在实验中，可以使用不同浓度的单链 DNA 探针溶液进行电极自组装，并根据在相同浓度目标蛋白质存在时获得的 signal gain 的大小来选择最佳的探针自组装浓度和密度。

⑦ 在最优的单链 DNA 探针自组装浓度下，重复步骤②～④，获得一系列不同浓度的凝血酶标准溶液的 signal gain 值；为了保证分析的准确性和可重复性，每一个浓度的凝血酶标准溶液均需进行 3 组以上的重复分析，以获得平均 signal gain 值［注意：对于同一浓度的凝血酶标准溶液，不同组重复分析所得到的 signal gain 值的组间相对标准偏差应不大于 10%（一般应不大于 5%）］；以凝血酶标准溶液的浓度为横坐标，以对应的平均 signal gain 值为纵坐标，绘制相关曲线，并在一定的浓度范围内，拟合线性相关曲线，得到线性回归方程。

⑧ 在最优的单链 DNA 探针自组装浓度下，重复步骤②～④，获得样品溶液 3 组以上的 signal gain 值；将样品溶液的平均 signal gain 值代入线性回归方程，计算得到样品溶液中凝血酶的浓度。

5.3.3 关键技术要点

技术要点 1

图 5－2 给出了本实验使用的单链 DNA 探针的基本化学结构。如图 5－2 所示，该探针主要包含三部分，即目标蛋白质的核酸适体（aptamer）部分、巯基基团（SH）部分和电化学活性分子［图中以亚甲基蓝（methylene blue）为例］部分。

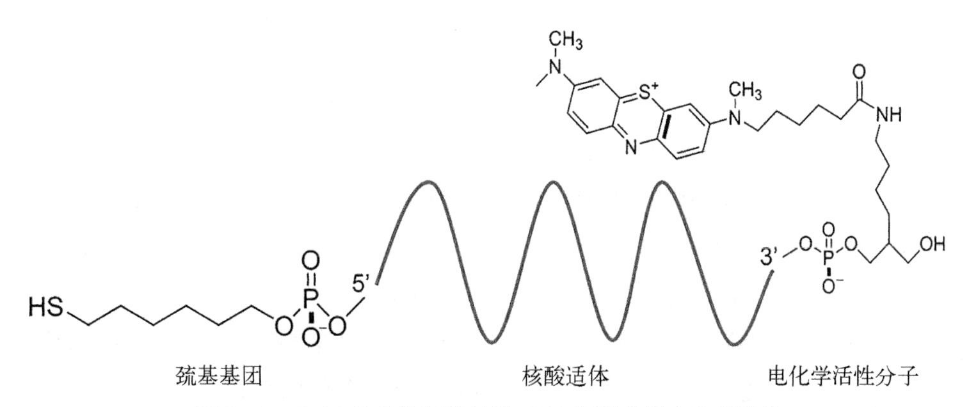

图 5－2 E-AB 技术使用的单链 DNA 探针的基本化学结构

通常情况下，巯基基团与核酸适体部分之间通过包含多个碳原子的长链烷烃相连，其中，含有 6 个碳原子的烷烃链最为常见；电化学活性分子则通过丁二酰亚胺酯（succinimide ester）偶联反应修饰至核酸适体部分的末端。目前，无论是核酸适体部分的合成还是巯基基团和电化学活性分子的修饰都可以委托专业的化学合成公司完成，这大大减少了实验难度和工作量。在这里，我们列举了 3 家在国内知名度和认可度都较高的 DNA 化学合成公司的名称及网址供读者们参考：

ThermoFisher：https://www.thermofisher.com/cn/zh/home.html

Sangon Biotech：https://www.sangon.com/

Takara Bio：https：//www.takarabiomed.com.cn/

技术要点 2

单链 DNA 探针末端处于游离态的巯基基团在运输或保存过程中很容易发生自发氧化，从而在不同的探针分子间形成二硫键。与此同时，有些化学合成公司为了保证产品的质量和使用效果，交付的单链 DNA 探针末端的巯基基团本身就处于氧化态。氧化形式的二硫键的存在会大大降低单链 DNA 探针在金电极表面的自组装效率。因此，在进行电极自组装前，应使用还原试剂处理单链 DNA 探针，以使巯基基团处于游离态。二硫苏糖醇(DTT)和 TCEP 是最常用的两种二硫键还原试剂。DTT 是苏糖醇分子内 C1 和 C4 位羟基被巯基取代后形成的线性分子，它可以借助两步连续的巯基-二硫键交换反应，使得单链 DNA 探针分子间或分子内的二硫键被还原为游离态巯基，而其自身被氧化形成含二硫键的六元环状结构。TCEP 是一种分子内不含硫醇的三价磷系衍生物，其对于二硫键的还原不是通过巯基-二硫键交换反应，而是依赖于中心原子所带的孤电子对能够与氧原子形成配位共价结合。与 DTT 相比，TCEP 在 E-AB 实验中被更为广泛地用于单链 DNA 探针的还原处理，这一方面是因为 TCEP 具有更强的还原性和更宽的 pH 适应范围，另一方面是因为 TCEP 分子内不含硫醇基团，在进行下游的 DNA 探针电极自组装实验时不需要提前去除过量的未反应的 TCEP。

技术要点 3

金电极是 E-AB 技术中普遍使用的工作电极，单链 DNA 探针可以通过末端修饰的巯基基团而十分高效且稳定地自组装于金电极表面。从自组装的角度而言，单链 DNA 探针同样可以分为 3 个区域：首先是含硫的巯基头部区域，其能够与金电极之间形成稳定的 Au-S 键，从而使单链 DNA 探针在电极表面形成致密且有一定取向的单分子层；其次是包含多个碳原子的烃链部分，其能够通过范德华力稳定 DNA 探针自组装单层，且其组成可以在一定程度上决定自组装单层的性质(例如，若烃链部分由—CH_3 或 CF_3 组成，相对应的自组装单层会具有良好的疏水性和抗蛋白质吸附能力；若烃链部分含有—COOH、—NH_2、—OH 等官能团，相对应的自组装单层会具有良好的亲水性和蛋白质亲和性)；最后是尾部功能区，包含核酸适体部分和电化学活性分子部分，其保证了 DNA 探针自组装单层具有适宜的分子识别和电化学响应能力。

截至目前，国内外学者开展了数以百计的工作来探讨含巯基化合物在金基底上的自组装过程。一般而言，该过程被认为由 3 个主要的步骤组成，即初始的物理吸附步骤、随后的化学吸附步骤和最后的有序单分子层形成步骤。式(5.2)和(5.3)展示了物理吸附和化学吸附步骤的基本过程，其中，物理吸附步骤依赖于范德华力，化学吸附步骤依赖于巯基基团的氧化吸附。经过这两个吸附步骤，含巯基化合物高度无序地排列在金基底上。随后，含巯基化合物在金基底上进一步地组装，最终将无序的分子排列成为有序的、定向的单分子层，这一过程相对较为复杂且耗时较久(一般需要几个小时到几十个小时)，涵盖了含巯基化合物在金基底上的成核、生长和 standing up 重排等过程。在 E-AB 技术中，单链 DNA 探针自组装单层的形成遵循上述含巯基化合物在金基底上的自组装过程，但需要提醒的是，上述过程在某种程度上尚属于假说层次，依旧有很多细节有待进一步的实验研究揭示和确认。

$$\text{R-SH} + \text{Au} \rightarrow (\text{R-SH})_{\text{phys}}\text{Au} \tag{5.2}$$

$$(\text{R-SH})_{\text{phys}}\text{Au} \rightarrow \text{R-S-Au} + \frac{1}{2}\text{H}_2 \tag{5.3}$$

技术要点 4

在单链 DNA 探针分子中，巯基头部是通过一段含有多个碳原子的烃链与核酸适体部分相连接，这段烃链的长度和化学组成对于 E-AB 技术的分析表现有着显著影响。烃链具有一定的绝缘性，因此烃链的长度直接影响单链 DNA 探针末端修饰的电化学活性分子与电极之间的电子传递；从这个角度而言，较短的烃链更有利于获得理想的电化学响应峰电流值。但是，界面固定的单链 DNA 探针中核酸适体部分距离电极越远，就意味着它越接近溶液状态，就会有更大的概率与溶液中的目标蛋白质碰撞并发生相互作用；从这个角度而言，较长的烃链更有利于目标蛋白质的识别结合和分析。此外，随着烃链部分碳原子数目的增加，单链 DNA 探针之间的范德华力逐渐增强，这更有利在电极表面形成稳定的自组装单层。综合考虑以上三个方面，含有 6 个碳原子的烃链(C6)目前在 E-AB 技术中最为常用。

技术要点 5

在 E-AB 技术中，单链 DNA 探针自组装后的工作电极依旧存在严重的缺陷，难以直接用于目标蛋白质的识别结合和定量分析。这种缺陷主要来源于两个方面。首先，单链 DNA 探针在金电极表面的自组装需要经过物理吸附、化学吸附和有序单层形成三个步骤，但由于组装时间等因素的限制，最终电极表面保留的单链 DNA 探针并非都参与形成了有序单层，而是有一部分依旧通过物理吸附而存在，这会严重影响后续目标蛋白质识别结合的效率。其次，为了获得最佳的分析效果，E-AB 技术往往采用中等水平的单链 DNA 探针自组装密度，使得探针分子在电极表面有较大的空间取向自由度；与此同时，DNA 分子的碱基与金电极之间能够形成 Au-N 键，不同 DNA 分子之间存在碱基堆叠现象，这都导致单链 DNA 探针在电极表面趋向于一种“倒伏”的空间取向；这种取向不仅会削减单链 DNA 探针识别结合目标蛋白质的能力，而且会降低定量分析结果的重现性。MCH 常被用于解决上述自组装后工作电极的缺陷，其一方面可以通过尾部的巯基组装于金电极表面，从而置换去除物理吸附的 DNA 探针分子，另一方面可以通过负电性的羟基头部与 DNA 骨架之间的静电排斥作用，迫使单链 DNA 探针从“倒伏”的空间取向变化为一种更加有序并且与电极水平面呈一定角度的取向。

技术要点 6

近年来，国内外学者报道了多种不同的实验步骤和参数用于功能化工作电极的制备。

例如，R. Y. Lai 课题组将单链 DNA 探针溶液置于金电极表面自组装 15 min，随后使用 MCH 处理电极 3 h[12]；A. Ferrario 等人将单链 DNA 探针和 MCH 按照 1∶10 的比例混合，并将混合溶液置于电极表面在室温条件下自组装 45 min[13]；S. Zhao 等人将金电极置于单链 DNA 探针溶液中反应 1 h，随后使用 MCH 处理电极过夜[14]。读者可以根据自己实验所采用的单链 DNA 探针的性质（如碱基序列、数目等）以及对总实验耗时等方面的需求，选择适宜的功能化工作电极制备步骤和参数。

技术要点 7

单链 DNA 探针末端修饰的电化学活性分子是 E-AB 技术实现蛋白质定量分析的基础和信号来源。亚甲基蓝（methylene blue）和二茂铁（ferrocene）是 E-AB 技术中最为常用的两种电化学活性分子。亚甲基蓝，又称 3，7－双（二甲基氨基）吩噻嗪－5－鎓氯化物，是一种被广泛用作化学指示剂和生物染色剂的深绿色化合物；二茂铁，又称双环戊二烯基铁，是一种橙黄色的具有芳香族性质的有机过渡金属化合物。当用作 E-AB 技术中的电化学活性分子时，亚甲基蓝在－0.26 V（以 Ag/AgCl 电极为参比电极）附近产生明显的方波伏安响应峰，二茂铁在 0.22 V（以 Ag/AgCl 电极为参比电极）附近产生明显的方波伏安响应峰。无论是使用亚甲基蓝还是二茂铁，E-AB 技术都能够实现目标蛋白质高效且灵敏的定量分析。但是，相比于二茂铁，亚甲基蓝具有更好的电化学稳定性，这使得使用亚甲基蓝的 E-AB 技术表现出更高的多重扫描电化学响应稳定性（100 次方波伏安扫描后电化学响应峰电流值仅下降 2%左右）、长期贮存稳定性和信号可再生性以及更加理想的生物复杂样本（如血清样本）分析适用性。除了亚甲基蓝和二茂铁，硫堇（thionine）、尼罗蓝（nile blue）、蒽醌（anthraquinone）也可以用作 E-AB 技术中的电化学活性分子。

技术要点 8

交流伏安法和方波伏安法是 E-AB 技术中常用的两种电化学信号采集方法。交流伏安法是在工作电极上施加一个直流扫描电压并在此基础上添加一个幅度为 10～20 mV 的正弦交流信号；方波伏安法则是将一个周期性变化的小振幅对称方波电压附加在基础阶梯直流电压上。交流伏安法和方波伏安法都可以有效地区分响应信号电流和背景充电电流，因而具有很高的灵敏度。E-AB 技术中常用的交流伏安法和方波伏安法实验参数是：－0.4～－0.1 V 的扫描电位范围、25 mV 的扫描振幅和 50 Hz 的扫描频率。需要指出的是，扫描频率对于 E-AB 技术中的 signal gain 值有显著影响，并且由于所使用的单链 DNA 探针的长度和碱基序列的差异，用于不同目标蛋白质定量分析的 E-AB 技术的最佳扫描频率不尽相同。因此，需要在实验中对该参数进行摸索和优化。此外，为了便于实验数据的分析，交流伏安法和方波伏安法扫描得到的响应曲线均可以以曲线中的最低点为零点进行背景扣除。

技术要点 9

在一定的电位范围内，自组装于金电极表面的含巯基化合物可以在电化学扫描过程（如循环伏安扫描）中发生如式(5.4)所示的单电子还原反应，从而脱离电极表面。该反应一方面可以快速地用于推算含巯基化合物在电极表面的组装量，但另一方面也很容易引起非预期的含巯基化合物的解吸附。有文献报道，当扫描电位低于－0.55 V 时，组装于金电极表面的单链 DNA 探针就出现比较明显的解吸附现象。因此，在 E-AB 实验过程中，需要严格注意各步骤中电化学扫描的电位范围，尽可能地避免单链 DNA 探针发生电化学还原脱附而导致最终定量结果出现误差。此外，在较高的温度下，金电极表面的自组装单层可能会发生重排或破坏，因此在实验过程中也应尽可能地避免对组装后的电极进行较长时间的高温加热处理。

$$\text{R-S-Au} + e^- \rightarrow \text{R-S}^- + \text{Au} \tag{5.4}$$

5.4 温和还原介导的夹心型核酸适体电化学分析技术

5.4.1 原理

三明治夹心结构在酶联免疫吸附测定、电化学免疫分析等基于抗原-抗体免疫识别的蛋白质定量分析实验技术中应用十分广泛。1996 年，D. W. Drolet 等人首次将核酸适体引入三明治夹心结构的构建，报道了一种能够实现蛋白质定量分析的酶联寡核苷酸实验技术[15]。随后，来自日本农工大学的 K. Ikebukuro 等人和澳大利亚新南威尔士大学的 D. A. Di Giusto 等人先后将以核酸适体为识别元件的三明治夹心结构与电化学测试方法相结合，提出了能够用于蛋白质定量分析的夹心型核酸适体电化学分析技术[7,16,17]。截至目前，这类技术已经被成功用于凝血酶、血小板衍生生长因子、免疫球蛋白 E、脂质运载蛋白-2 等蛋白质的定量分析，表现出灵敏、特异、准确等优点。但遗憾的是，夹心型核酸适体电化学分析技术要求目标蛋白质分子内存在两个或两个以上的特异性核酸适体结合位点，这大大限制了这类技术的应用范畴。

近年来，国内外学者提出了多种多样的策略来改进和更新夹心型核酸适体电化学分析技术，以期能够用于更多种类蛋白质的定量分析。温和还原介导的夹心型核酸适体电化学分析技术是其中的佼佼者，具有操作简便、实验条件温和、通用性强等优点。图 5－3 展示了温和还原介导的夹心型核酸适体电化学分析技术实现目标蛋白质定量分析的机制和示意图。如图 5－3 所示，在初始状态下，包含目标蛋白质（此处以甲胎蛋白为例）核酸适体序列的 DNA 探针 AP 链通过末端修饰的巯基基团（thiol group，SH）与金电极之间的 Au-S 键自组装于电极表面。当目标蛋白质甲胎蛋白存在时，甲胎蛋白能够与 AP 链分子内的核酸适体序列特异性地识别结合，从而被捕获至电极表面；在此状态下，使用还原试剂三（2－羰基乙基）磷盐酸盐（TCEP）处理电极，甲胎蛋白分子内的二硫键会发生温和还原反应而被打开，从而在电极表面产生自由巯基；此时，5′和 3′末端分别修饰有马来酰亚胺基团（maleimide group）和电化学活性分子（如亚甲基蓝或二茂铁）的 DNA 探针 SP

链可以通过马来酰亚胺基团与自由巯基之间的迈克尔加成(Michael addition)反应被固定至电极表面,进而产生明显的电化学响应,实现目标蛋白质的定量分析。

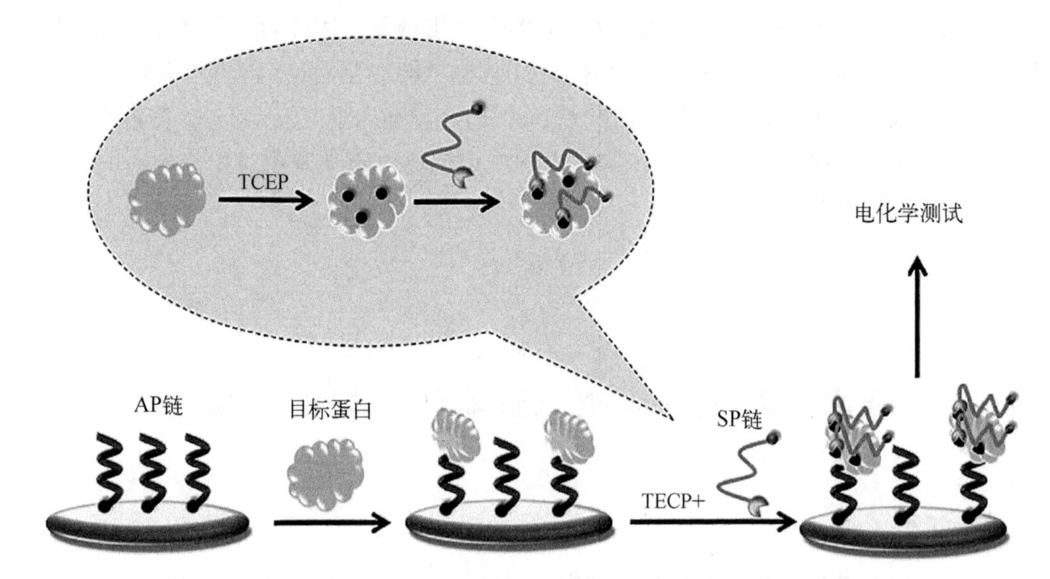

图 5-3　温和还原介导的夹心型核酸适体电化学分析技术的原理示意图[18]

5.4.2　基本实验流程

(1) 涉及的化学试剂及其英文名称(或英文缩写)

① 硫酸：H_2SO_4；

② 氯化钾：KCl；

③ 铁氰化钾：$K_3Fe(CN)_6$；

④ 亚铁氰化钾三水合物：$K_4Fe(CN)_6 \cdot 3H_2O$；

⑤ 三(羟甲基)氨基甲烷：Tris；

⑥ 乙二胺四乙酸二钠：EDTA；

⑦ 盐酸：HCl；

⑧ 三(2-羰基乙基)磷盐酸盐：TCEP；

⑨ 氯化钠：NaCl；

⑩ 磷酸氢二钠：Na_2PO_4；

⑪ 磷酸二氢钾：KH_2PO_4；

⑫ 6-巯基己醇：MCH；

⑬ 六铵合钌：$[Ru(NH_3)_6]^{3+}$，RuHex；

⑭ 叠氮化钠：NaN_3；

⑮ 4-(2-羟乙基)哌嗪-1-乙磺酸：HEPES；

⑯ 高氯酸钠：$NaClO_4$。

(2) 溶液配制

① 0.5 mol/L H_2SO_4 溶液：准确量取 200 mL 蒸馏水，向其中缓慢加入 5.4 mL 浓 H_2SO_4，混合均匀。

② 0.01 mol/L KCl/0.1 mol/L H_2SO_4 溶液：准确称取 0.149 2 g KCl，溶解于 200 mL 蒸馏水中，随后向其中缓慢加入 1.16 mL 浓 H_2SO_4，混合均匀。

③ 5 mmol/L $[Fe(CN)_6]^{3-/4-}$ 溶液(含 0.1 mol/L KCl)：准确称取 0.164 6 g $K_3Fe(CN)_6$、0.211 2 g $K_4Fe(CN)_6 \cdot 3H_2O$ 和 0.745 5 g KCl，使用蒸馏水溶解后转移至 100 mL 容量瓶中，加蒸馏水定容至刻度。

④ TE 缓冲液(0.01 mol/L Tris-HCl，含 0.1 mmol/L EDTA，pH 7.8)：准确称取 0.12114 g Tris 和 3.72 mg EDTA，使用蒸馏水溶解并用 HCl 溶液调节 pH 至 7.8 后，转移至 100 mL 容量瓶中，加蒸馏水定容至刻度。

⑤ DNA 探针储存液：设计并委托专业公司(如 ThermoFisher、Sangon Biotech 和 Takara Bio 等)合成实验中使用的 DNA 探针 AP 链和 SP 链；待收到公司交付的 DNA 探针冻干粉后，首先在室温下以 12 000 r/min 的转速将装有探针冻干粉的离心管离心 10 min；随后，小心打开离心管盖，并根据实验需要向管内加入适当体积的 TE 缓冲液，振荡溶解后得到一定浓度的 DNA 探针储存液；最后，将得到的 DNA 探针储存液分装至多个离心管中，−20℃条件下保存备用。

⑥ 0.01 mol/L TCEP 溶液：准确称取 2.87 mg TCEP，溶解于 1.0 mL 蒸馏水中。

⑦ 0.001 mol/L TCEP 溶液：准确移取 0.1 mL 0.01 mol/L TCEP 溶液，加入 0.9 mL 蒸馏水，混合均匀。

⑧ 10×PBS：准确称取 80 g NaCl、11.36 g Na_2PO_4、2.7 g KH_2PO_4 和 2.0 g KCl，溶解于 1 000 mL 蒸馏水中。(注意：10×PBS 应保存于室温条件下；10×PBS 使用蒸馏水稀释 10 倍即为 1×PBS。)

⑨ 0.01 mol/L Tris-HCl 缓冲液(pH 7.4)：准确称取 0.121 14 g Tris，使用蒸馏水溶解并用 HCl 溶液调节 pH 至 7.4 后，转移至 100 mL 容量瓶中，加蒸馏水定容至刻度。

⑩ 0.002 mol/L MCH 溶液：准确移取 0.4 μL MCH，加入 1.0 mL 0.01 mol/L Tris/HCl 缓冲液中，混合均匀。(注意：该溶液需要在每次使用前新鲜配置。)

⑪ 0.01 mol/L RuHex 溶液：准确称取 3.1 mg RuHex，溶解于 1.0 mL 蒸馏水中。

⑫ 蛋白质保存缓冲液(1×PBS，含 0.2 mol/L NaCl 和 0.09% NaN_3)：准确称取 1.17 g NaCl 和 0.09 g NaN_3，溶解于 100 mL 1×PBS 中。

⑬ PBST 溶液：准确量取 0.5 mL Tween-20，加入 100 mL 1×PBS 中；该溶液可以在 4℃条件下保存 1 个月。

⑭ 电化学测试溶液(0.01 mol/L HEPES，含 0.5 mol/L $NaClO_4$，pH 7.0)：准确称取 0.595 75 g HEPES 和 15.3 g $NaClO_4$，使用蒸馏水溶解并用 HCl 溶液调节 pH 至 7.0 后，转移至 250 mL 容量瓶中，加蒸馏水定容至刻度。

(3) 工作电极预处理

本实验使用一次性的可弃式丝网印刷金电极进行目标蛋白质的定量分析。相比于传统的圆盘形状的金电极，丝网印刷金电极的预处理过程更加简单，具体如下：首先将丝网印刷金电极在 0.5 mol/L H_2SO_4 溶液中循环伏安扫描直至图谱稳定，扫描电位范围为 −0.35～1.5 V，扫描速度为 0.1 V/s；随后，将电极浸入 0.01 mol/L KCl/0.1 mol/L H_2SO_4 溶液中，分别在 0.2～0.75 V、0.2～1.0 V、0.2～1.25 V 和 0.2～1.5 V 电位范围内，进行循环伏安扫描，实现电极的活化；之后，将电极转移至 5 mmol/L $[Fe(CN)_6]^{3-/4-}$ 溶液中，在 0.05～0.4 V 电位范围内进行循环伏安扫描，将所得到的图谱中还原峰或氧化峰的峰电流值代入 Randles-Sevcik 方程[式(5.5)]，计算预处理后丝网印刷金电极的真实面积；最后，使用蒸馏水将电极冲洗干净并用氮气吹干，并立即用于 DNA 探针 AP 链的固定。

$$A = \frac{I_p}{2.68 \times 10^5 n^{2/3} D^{1/2} v^{1/2} c} \tag{5.5}$$

式中，A 代表丝网印刷金电极的真实面积，I_p代表循环伏安图谱中还原峰或氧化峰的峰电流值，n 代表$[Fe(CN)_6]^{3-/4-}$氧化还原反应的得失电子数，D 代表$[Fe(CN)_6]^{3-/4-}$在溶液中的扩散系数，v 代表循环伏安扫描的扫速，c 代表$[Fe(CN)_6]^{3-/4-}$的浓度。

(4) DNA 探针 AP 链的电极表面固定

为了实现目标蛋白质的识别和捕获，需要将 DNA 探针 AP 链固定至丝网印刷金电极表面，具体实验流程如下：首先将 1 μL AP 链储存液(浓度一般为 100 μmol/L)和 1 μL 0.01 mol/L TCEP 溶液在室温或 25℃条件下混合反应 1 h，从而还原 AP 链分子内或分子间形成的二硫键；随后，使用 1×PBS 将混合溶液的体积扩大至 200 μL，并从中移取 10 μL 滴加至与预处理后的丝网印刷金电极表面，4℃条件下置于黑暗环境中反应过夜，实现 AP 链在电极表面的自组装固定；之后，使用蒸馏水冲洗电极并用氮气吹干，进而滴加 10 μL 0.002 mol/L MCH 溶液至电极表面，室温或 25℃条件下反应 2 h；最后，再次使用蒸馏水冲洗电极并用氮气吹干，得到可以用于目标蛋白质识别捕获和定量分析的丝网印刷金电极表面。上述实验流程与章节 5.3.2 中功能化工作电极的制备流程相似，因此一些实验细节和注意事项在这里不再重复，请读者参阅相关章节。

AP 链在电极表面的固定密度直接影响后续目标蛋白质识别捕获和定量分析的效果，因此需要通过实验进行探索和优化。如章节 5.3 所述，修饰有电化学活性基团的 DNA 探针在电极表面的密度可以直接借助电化学活性分子的循环伏安响应来推算。但是，在本实验中，AP 链分子内或末端均未修饰有电化学活性分子。因此，AP 链在电极表面的密度需要借助外源性分子(如 RuHex)的电化学响应来推算，具体实验流程如下：

i) 首先向电化学测试池中加入 5 mL 0.01 mol/L Tris-HCl 缓冲液，随后将氮气导管插入溶液内，通入氮气，除去缓冲液中的溶解氧；15 min 后，将导管移动至溶液液面以上，保持轻缓恒定的气流。

ii) 将固定有 AP 链的丝网印刷金电极插入 Tris-HCl 缓冲液中，进行计时库仑(chronocoulometry, CC)测定，具体参数为：初始电位 0.2 V，终止电位−0.5 V，阶跃次数 2 次，脉冲宽度 0.25 s，采样间隔 0.002，静止时间 2 s，灵敏度 5×10^{-5} A/V；将测定得到的电量 Q 对时间的平方根($t^{1/2}$)作图，得到 Q 与 $t^{1/2}$ 的 Anson 直线，该直线在 $t=0$ 处的截距是丝网印刷金电极双电层电容的充电电量 Q_{dl}。

iii) 将丝网印刷金电极从 Tris-HCl 缓冲液内取出，随后向缓冲液内加入 25 μL 0.01 mol/L RuHex 溶液，混合均匀；之后，将氮气导管置于缓冲液液面以下，通入氮气处理 15 min。

iv) 将丝网印刷金电极重新插入电化学测量池内的缓冲液中，按照步骤 ii) 中的参数进行计时库伦测定；将测定得到的电量 Q 对时间的平方根($t^{1/2}$)作图，得到 Q 与 $t^{1/2}$ 的 Anson 直线；此时，缓冲液中含有 RuHex，其带有正电荷，可以静电吸附至电极表面固定的 AP 链上，因此，所得到的 Anson 直线在 $t=0$ 处的截距是双电层电容充电电量 Q_{dl} 和吸附在电极表面的 RuHex 反应电量的总和 Q_{total}。

v) 将步骤 ii) 和步骤 iv) 分别得到的 Q_{dl} 和 Q_{total} 代入式(5.6)，计算得到 AP 链在电极表面的固定密度 Γ_{AP}(molecules/cm^2)。

$$\Gamma_{AP}=\frac{Q_{total}-Q_{dl}}{nFA}\cdot\frac{z}{m}\cdot N_A \tag{5.6}$$

式中，n 代表 RuHex 氧化还原反应的得失电子数，F 代表法拉第常数(C/mol)，A 代表丝网印刷电极的面积(cm^2)，z 代表氧化还原分子的电荷数，m 代表 AP 链所含碱基的数目，N_A 代表阿伏伽德罗常数(molecules/mol)。

(5) 目标蛋白质的定量分析

① 准确称取 1.5 mg 甲胎蛋白标准品冻干粉，溶解于 1.5 mL 蛋白质保存缓冲液中，得到 1 mg/mL 甲胎蛋白标准溶液(注意：除立即使用的部分溶液，其他部分溶液应分装至多个离心管中，−20℃条件下保存，并避免反复冻融)；随后，将 1 mg/mL 甲胎蛋白标准溶液使用 1×PBS 倍比稀释，得到 0.1 pg/mL～100 ng/mL 的一系列不同浓度的甲胎蛋白标准溶液。

② 将固定有 AP 链的丝网印刷金电极浸入 100 μL 100 ng/mL 甲胎蛋白标准溶液中，25℃条件下反应 2 h，实现甲胎蛋白的识别结合和捕获。(注意：实验中应对反应温度、反应时间和缓冲液等条件进行优化，以获得最佳的目标蛋白质结合效率。)

③ 将丝网印刷金电极使用 PBST 彻底冲洗并用氮气吹干，除去非特异性吸附在电极表面的蛋白质分子；随后，准确滴加 20 μL 0.001 mol/L TCEP 溶液至电极表面，37℃条件下反应 0.5 h，以使甲胎蛋白分子内的二硫键发生温和还原反应。(注意：实验中应对所使用的 TCEP 溶液的浓度和反应时间进行优化，并考察 TCEP 处理对于 AP 链与甲胎蛋白之间识别结合的影响；表面等离子共振技术可以用于这些优化和考察，详见“技

术要点 4”。)

④ 使用蒸馏水将丝网印刷金电极冲洗干净并用氮气吹干；随后，将电极浸入 100 μL DNA 探针 SP 链溶液(浓度一般为 1 μmol/L)中，室温或 25℃条件下反应 1 h，使得 SP 链能够通过末端修饰的马来酰亚胺基团与甲胎蛋白经 TCEP 处理后暴露出的自由巯基之间的加成反应而被固定至电极表面。

⑤ 将使用蒸馏水彻底冲洗后的丝网印刷金电极插入电化学测试溶液中，运用方波伏安法(square wave voltammetry, SWV)采集电化学响应信号，记录此时所得到的方波伏安响应峰电流值。

⑥ 重复步骤②～⑤，获得一系列不同浓度的甲胎蛋白标准溶液的方波伏安响应峰电流值；为了保证分析的准确性和可重复性，每一个浓度的甲胎蛋白标准溶液均需进行 3 组以上的重复分析，以获得平均方波伏安响应峰电流值[注意：对于同一浓度的标准溶液，不同组重复分析所得到的方波伏安响应峰电流值的组间相对标准偏差应不大于 10%(一般应不大于 5%)]；以甲胎蛋白标准溶液的浓度为横坐标，以对应的平均方波伏安响应峰电流值为纵坐标，绘制相关曲线，并在一定的浓度范围内，拟合线性相关曲线，得到线性回归方程。

⑦ 重复步骤②～⑤，获得样品溶液 3 组以上的方波伏安响应峰电流值；将样品溶液的平均方波伏安响应峰电流值代入线性回归方程，计算得到样品溶液中甲胎蛋白的量。

5.4.3 关键技术要点

技术要点 1

本实验采用的丝网印刷电极是一种可抛弃式的平板电极(图 5-4)，它是通过丝网印刷技术将工作电极、对电极和参比电极集成于底板材料上微米或厘米级别的平面内，具有可批量生产、可一次性使用、可根据需要对工作电极材料和电极空间排布进行设计、成本低廉、使用方便等优势。丝网印刷电极的制作工艺按照自动化程度可以细分为手动印刷工艺和自动印刷工艺，主要包括底板图形设计、绷网、涂胶、晒网、显影、坚膜、电极印刷等步骤。对于本实验采用的丝网印刷金电极而言，电极印刷步骤可以大致分为五步：首先在底板材料(如聚对苯二甲酸乙二醇酯 PET、聚碳酸酯 PC 和聚氯乙烯 PVC 等)上印刷一层导电银浆，其次在工作电极和对电极的位置印刷一层导电碳浆，随后在参比电极位置印刷一层 Ag/AgCl 油墨，之后在工作电极、参比电极和对电极之外的区域印刷一层绝缘油墨，最后在工作电极位置利用真空蒸镀技术覆盖一层金材料。丝网印刷金电极可以在实验室内制作，也可以通过商品化途径购买，目前国内外已经有多家公司参与到丝网印刷金电极的制作和推广工作，例如：

Pine Research Instrumention：https://pineresearch.com/

PalmSens Electrochemical Sensor Interface：https://www.palmsens.com/

BioSens Technology：http://www.bst-biosensor.de/en/

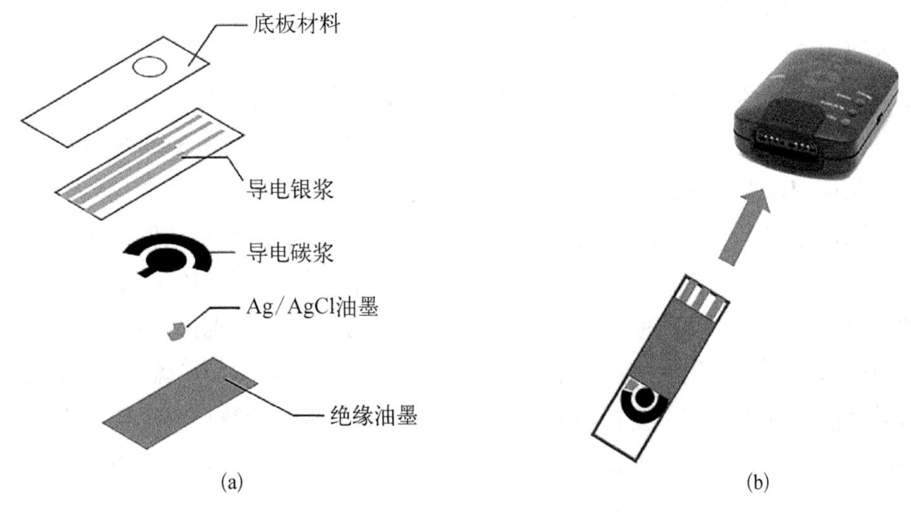

图 5-4 丝网印刷电极的示意图

Rusens：http://www.rusens.com/indexeng.html

DropSens：http://www.dropsens.com/en/home.html

Gwent electronic materials Ltd：http://www.gwent.org/gs_index.html

Xenslet：http://www.xenslet.com/

在经过简单的电化学活化预处理后，丝网印刷金电极可以直接应用于温和还原介导的夹心型核酸适体电化学分析，避免了传统圆盘状固体电极烦琐的物理打磨、抛光等步骤。丝网印刷金电极的一致性会严重影响后续分析结果的准确性和可重复性。因此，在实验过程中，需要从两个层面上严格把控所用的丝网印刷金电极的一致性：首先，在预处理完成后，采用 Randles-Sevcik 方程计算丝网印刷金电极的真实面积，选择面积大小相当的电极用于 AP 链的固定；其次，在 AP 链固定完成后，采用 RuHex 计时库仑法计算 AP 链在丝网印刷金电极表面的固定密度，选择固定密度相当的电极用于目标蛋白质的识别捕获和定量分析。

丝网印刷电极集成工作电极、对电极和参比电极于一体，非常适用于发展便携型电化学分析方法，如即时检测(Point of Care Test, POCT)方法。除丝网印刷技术外，微机电系统(micro-electro-mechanical system, MEMS)技术也可以用于集成电极的制作。MEMS 技术是一种建立在微米和纳米技术基础上的对微米/纳米材料进行设计、加工、制造和控制的前沿技术，利用其制作的微器件应用于生物医学领域具有试剂消耗量少、检测效率高、体积小、便携化等优点。利用 MEMS 技术制作集成电极的过程主要包括以下步骤：① 软件建模设计集成电极的工程版图；② 采用掩膜制版工艺将设计的工程版图结果转移到预处理后的优质硅片表面；③ 采用低压化学气相沉淀法在硅片上沉积底部支撑层；④ 采用正胶反刻等标准光刻工艺及电子束蒸发工艺得到图形化的工作电极、对电极和参比电极，分别溅射相应的电极材料；⑤ 真空涂覆钝化层和绝缘层，制备微型反应池，并最终划片、组装、压焊完成集成电极的制作。

技术要点 2

温和还原介导的夹心型核酸适体电化学分析技术适用于分子内含有二硫键的蛋白质的定量分析。二硫键在很多蛋白质分子内都存在，是由两个半胱氨酸残基的巯基基团之间发生氧化反应而形成的共价键。二硫键可以存在于某一条多肽链的内部，也可以存在于两条多肽链之间；它能够迫使不同区域的氨基酸残基靠拢集合，从而使得相关的多肽链折叠形成稳定的空间结构。因此，二硫键对于蛋白质的高级结构和生物学功能有着十分重要的意义。在体内，二硫键是一种相对固定的、结构性的蛋白质化学修饰；但近年来研究发现，某些蛋白质可以受细胞氧化还原状态的影响而形成暂时的二硫键，从而改变相应的蛋白质功能和细胞状态。蛋白质分子内可能存在的二硫键的数目和定位可以通过一些蛋白质结构数据库查询，如 UniProt 数据库（https://www.uniprot.org/）和 PROSITE 数据库（https://prosite.expasy.org/）。

技术要点 3

蛋白质分子内的二硫键可以使用过甲酸或还原性试剂（如 β-巯基乙醇、二硫苏糖醇、三正丁基膦、TCEP）断开；其中，TCEP 反应活性高，反应条件温和，并且几乎不会与其他氨基酸发生副反应，也不容易引起蛋白质分子的完全变性，最为符合本实验的需求。TCEP 处理可以使得蛋白质分子内的二硫键发生温和还原反应而产生自由巯基，因此，TCEP 处理过程及其效果可以通过定量测定处理前后蛋白质分子内自由巯基的数量来进行监控和评估。Ellman 试剂法和木瓜蛋白酶（papain）法是两种常用的蛋白质分子内自由巯基的定量方法，其中 Ellman 试剂法操作更加简便，而木瓜蛋白酶法的灵敏度更高（约为 Ellman 试剂法的 100 倍）。这两种方法的具体实验流程分别如下：

- Ellman 试剂法

i) 配置 10 mL 0.1 mol/L PBS（含 1 mmol/L EDTA，pH 8.0）作为反应溶液；准确称取 4 mg 5′5 -二硫（2 -硝基苯甲酸）[5,5′-Dithio-bis-(2-nitrobenzoic acid)，DTNB，即 Ellman 试剂]溶解于 1 mL 反应溶液中，作为 Ellman 试剂溶液。

ii) 取一支 5 mL 离心管，向其中加入 2.75 mL 反应溶液和 50 μL Ellman 试剂溶液，混合均匀。

iii) 另取一支 5 mL 离心管，向其中加入 250 μL 含有待测定蛋白质的样品溶液、50 μL Ellman 试剂溶液和 2.5 mL 反应溶液，混合均匀后置于室温或 25℃条件下反应 15 min；此时，Ellman 试剂能够与蛋白质分子内自由巯基反应生成黄色的 5 -巯基- 2 -硝基苯甲酸，该化合物在紫外-可见吸收光谱 412 nm 波长处有最大吸收峰。

iv) 以步骤 ii）中得到的混合溶液为空白，测定步骤 iii）中得到的反应后混合溶液在 412 nm 波长处的吸光度（A_{412}）值。

v) 重复步骤 iii）和步骤 iv）各两次，得到另外两组 A_{412} 值，并计算得出 3 组平均值 A_{ave}。

vi) 将 A_{ave} 代入式（5.7）。计算得到样品溶液中蛋白质分子内自由巯基的浓度。

$$c = \frac{A_{\text{ave}}}{bE_{412}} \cdot \frac{V}{V_0} \tag{5.7}$$

式中，c 代表样品溶液中蛋白质分子内自由巯基的浓度(mol/L)，A_{ave}代表三次测定得到的平均吸光度值，b 代表光程长度(即紫外-可见吸收光谱测定时使用的比色皿的厚度，cm)，E_{412}代表产物 5-巯基-2-硝基苯甲酸的摩尔吸光系数(L/mol·cm)，V 代表混合溶液的总体积(mL)，V_0代表样品溶液的体积(mL)。

• **木瓜蛋白酶法**

i) 准确称取 41 mg 醋酸钠，使用蒸馏水溶解并用 HCl 溶液调节 pH 至 4.0 后，转移至 100 mL 容量瓶中，加蒸馏水定容至刻度，得到溶液 A；准确称取 18 mg 木瓜蛋白酶非活性二硫化衍生物(papain-$SSCH_3$)，溶解于 15 mL 溶液 A 中，得到浓度为 1.2 mg/mL 的 papain-$SSCH_3$ 储存液。(*注意：如果长时间保存，需要额外向 papain-$SSCH_3$ 储存液中加入终浓度为 0.1%的 NaN_3。*)

ii) 准确称取 0.605 7 g Tris 和 37.2 mg EDTA，使用蒸馏水溶解并用 HCl 溶液调节 pH 至 6.3 后，转移至 100 mL 容量瓶中，加蒸馏水定容至刻度，得到溶液 B；准确称取 55 mg N_α-苯甲酰-L-精氨酸-4-硝基苯胺盐酸盐(N_α-Benzoyl-L-arginine 4-nitroanilide hydrochloride, L-BAPNA)，溶解于 1.5 mL 二甲基亚砜中，随后加入 24.5 mL 溶液 B，得到 26 mL 浓度为 4.9 mmol/L 的 L-BAPNA 储存液。

iii) 准确称取 41 mg 醋酸钠、0.292 g NaCl 和 18.6 mg EDTA，使用蒸馏水溶解并用 HCl 溶液调节 pH 至 4.7 后，转移至 100 mL 容量瓶中，加蒸馏水定容至刻度，得到溶液 C；准确称取 5 mg 半胱氨酸，溶解于 412 μL 溶液 C 中，得到浓度为 0.1 mol/L 的半胱氨酸储存液；准确称取 9 mg 胱胺二盐酸盐(cystamine dihydrochloride)，溶解于 10 mL 溶液 C 中，得到浓度为 4 mmol/L 的胱胺工作溶液。

iv) 准确称取 0.55 g $NaH_2PO_4 \cdot H_2O$ 和 74.4 mg EDTA，使用蒸馏水溶解并用 NaOH 溶液调节 pH 至 7.6 后，转移至 100 mL 容量瓶中，加蒸馏水定容至刻度，得到溶液 D。

v) 准确移取 5 μL 0.1 mol/L 半胱氨酸储存液至 5 mL 溶液 C 中，混合均匀，得到浓度为 0.1 mmol/L 的半胱氨酸溶液；采用 Ellman 试剂法测定 15 μL 0.1 mmol/L 半胱氨酸溶液所含自由巯基的量。

vi) 选取 18 个微量离心管，分为三组，向每管中分别加入 0 μL、2 μL、5 μL、8 μL、12 μL 和 15 μL 0.1 mmol/L 半胱氨酸溶液，并使用溶液 C 将每管内液体体积均补充至 15 μL，得到不同浓度的半胱氨酸标准溶液；另外选取 3 个微量离心管，分别加入 15 μL 含有待测定蛋白质的样品溶液(预先使用溶液 C 稀释至适宜浓度)。

vii) 准确移取相同体积的 1.2 mg/mL papain-$SSCH_3$ 储存液和溶液 D，混合均匀，得到浓度为 0.6 mg/mL 的 papain-$SSCH_3$ 工作溶液；向步骤 vi)中得到的 21 个微量离心管中分别加入 15 μL 4 mmol/L 胱胺工作溶液和 0.5 mL 0.6 mg/mL papain-$SSCH_3$ 工作溶液，混合均匀并在室温或 25℃条件下反应 1 h；在该过程中，待测定蛋白质分子内的自由巯基会首先与胱胺发生巯基-二硫键交换反应，生成半胱胺，后者进而再与 papain-$SSCH_3$ 发生巯基-二硫键交换反应，使得 papain-$SSCH_3$ 转化为有活性的木瓜蛋白酶。

viii）向步骤 vii）中得到的 21 个微量离心管中分别加入 0.5 mL 4.9 mmol/L L-BAPNA 储存液，混合均匀并在室温或 25℃条件下反应 1 h；在过程中，木瓜蛋白酶能够催化 L-BAPNA 反应生成有色产物，该产物在紫外-可见吸收光谱 410 nm 波长处有最大吸收峰。

ix）反应结束后，分别测定各微量离心管内溶液在 410 nm 波长处的吸光度值，并计算得出不同浓度半胱氨酸标准溶液和样品溶液对应的平均吸光度值；以半胱氨酸标准溶液的平均吸光度值为纵坐标，以相对应的自由巯基含量为横坐标[依据步骤 v）测定的 15 μL 0.1 mmol/L 半胱氨酸溶液所含自由巯基量进行换算]，绘制标准曲线；将所得到的样品溶液的平均吸光度值代入标准曲线，计算得出样品溶液中蛋白质分子所含自由巯基的量。

技术要点 4

TCEP 处理能够使得目标蛋白质分子内的二硫键发生温和还原反应，该反应过程可能会引起蛋白质高级结构的细微变化，从而影响目标蛋白质与其核酸适体的结合。表面等离子共振技术可以被用于考察 TCEP 处理对于目标蛋白质与其核酸适体结合的影响。表面等离子共振技术是一种基于表面等离子共振（surface plasmon resonance，SPR）现象的光学传感技术，其基本原理是：当入射光在全反射情况下照射到附着于玻璃表面的金（或银）膜与空气或水等介质界面时，会形成倏逝波并激发产生表面等离子体波，这两种波相遇时会发生共振，导致反射光的强度大幅度减弱，其中使反射光完全消失的入射光角度称为共振角（SPR 角）；SPR 角会随着金膜表面折射率的变化而变化，而后者又与结合在金膜表面的分子质量直接相关；因此，通过将具有特异性识别能力的核酸适体固定于金膜表面，表面等离子共振技术可以动态地获取它与目标蛋白质识别和相互作用的信号。与其他技术相比，表面等离子共振技术具有实时、原位、样品用量少、自动化程度高等优点；更重要的是，表面等离子共振技术无须对目标蛋白质进行标记，可以在最大程度上保持目标蛋白质的生物活性。

表面等离子共振技术用于考察 TCEP 处理对于目标蛋白质与其核酸适体结合影响的具体实验步骤如下：

i）使用金膜芯片作为工作芯片并进行预处理：首先将金膜芯片置于水虎鱼溶液中浸泡处理 45 s（*注意：水虎鱼溶液可以通过将浓硫酸和 30%过氧化氢按照 3∶1 的体积比混合得到；该溶液具有很强的氧化性和腐蚀性，使用时需要高度重视实验安全*），随后使用蒸馏水反复冲洗金膜芯片并用氮气吹干。

ii）滴加 100 μL TCEP 处理后的 AP 链溶液（浓度一般为 1 μmol/L）至金膜芯片表面，4℃条件下置于黑暗环境中反应过夜，以实现 AP 链在金膜芯片表面的自组装。

iii）使用 1×PBS 冲洗金膜芯片，去除未组装的 AP 链；随后，将金膜芯片安装到表面等离子共振仪上，使用 1×PBS 进行基线扫描；待得到平稳的基线后，向仪器反应池中加入 100 μL 0.002 mol/L MCH 溶液，室温下处理 1 h。

iv) 使用 1×PBS 冲洗金膜芯片并进行基线扫描；待基线再次平稳后，向仪器反应池中加入 100 μL 适当浓度的目标蛋白质标准溶液，25℃条件下反应；使用表面等离子共振仪记录目标蛋白质与其核酸适体结合的动态过程。

v) 2 h 后，再次使用 1×PBS 冲洗金膜芯片并扫描基线至平稳；随后，向仪器反应池中加入 100 μL 蒸馏水或 0.001 mol/L TCEP 溶液，37℃条件下反应 0.5 h；最后，再次使用 1×PBS 冲洗并进行基线扫描至平稳；实时监测两种处理方式下 SPR 信号在上述过程中的变化差异，从而评估 TCEP 处理对于目标蛋白质与其核酸适体结合的影响。

技术要点 5

马来酰亚胺与巯基之间的迈克尔加成(Michael addition)反应常被用于蛋白质、核酸等生物大分子的位点选择性修饰或标记，如用于制备核酸-PEG 交联物或抗体-药物缀合物等。该反应依赖于巯基和马来酰亚胺中的缺电子双键之间的亲核加成，具有反应条件温和、反应速度快、产率高、应用范围宽等优点。但值得注意的是，该反应生成的加合物硫代琥珀酰亚胺中的 C-S 键可能在生理条件下发生逆迈克尔加成反应，也可能在竞争性巯基化合物(如谷胱甘肽等)存在条件下发生巯基交换反应，这都会影响加合物的稳定性。针对这一问题，南京大学的王炜教授研究团队在 2019 年提出了一种利用机械力稳定马来酰亚胺-巯基加合物的策略[19]；该策略通过简单、温和的超声力处理，改变加合物的反应路径，使其优先发生分子内一个 C-N 键的开环水解，从而避免了逆迈克尔加成反应或巯基交换反应的发生，显著提高了加合物的稳定性。

参 考 文 献

[1] XIAO Y, LUBIN A A, HEEGER A J, PLAXCO K W. Label-free electronic detection of thrombin in blood serum by using an aptamer-based sensor[J]. Angewandte Chemie International Edition, 2005, 44(34): 5456 - 5459.

[2] THOMAS J M, CHAKRABORTY B, SEN D, YU H Z. Analyte-driven switching of DNA charge transport: De novo creation of electronic sensors for an early lung cancer biomarker[J]. Journal of the American Chemical Society, 2012, 134(33): 13823 - 13833.

[3] CAO Y, CHEN D, CHEN W, YU J, CHEN Z, LI G X. Aptamer-based homogeneous protein detection using cucurbit[7]uril functionalized electrode[J]. Analytica Chimica Acta, 2014, 812: 45 - 49.

[4] ZHAO J, HE X, BO B, LIU X, YIN Y, LI G X. A "signal-on" electrochemical aptasensor for simultaneous detection of two tumor markers[J]. Biosensors and Bioelectronics, 2012, 34: 249 - 252.

[5] HU R, WEN W, WANG Q, XIONG H, ZHANG X, GU H, WANG S. Novel electrochemical aptamer biosensor based on an enzyme-gold nanoparticle dual label for the ultrasensitive detection of epithelial tumour marker MUC1[J]. Biosensors and Bioelectronics, 2014, 53: 384 - 389.

[6] GAO T, LIU F, YANG D, YU Y, WANG Z, LI G X. Assembly of selective biomimetic surface

on an electrode surface: A design of nano-bio interface for biosensing [J]. Analytical Chemistry, 2015, 87(11): 5683 - 5689.

[7] IKEBUKURO K, KIYOHARA C, SODE C. Novel electrochemical sensor system for protein using the aptamers in sandwich manner[J]. Biosensors and Bioelectronics, 2005, 20: 2168 - 2172.

[8] LI C, WANG Z Y, GAO T, DUAN A, LI G X. Fabrication of hand-in-hand nanostructure for one-step protein detection[J]. Chemical Communications, 2013, 49: 3760 - 3762.

[9] CHEN J, ZHANG J, LI J, YANG H H, FU F, CHEN G N. An ultrasensitive signal-on electrochemical aptasensor via target-induced conjunction of split aptamer fragments [J]. Biosensors and Bioelectronics, 2010, 25: 996 - 1000.

[10] HU J, WANG T, KIM J, SHANNON C, EASLEY C J. Quantitation of femtomolar protein levels via direct readout with the electrochemical proximity assay[J]. Journal of the American Chemical Society, 2012, 134(16): 7066 - 7072.

[11] FAN C H, PLAXCO K W, HEEGER A J. Electrochemical interrogation of conformational changes as a reagentless method for the sequence-specific detection of DNA [J]. Proceedings of the National Academy of Sciences, 2003, 100(6): 9134 - 9137.

[12] LAI R Y, PLAXCO K W, HEEGER A J. Aptamer-based electrochemical detection of picomolar platelet-derived growth factor directly in blood serum[J]. Analytical Chemistry, 2007, 79(1): 229 - 233.

[13] FERRARIO A, SCARAMUZZA M, PASQUALOTTO E, DE TONI A, PACCAGNELLA A. Coadsorption optimization of DNA in binary self-assembled monolayer on gold electrode for electrochemical detection of oligonucleotide sequences[J]. Journal of Electroanalytical Chemistry, 2013, 689: 57 - 62.

[14] SHAO Z, YANG W, LAI R Y. A folding-based electrochemical aptasensor for detection of vascular endothelial growth factor in human whole blood[J]. Biosensors and Bioelectronics, 2011, 26: 2442 - 2447.

[15] DROLET D W, MOON-MCDERMOTT L, ROMIG T S. An enzyme-linked oligonucleotide assay [J]. Nature Biotechnology, 1996, 14: 1021 - 1025.

[16] GIUSTO D A D, WLASSOFF W A, JUSTIN GOODING J, MESSERLE B A, KING G C. Proximity extension of circular DNA aptamers with real-time protein detection[J]. Nucleic Acids Research, 2005, 33(6): e64.

[17] IKEBUKURO K, KIYOHARA C, SODE K. Electrochemical detection of protein using a double aptamer sandwich[J]. Analytical Letters, 2004, 37(14): 2901 - 2909.

[18] HAN B, DONG L, LI L, SHA L, CAO Y, ZHAO J. Mild reduction-promoted sandwich aptasensing for simple and versatile detection of protein biomarkers[J]. Sensors and Actuators B: Chemical, 2020, 325: 128762.

[19] HUANG W, WU X, GAO X, YU Y, LEI H, ZHU Z, SHI Y, CHENG Y, QIN M, WANG W, CAO Y. Maleimide-thiol adducts stabilized through stretching[J]. Nature chemistry, 2019, 11: 310 - 319.

[20] DUNN M R, JIMENEZ R M, CHAPUT J C. Analysis of aptamer discovery and technology[J]. Nature Reviews Chemistry, 2017, 1: 0076.

[21] ZHOU J, ROSSI J. Aptamers as targeted therapeutics: current potential and challenges [J]. Nature Reviews Drug Discovery, 2017, 16: 181 - 202.

[22] FANG X H, TAN W H. Aptamers generated from cell-SELEX for molecular medicine: a

chemical biology approach[J]. Accounts of Chemical Research, 2010, 43(1): 48 - 57.

[23] TAN W H, DONOVAN M J, JIANG J H. Aptamers from cell-based selection for bioanalytical applications[J]. Chemical Reviews, 2013, 113(4): 2842 - 2862.

[24] CHEN Z, LIU H, JAIN A, ZHANG L, LIU C, CHENG K. Discovery of aptamer ligands for hepatic stellate cells using SELEX[J]. Theranostics, 2017, 7(12): 2982 - 2995.

[25] MA H, LIU J, ALI M M, MAHMOOD M A I, LABANIEH L, LU M, IQBAL S M, ZHANG Q, ZHAO W, WAN Y. Nucleic acid aptamers in cancer research, diagnosis and therapy[J]. Chemical Society Reviews, 2015, 44: 1240 - 1256.

[26] MEHMOOD S, KHAN A Z, BILAL M, SOHAIL A, IQBAL H M N. Aptamer-based biosensors: A novel toolkit for early diagnosis of cancer[J]. Materials Today Chemisty, 2019, 12: 353 - 360.

[27] WU L, ZHU L, HUANG M, SONG J, ZHANG H, SONG Y, WANG W, YANG C Y. Aptamer-based microfluidics for isolation, release and analysis of circulating tumor cells[J]. Trends in Analytical Chemistry, 2019, 117: 69 - 77.

[28] XING H, HWANG K, LI J, TORABI S F, LU Y. DNA aptamer technology for personalized medicine[J]. Current Opinion in Chemical Engineering, 2014, 4: 79 - 87.

[29] ZHU G, CHEN X. Aptamer-based targeted therapy[J]. Advanced Drug Delivery Reviews, 2018, 134: 65 - 78.

[30] YOU M, CHEN Y, PENG L, HAN D, YIN B, YE B C, TAN W H. Engineering DNA aptamers for novel analytical and biomedical applications[J]. Chemical Science, 2011, 2: 1003 - 1010.

[31] WANG J.分析电化学[M].朱永春,张玲,译.北京：化学工业出版社,2008.

[32] 鞠熀先.电分析化学与生物传感技术[M].北京：科学出版社,2006.

[33] HASANZADEH M, SHADJOU N, DE LA GUARDIAM. Aptamer-based assay of biomolecules: Recent advances in electro-analytical approach[J]. Trends in Analytical Chemistry, 2017, 89: 119 - 132.

[34] VILLALONGA A, PEREZ-CALABUIG A M, VILLALONGA R. Electrochemical biosensors based on nucleic acid aptamers[J]. Analytical and Bioanalytical Chemistry, 2020, 412: 55 - 72.

[35] ZHANG X J, Ju H X, Wang J.电化学与生物传感器：原理、设计及其在生物医学中的应用[M].张书圣,李雪梅,杨涛,等译.北京：化学工业出版社,2009.

[36] WILLNER I, ZAYATS M. Electronic aptamer-based sensors[J]. Angewandte Chemie International Edition, 2007, 46(34): 6408 - 6418.

[37] KHANMOHAMMADI A, AGHAIE A, VAHEDI E, QAZVINI E, QAZVINI A, GHANEI M, AFKHAMI A, HAJIAN A, BAGHERI H. Electrochemical biosensors for the detection of lung cancer biomarkers: A review[J]. Talanta, 2020, 206: 120251.

[38] GHORBANI F, ABBASZADEH H, DOLATABADI J E N, AGHEBATI-MALEKI L, YOUSEFI M. Application of various optical and electrochemical aptasensors for detection of human prostate specific antigen: A review[J]. Biosensors and Bioelectronics, 2019, 142: 111484.

[39] RADI A, ACERO SANCHEZ J L, BALDRICH E, O'SULLIVAN C K. Reagentless, reusable, ultrasensitive electrochemical molecular beacon aptasensor[J]. Journal of the American Chemical Society, 2006, 128(1): 117 - 124.

[40] SCHOUKROUN L R, MACAZO F C, GUTIERREZ B, LOTTERMOSER J, LIU J, WHITE R J. Reagentless, structure-switching, electrochemical aptamer-based sensors[J]. Annual Review of Analytical Chemistry, 2016, 9: 163 - 181.

[41] LIU Y, TULEOUVA N, RAMANCULOV E, REVZIN A. Aptamer-based electrochemical

biosensor for interferon gamma detection[J]. Analytical Chemistry, 2010, 82(19): 8131 - 8136.

[42] WU Z, ZHENG F, SHEN G, YU R. A hairpin aptamer-based electrochemical biosensing platform for the sensitive detection of proteins[J]. Biomaterials, 2009, 30: 2950 - 2955.

[43] XIAO Y, LAI R Y, PLAXCO K W. Preparation of electrode-immobilized, redox-modified oligonucleotides for electrochemical DNA and aptamer-based sensing[J]. Nature Protocols, 2007, 2: 2875 - 2880.

[44] ZHANG J, SONG S, WANG L, PAN D, FAN C H. A gold nanoparticle-based chronocoulometric DNA sensor for amplified detection of DNA[J]. Nature Protocols, 2007, 2: 2888 - 2895.

[45] 李志果,戴建远,史艳青,毕树平.金电极基本性质的研究综述[J].分析测试学报,2012,31(9): 1170 - 1177.

[46] CARVALHAL R F, FREIRE R S, KUBOTA L T. Polycrystalline gold electrodes: A comparative study of pretreatment procedures used for cleaning and thiol self-assembly monolayer formation[J]. Electroanalysis, 2005, 17(14): 1251 - 1259.

[47] BURNS J A, BUTLER J C, MORAN J, WHITESIDES G M. Selective reduction of disulfides by tris(2-carboxyethyl)phosphine[J]. The Journal of Organic Chemistry, 1991, 56(8): 2648 - 2650.

[48] HERNE T M, TARLOV M J. Characterization of DNA probes immobilized on gold surfaces[J]. Journal of the American Chemical Society, 1997, 119(38): 8916 - 8920.

[49] YU H Z, LUO C Y, SANKAR C G, SEN D. Voltammetric procedure for examining DNA-modified surfaces: Quantitation, cationic binding activity, and electron-transfer kinetics [J]. Analytical Chemistry, 2003, 75(15): 3902 - 3907.

[50] GE B, HUANG Y C, SEN D, YU H Z. Electrochemical investigation of DNA-modified surfaces: From quantitation methods to experimental conditions[J]. Journal of Electroanalytical Chemistry, 2007, 602(2): 156 - 162.

[51] KJALLMAN T H M, PENG H, SOELLER C, TRAVAS-SEJDIC J. Effect of probe density and hybridization temperature on the response of an electrochemical hairpin-DNA sensor[J]. Analytical Chemistry, 2008, 80(24): 9460 - 9466.

[52] TANG Y, GE B, SEN D, YU H Z. Functional DNA switches: Rational design and electrochemical signaling[J]. Chemical Society Reviews, 2014, 43: 518 - 529.

[53] DENG M, LI M, LI F, MAO X, LI Q, SHEN J, FAN C H, ZUO X L. Programming accessibility of DNA monolayers for degradation-free whole-blood biosensors[J]. ACS Materials Letters, 2019, 1(6): 671 - 676.

[54] WHITE R J, PHARES N, LUBIN A A, XIAO Y, PLAXCO K W. Optimization of electrochemical aptamer-based sensors via optimization of probe packing density and surface chemistry[J]. Langmuir, 2008, 24(18): 10513 - 10518.

[55] VERICAT C, VELA M E, BENITEZ G, CARROB P, SALVAREZZA R C. Self-assembled monolayers of thiols and dithiols on gold: New challenges for a well-known system[J]. Chemical Society Reviews, 2010, 39: 1805 - 1834.

[56] REIMERS J R, FORD M J, MARCUCCIO S M, ULSTRUP J, HUSH N S. Competition of van der Waals and chemical forces on gold-sulfur surfaces and nanoparticles[J]. Nature Reviews Chemistry, 2017, 1: 0017.

[57] CHI Q, FORD M J, HALDER A, HUSH N S, REIMERS J R, ULSTRUP J. Sulfur ligand mediated electrochemistry of gold surfaces and nanoparticles: What, how, and why[J]. Current Opinion in Electrochemistry, 2017, 1(1): 7 - 15.

[58] BALAMURUGAN S, OBUBUAFO A, MCCARLEY R L, SOPER S A, SPIVAK D A. Effect of linker structure on surface density of aptamer monolayers and their corresponding protein binding efficiency[J]. Analytical Chemistry, 2008, 80(24): 9630 - 9634.

[59] LAI R Y, SEFEROS D S, HEEGER A J, BAZAN G C, PLAXCO K W. Comparison of the signaling and stability of electrochemical DNA sensors fabricated from 6 - or 11 - carbon self-assembled monolayers[J]. Langmuir, 2006, 22(25): 10796 - 10800.

[60] RICCI F, ZARI N, CAPRIO F, RECINE S, AMINE A, MOSCONE D, PALLESCHI G, PLAXCO K W. Surface chemistry effects on the performance of an electrochemical DNA sensor [J]. Bioelectrochemistry, 2009, 76: 208 - 213.

[61] YANG W, LAI R Y. Effect of diluent chain length on the performance of the electrochemical DNA sensor at elevated temperature[J]. Analyst, 2011, 136: 134 - 139.

[62] SHAVER A, CURITS S D, ARROYO-CURRAS N. Alkanethiol monolayer end groups affect the long-term operational stability and signaling of electrochemical, aptamer-based sensors in biological fluids[J]. ACS Applied Materials & Interfaces, 2020, 12(9): 11214 - 11223.

[63] KANG D, RICCI F, WHITE R J, PLAXCO K W. Survey of redox-active moieties for application in multiplexed electrochemical biosensors [J]. Analytical Chemistry, 2016, 88 (21): 10452 - 10458.

[64] KANG D, ZUO X L, YANG R, XIA F, PLAXCO K W, WHITE R J. Comparing the properties of electrochemical-based DNA sensors employing different redox tags[J]. Analytical Chemistry, 2009, 81(21): 9109 - 9113.

[65] MAYER M D, LAI R Y. Effects of redox label location on the performance of an electrochemical aptamer-based tumor necrosis factor-alpha sensor[J]. Talanta, 2018, 189: 585 - 591.

[66] YANG W, LAI R Y. Comparison of the stem-loop and linear probe-based electrochemical DNA sensors by alternating current voltammetry and cyclic voltammetry[J]. Langmuir, 2011, 27(23): 14669 - 14677.

[67] SALVAREZZAA R C, CARRO P. The electrochemical stability of thiols on gold surfaces[J]. Journal of Electroanalytical Chemistry, 2018, 819: 234 - 239.

[68] SANCHEZ-POMALES Z, SANTIAGO-RODRIGUEZ L, RIVERA-VELEZ N E, CABRERA C R. Control of DNA self-assembled monolayers surface coverage by electrochemical desorption[J]. Journal of Electroanalytical Chemistry, 2007, 611(1 - 2): 80 - 86.

[69] LI C, LI X, WEI L, LIU M, CHEN Y, LI G X. Simple electrochemical sensing of attomolar proteins using fabricated complexes with enhanced surface binding avidity[J]. Chemical Science, 2015, 6: 4311 - 4317.

[70] SEO H B, GU M B. Aptamer-based sandwich-type biosensors [J]. Journal of Biological Engineering, 2017, 11: 11.

[71] CHEN A, YAN M, YANG S. Split aptamers and their applications in sandwich aptasensors[J]. Trends in Analytical Chemistry, 2016, 80: 581 - 593.

[72] CSORDAS A T, JORGENSEN A, WANG J, GRUBER E, GONG Q, BAGLEY E R, NAKAMOTO M A, EISENSTEIN M, SOH H T. High-throughput discovery of aptamers for sandwich assays[J]. Analytical Chemistry, 2016, 88(22): 10842 - 10847.

[73] ZHANG Z, ZHAO X, LIU J, YIN J, CAO X. Highly sensitive sandwich electrochemical sensor based on DNA-scaffolded bivalent split aptamer signal probe [J]. Sensors and Actuators B: Chemical, 2020, 311: 127920.

[74] HERRASTI Z, DE LA SERNA E, RUIZ-VEGA G, BALDRICH E. Developing enhanced magnetoimmunosensors based on low-cost screen-printed electrode devices [J]. Reviews in Analytical Chemistry, 2016, 35(2): 53 - 85.

[75] ARDUINI F, MICHELI L, MOSCONE D, PALLESCHI G, PIERMARINI S, RICCI F, VOLPE G. Electrochemical biosensors based on nanomodified screen-printed electrodes: Recent applications in clinical analysis[J]. Trends in Analytical Chemistry, 2016, 79: 114 - 126.

[76] 滕渊洁.基于丝网印刷电极电化学传感器研究[D/OL].上海：华东理工大学，2010[2010 - 12 - 3]. https://kns.cnki.net/kcms/detail/detail.aspx?dbcode=CDFD&dbname=CDFD0911&filename=1011051472.nh&v = DfDfgIft9ZPmMrd4yQTj7bOMgcnycZY7h1mn5OlkVURMa05u22Byt1aTkkFZB4Ps.

[77] 胡鸿胜，吴广峰，朱文坚.微机电系统在生物医学领域中的应用发展[J].现代制造工程，2007，9：144 - 147.

[78] 许媛媛，边超，陈绍凤，夏善红.基于微/纳米加工技术的微型电化学免疫传感器研究[J].传感技术学报，2006，19(5)：2149 - 2152.

[79] HOGG P J. Disulfide bonds as switches for protein function[J]. Trends in Biochemical Sciences, 2003, 28(4): 210 - 214.

[80] 徐国恒.二硫键与蛋白质的结构[J].生物学通报，2010，45(5)：5 - 7.

[81] 仇晓燕，崔勐，刘志强，刘淑莹.蛋白质中二硫键的定位及其质谱分析[J].化学进展，2008，20(6)：975 - 983.

[82] RIDDLES P W, BLAKELEY R L, ZERNER B. Ellman's reagent: 5, 5′-dithiobis(2 - nitrobenzoic acid) — a reexamination[J]. Analytical Biochemistry, 1979, 94(1): 75 - 81.

[83] SINGH R, BLATTLER W A, COLLINSON A R. An amplified assay for thiols based on reactivation of papain[J]. Analytical Biochemistry, 1993, 213(1): 49 - 56.

[84] 王晓萍，洪夏云，詹舒越，黄子昊，庞凯.表面等离子体共振传感技术和生物分析仪[J].化学进展，2014，26(7)：1143 - 1149.

[85] 徐霞，叶尊忠，吴坚，应义斌.表面等离子体共振免疫传感器在蛋白质检测中的应用及其研究进展[J].分析化学，2010，38(7)：1052 - 1059.

[86] MASSON J. Surface plasmon resonance clinical biosensors for medical diagnostics [J]. ACS sensors, 2017, 2(1): 16 - 30.

[87] WU B, JIANG R, WANG Q, HUANG J, YANG X, WANG K, LI W, CHEN N, LI Q. Detection of C-reactive protein using nanoparticle-enhanced surface plasmon resonance using an aptamer-antibody sandwich assay[J]. Chemical Communications, 2016, 52: 3568 - 3571.

[88] HOYLE C E, BOWMAN C N. Thiol-ene click chemistry[J]. Angewandte Chemie International Edition, 2010, 49(9): 1540 - 1573.

[89] CHUDASAMA C, MARUANI A, CADDICK S. Recent advances in the construction of antibody-drug conjugates[J]. Nature chemistry, 2016, 8: 114 - 119.

[90] TSURKAN M V, CHWALEK K, PROKOPH S, ZIERIS A, LEVENTAL K R, FREUDENBERG U, WERNER C. Defined polymer-peptide conjugates to form cell-instructive starPEG-heparin matrices in situ[J]. Advanced Materials, 2013, 25(18): 2606 - 2610.

[91] BALDWINA A D, KIICK K L. Reversible maleimide-thiol adducts yield glutathione-sensitive poly (ethylene glycol)-heparin hydrogels[J]. Polymer chemistry, 2013, 4: 133 - 143.

[92] SALIMI S, KHEZRIAN R, HALLAJ R, VAZIRY A. Highly sensitive electrochemical aptasensor for immunoglobulin E detection based on sandwich assay using enzyme-linked aptamer [J].

Analytical Biochemistry，2014，466：89－97.

[93] TIG G A，PEKYARDIMCI S. An electrochemical sandwich-type aptasensor for determination of lipocalin-2 based on graphene oxide/polymer composite and gold nanoparticles[J]. Talanta，2020，210：120666.

6 纳米材料辅助的蛋白质电化学分析实验技术

纳米材料(nanomaterials)是目前材料科学、化学、生命科学和医学等领域的研究热点,被誉为21世纪最有前途的材料之一。广义上而言,纳米材料是在三维空间中至少有一个维度处于纳米尺度范围(即小于100 nm)的材料或由它们作为基本单元构成的材料。伴随着纳米材料各种性质的深入研究,纳米材料辅助的蛋白质电化学分析实验技术在近年来被大量报道。一方面,纳米材料各种独特的电化学性质、电子传导能力和催化活性为蛋白质电化学定量分析中的检测信号的获取提供了良好的条件。另一方面,纳米材料出色的生物相容性、巨大的比表面积和良好的吸附能力十分有利于抗体或核酸适体等分子识别元件在其表面的组装和固定,使得纳米材料和蛋白质定量分析之间可以方便地构建起连接桥梁。

6.1 纳米材料的性质

根据物理尺寸和形状的不同,纳米材料可以分为零维(zero-dimensional, 0-D)纳米材料、一维(one-dimensional, 1-D)纳米材料、二维(two-dimensional, 2-D)纳米材料和三维(three-dimensional, 3-D)纳米材料。得益于特殊的大小和物理状态,纳米材料通常具有表面效应、量子尺寸效应和宏观量子隧道效应,同时也各自派生出一些独特且出色的光、电、磁、热特性。

纳米颗粒是最经典的零维纳米材料,其在三维空间中各个尺度都处于纳米尺度范围,是生物分析实验技术中的首选纳米材料。以金纳米颗粒(gold nanoparticles, AuNPs)和银纳米颗粒(silver nanoparticles, AgNPs)为代表的金属纳米颗粒具有表面等离子体共振效应,使得它们的溶液在可见光照射下表现出特定的颜色,并在紫外-可见吸收光谱中呈现特征性的吸收峰。更有趣的是,这些金属纳米颗粒溶液的颜色和特征吸收峰的位置会随着纳米颗粒的尺寸、形状乃至分散状态的变化而改变,这为发展简单而通用的比色分析实验技术提供了便利。与此同时,这些金属纳米颗粒在电化学分析场景下也有着许多令人瞩目的性质。例如,金纳米颗粒具有良好的导电性能,能够有效地促进电极和电化学活性分子之间的电子传递，从而有效地提高电化学分析的灵敏性；银纳米颗粒具有显著且稳定的固态 Ag/AgCl 伏安响应，可以直接作为电化学分析实验技术中的电化学信号报告探针。除了金属纳米颗粒，半导体纳米颗粒（即量子点）也常被用于蛋白质等生物分子的分析检测。量子点（quantum dot, QD）一般是由Ⅱ-Ⅵ族元素（如 CdS、CdSe、CdTe、ZnSe 等）或Ⅲ-Ⅴ族元素（如 InP、InAs 等）组成的粒径在 1～10 nm 之间的单核或核壳结构纳米颗粒。由于量子限域效应，量子点具有分立的能级结构，使其在受到一定波长的光激发后可以发射荧光。与传统的有机荧光染料相比，量子点荧光效率高，摩尔消光系数大，荧光强度比普通有机荧光染料的强度高 20 倍以上；同时，量子点具有更加突出的荧光寿命和光稳定性，可以用于长时间的荧光分析；更重要的是，量子点的吸收光谱宽且连续，可以通过单一光源实现多色激发，发射光谱窄而对称，并且随着粒径和组成成分的变化而连续可调。1998 年，W. C. W. Chan 和 S. M. Nie 在国际上首次将转铁蛋白和抗体等蛋白质与量子点共链接，开创了量子点用于生物荧光分析的先河[1]。随后，G. P. Mitchell 等人将 DNA 功能化至量子点表面，进一步丰富了量子点的使用范畴[2]。近年来，诸多研究发现，量子点除了具有高效稳定的荧光发射，还具有显著的阳极溶出伏安响应以及独特的电化学发光和光电化学性质，这使得量子点不仅可以用于生物分子的荧光分析，而且在电化学分析以及电化学发光分析中也有着重要的用武之地。磁性纳米颗粒是另一种在生物分析实验技术中应用十分广泛的纳米颗粒。一方面，磁性纳米颗粒可以与抗体、核酸适体等偶联，从而在外加磁场的作用下，实现复杂样本中目标生物分子的富集和分离。另一方面，磁性纳米颗粒可以作为核磁共振分析的信号标记或者表面等离子体共振分析的信号增强元件，有利于提高分析的灵敏性。此外，一些磁性纳米颗粒，如四氧化三铁纳米颗粒（iron oxide nanoparticle）被发现是一种纳米酶，具有内在的催化活性，这为生物分析实验技术的发展提供了新的契机。

一维纳米材料主要包括纳米管（nanotube）、纳米棒（nanorod）和纳米纤维（nanofiber）等，其在三维空间中有两个尺度处于纳米尺度范围。单壁和多壁碳纳米管（carbon nanotubes, CNTs）是在生物分析实验技术中应用最早、研究最为深入的一维纳米材料。首先，碳纳米管具有优异的化学修饰潜能和生物相容性，既可以通过共价方式又可以通过静电吸附、π-π 堆叠等非共价方式与抗体、核酸适体等分子识别元件相结合，使得碳纳米管很有希望将各类分子识别事件转化为可检测的物理信号。其次，碳纳米管具有出色的导电性、低背景噪声、宽电位窗和高稳定性，能够有效地促进电化学活性分子与电极之间的快速电子转移，可以为生物分子的电化学分析提供有力的支持。再次，碳纳米管具有距离依赖性的荧光淬灭能力，通过调节碳纳米管与荧光基团之间的距离，可以设计简便、高效的荧光分析体系。作为二维纳米材料的典型代表，石墨烯（graphene）是一种具有片层结构的新型碳纳米材料。自 2004 年被首次机械剥离以来，石墨烯及其衍生物（如氧化石墨烯、还原型氧化石墨烯）得益于其高比表面积、易功能化和卓越的电子转移能力而备受瞩目。石墨烯不仅能够与多种生物分子（如单链 DNA 和含有芳香族氨基酸的多肽）通过 π-π 堆叠相互作用，而且可以作为荧光基团的有效淬灭元件，更是可以作为原位合成金、银等纳米颗粒的载体，这种多样性使得石墨烯成为近年来生物分析领域最耀眼的明星材料。受到石墨烯研究和成功应用的鼓舞，一系列新型二维纳米材料在过去的几年里被不断的合成和报道，例如二硫化钼(molybdenum disulfide，MoS_2)、二硫化钨(tungsten disulfide，WS_2)等过渡金属硫化物纳米片层(nanosheets)、二氧化锰(manganese dioxide，MnO_2)等过渡金属氧化物纳米片层以及二维过渡金属碳化物和氮化物(two-dimensional transition metal carbides and nitrides，即 MXenes)。这些二维纳米材料具有与石墨烯相似的平面结构和优异的理化性质，为生物分子的分析提供了新的解决方案。

随着纳米技术的迅速发展，各种各样的新型纳米材料不断涌现，这为生物分析实验新技术的发展提供了更多的选择。例如，纳米孔(nanopore)是一种最近 20 年发展起来的受到许多研究者关注的崭新纳米材料。纳米孔通常是在人工膜上再造的具有纳米尺寸的孔道，主要分为两类：一类是天然的具有纳米尺寸孔道的膜蛋白，如金黄色葡萄球菌 α-溶血素(*Staphylococcus aureus* α-hemolysin，α-HL)、大肠杆菌溶血素 A(*Escherichia coli* Cytolysin A，ClyA)、嗜水气单胞菌气溶素(*Aeromonas hydrophila* aerolysin)和噬菌体 phi29 DNA 聚合酶等；另一类是人工合成的固态纳米孔，如利用二氧化硅、氮化硅、石墨烯等材料加工形成的纳米孔。纳米孔具有可观的单分子容量、可重现的原子级精度、可控的纳米结构和可定点突变的孔道界面；利用依赖于膜片钳的单通道电流信号检测模式，纳米孔可以十分便利地用于核酸、多肽、多糖、蛋白质等生物分子的高时空分辨率的单分子水平电化学分析，其基本工作原理是在纳米孔两端施加一个外加电场，通过测定离子流经纳米孔的皮安级的微弱电流信号变化来确定待测分子的浓度等信息。与此同时，通过引入荧光标记离子流或者分析物，纳米孔可以与荧光成像技术相结合，实现实时、高通量、可视化的单通道光学分析。DNA 纳米材料是生物分析实验技术中使用的另一种新型的、重要的且极具潜力的纳米材料，包括 DNA 四面体(DNA tetrahedron)、DNA 水凝胶(hydrogel)、基于 DNA 瓦片(DNA tile)的模块结构、DNA 折纸结构(DNA origami)以及 DNA 镊子、DNA 步行者(DNA walker)等动态 DNA 结构等。这些 DNA 纳米材料以 DNA 单链为基本单元，不仅具有严格的碱基互补配对原则和精细的空间结构，而且具有生物高聚物的化学性质，易于被信号分子修饰或与功能分子偶联。这些特性使得 DNA 纳米材料具有精确的空间可编程性、可预测性和生物相容性，可以通过简单而又巧妙的设计对待分析样品中的目标生物分子产生响应，从而输出特定的光、电、磁等信号，实现对目标分子的分析。

6.2 纳米材料在蛋白质电化学定量分析中的应用

纳米材料与电化学分析实验技术的联用不仅可以为蛋白质的定量分析提供新的路径和创意，而且可以提高分析的灵敏性和特异性。纳米材料在蛋白质电化学定量分析中的应用主要包括制备功能化电极、固定或负载生物分子、输出电化学响应信号以及控制电极过程的有序进行等。

无论是以金纳米颗粒和银纳米颗粒为代表的金属纳米颗粒还是以碳纳米管、石墨烯为代表的碳纳米材料都具有出色的导电性；它们不仅可以促进电子在“电极/电解质”界面的传递速率，而且可以提高氧化还原物质的电极反应可逆性。因此，在工作电极的功能化修饰和制备过程中引入纳米材料已经成为提高蛋白质电化学分析实验技术分析表现的常规设计。例如，J. F. Rusling 课题组在热解石墨电极表面修饰单臂碳纳米管，借助所形成的碳纳米管森林对电子传递的良好促进作用，实现了最低 4 pg/mL 前列腺特异抗原的灵敏分析[3]。A. J. Haque 等人通过电嫁接和电化学还原等步骤在氧化铟锡电极表面修饰还原型氧化石墨烯，建立了一种十分灵敏的夹心型电化学免疫分析实验技术，对目标蛋白质小鼠 IgG 的检测下限可以低至 100 fg/mL[4]。笔者等人在这个领域也做了一些工作。例如，我们在金电极表面借助 Au-S 键自组装和碱基互补配对过程构建了由 DNA 和金纳米颗粒共同组成的分子网络，进而利用该网络吸附目标蛋白质细胞色素 c，并借助金纳米颗粒出色的导电性获得了细胞色素 c 显著的直接电化学响应，实现了低至 0.67 nmol/L 细胞色素 c 的分析[5]。在另一项工作中，我们考察了石墨烯量子点功能化电极用于生物分析的可行性；实验结果表明，通过简单的核酸适体/石墨烯量子点组装过程，我们制备的石墨烯量子点功能化电极可以用于目标蛋白质凝血酶的灵敏电化学分析，检测限为 100 nmol/L[6]。

纳米材料具有大的比表面积、出色的生物相容性和良好的表面活性，可以通过共价或非共价相互作用有效地链接各类生物分子，并维持其结构和功能的稳定性。诸多研究表明，抗体、核酸适体等分子识别元件都可以通过纳米材料的作用而固定至电极表面并保持良好的分子识别活性，这为蛋白质电化学分析实验技术的建立打下了良好的基础。例如，Y. Zheng 等人首先在玻碳电极表面功能化修饰聚乙烯亚胺复合石墨烯，随后利用复合纳米材料的游离氨基与抗体分子的自由羧基之间的缩合反应，成功地将抗体固定至电极表面[7]。J. S. del Río 等人在金电极表面修饰由戊二醛交联的牛血清白蛋白和金纳米颗粒组成的三维纳米复合材料，继而利用复合材料中牛血清白蛋白分子内的羧基与抗体分子内的自由氨基之间的缩合反应，实现了抗体的电极界面固定；通过这种方式构建的抗体功能化电极不仅表现出良好的免疫反应活性和特异性，而且可以有效地减少非特异性吸附现象[8]。L. Ye 等人在丝网印刷碳电极表面通过电化学沉积的方式修饰高曲率金纳米材料，为巯基修饰 DNA 在电极表面的固定提供了良好的媒介[9]。Y. Lin 等人在金电极表面修饰生物素功能化的 DNA 四面体纳米结构，进而利用生物素与链霉亲和素之间的相互作用将生物素化抗体固定至电极表面；研究表明，这种基于 DNA 四面体纳米结构的抗体固定方法，不仅可以提高抗体与目标蛋白质之间的免疫反应效率，降低非特异性吸附，而且可以通过引入稳定的内参比标记，实现电化学响应信号误差的有效校正[10]。除了用于分子识别元件的电极表面固定，纳米材料与生物分子之间的链接也使得纳米材料可以作为构建电化学响应信号放大体系的有效单元。金纳米颗粒是这方面应用中的佼佼者：一方面，金纳米颗粒可以通过静电或疏水相互作用负载大量的酶分子，从而向分析体系中引入高效的生物催化反应，实现电化学响应信号的放大；另一方面，金纳米颗粒表面可以共价修饰大量的单链 DNA，利用 DNA 的磷酸骨架与正电性的电化学探针分子（如六氨合钌）之间的静电作用，显著地提高分析体系的电化学响应信号。

除了制备功能化电极和固定或负载生物分子，纳米材料也可以作为蛋白质电化学分析实验技术中电化学响应信号的来源。某些纳米材料可以在适宜的条件下产生直接且稳定的电化学响应信号，因而可以被用作纳米信号标记来辅助电化学分析实验技术的发展。例如，银纳米颗粒在氯化钾溶液中进行线性伏安扫描时可以得到显著的固态 Ag/AgCl 伏安响应；金纳米颗粒、铜纳米颗粒以及 CdS、CdTe 量子点等在强酸处理后会释放出大量的金属离子，后者可以通过阳极溶出伏安法被灵敏地读出电化学响应信号。早在十余年前，南京大学朱俊杰教授课题组就利用 CdTe 量子点作为纳米信号标记，建立了一种用于人免疫球蛋白 IgG 定量分析的电化学实验技术，检测限低至 1.5 pg/mL[11]；新加坡生物工程和纳米技术研究所 J. Y. Ying 教授课题组利用银纳米颗粒的固态 Ag/AgCl 伏安响应，实现了 1 fg/mL～1 ng/mL 范围内前列腺特异抗原的定量分析[12]。最近，南京师范大学戴志晖教授课题组使用铜纳米颗粒和银纳米颗粒分别作为特异性识别和标记蛋白质分子表面的多糖和岩藻糖基团的纳米探针，并利用这两种纳米颗粒的电化学响应信号完成了肝细胞癌标志物甲胎蛋白 AFP 和甲胎蛋白异质体 AFP-L3 的精确分析[13]。某些纳米材料具有良好的催化活性或电催化活性，这为电化学响应信号的获取提供了另一条可行的路径。例如，铂纳米颗粒可以在电极表面催化过氧化氢反应生成水，这一过程会产生明显的电化学响应信号；通过将铂纳米颗粒介导的电催化过程与化学催化过程相结合，笔者等人发展了一种用于吲哚胺 2,3 -双加氧酶分析的电化学实验技术[14]。又例如，金纳米颗粒能够催化对硝基酚（*p*-nitrophenol）还原为对氨基苯酚（*p*-aminophenol）；这是一个十分快速的反应，且基本不受金纳米颗粒表面修饰（如抗体组装）的影响；更有趣的是，通过使用二茂铁作为电子媒介体，反应生成的对氨基苯酚可以被电化学氧化为醌亚胺（*p*-quinone imine），后者可以被硼氢化钠重新还原为对氨基苯酚。通过将上述纳米催化反应过程、电化学氧化过程、化学还原过程与免疫反应过程相偶联，J. Das 等人成功地实现了免疫球蛋白 IgG 和前列腺特异抗原的电化学定量分析；在最佳的实验条件下，他们发展的电化学分析实验技术对于两种目标蛋白质的分析下限均可以达到 1 fg/mL[15]。

此外，纳米材料可以用作电极反应过程的控制开关。例如，湖南大学蒋健晖教授课题组在金电极表面通过 Au-S 键自组装长链巯基烷烃（如十八烷基硫醇），并分别使用磁珠和磷脂功能化的多壁碳纳米管负载抗体，建立了一种用于前列腺特异抗原分析的电化学实验技术[16]。在该技术中，多壁碳纳米管可以有效地控制电极反应过程的“开”与“关”；具体而言，当前列腺特异抗原不存在时，电极表面的长链烷烃阻碍了电化学探针分子（如羧酸二茂铁）与电极之间的电子传递，使得电极反应过程处于关闭状态；当前列腺特异抗原存在时，多壁碳纳米管借助免疫反应和磁场作用被吸附至电极表面，其良好的导电性可以启动电极反应过程，使得电化学探针分子与电极之间发生电子传递并产生明显的电化学响应信号用于前列腺特异抗原的定量分析。

6.3 金纳米颗粒辅助的蛋白质电化学分析实验技术

6.3.1 原理

金纳米颗粒是蛋白质电化学定量分析中一种非常引人注目的纳米材料，其不仅可以通过各种组装或修饰技术固定至电极表面，加速电子传递或固定分子识别元件；而且可以借助自身的电化学响应和催化活性，成为电化学响应信号的直接来源；更可以用作电化学响应信号放大体系的基本组成单元，提高实验技术的分析灵敏性。金纳米颗粒的银沉积是最常见的电化学响应信号放大体系，其基本原理是金纳米颗粒可以促进银离子的还原并作为模板沉积大量的银原子，后者可以进一步在氯化钾溶液中输出可观的固态 Ag/AgCl 伏安响应信号。除此之外，金纳米颗粒可以通过 Au-S 键自组装大量的单链 DNA，制备得到具有电化学响应信号放大潜力的 DNA -金纳米颗粒探针。2006 年，樊春海院士课题组首次报道了一种运用 DNA -金纳米颗粒探针直接作为信号放大载体的核酸电化学分析实验技术[17]。在该技术中，目标核酸可以分别与固定在电极上的捕获 DNA 以及修饰在金纳米颗粒表面的报告 DNA 相互杂交，形成一个类似三明治的结构；此时，大量的报告 DNA 由金纳米颗粒引入电极表面，继而通过静电作用吸附大量的电化学探针分子六氨合钌，产生显著放大的电化学响应。随后，笔者所在课题组和湖南大学聂舟教授课题组先后将这种依赖于 DNA -金纳米颗粒探针的电化学响应信号放大体系应用于蛋白质的定量分析，取得了十分理想的效果[18,19]。

图 6 - 1 展示了一种利用 DNA -金纳米颗粒探针进行信号放大的蛋白质电化学分析实验技术。如图所示，该技术中使用了一段 5′末端修饰有巯基基团的单链 DNA(称为 P1)，

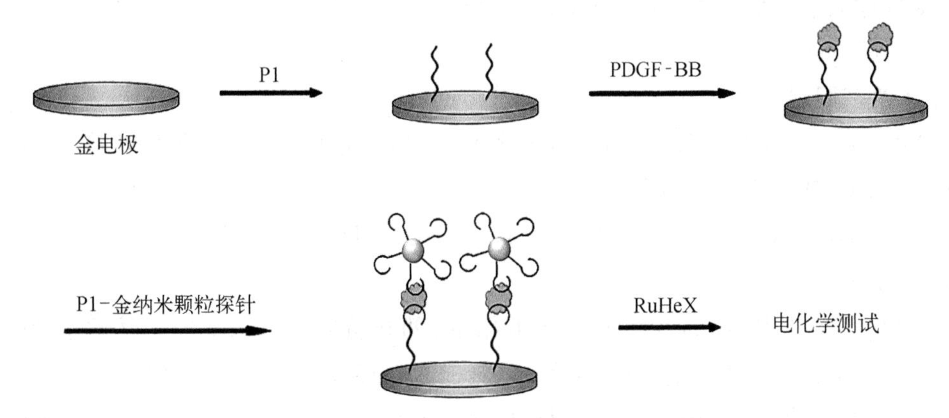

图 6 - 1 利用 DNA -金纳米颗粒探针进行信号放大的蛋白质电化学分析实验技术的原理示意图[18]

其包含有目标蛋白质(此处以血小板衍生生长因子 BB(platelet derived growth factor BB, PDGF-BB)为例)的核酸适体序列。在初始状态下，利用末端修饰的巯基与金之间的 Au-S 键，P1 分别自组装于金电极和金纳米颗粒表面。当分析体系中含有目标蛋白质时，目标蛋白质能够依次与电极表面的 P1 和金纳米颗粒表面的 P1 特异性结合，形成夹心三明治结构，并将金纳米颗粒固定至电极表面。在这种状态下，由于金纳米颗粒巨大的比表面积，一个纳米颗粒上可以同时组装数百条 P1 链。因此，相比于初始状态下的电极表面，金纳米颗粒引入后的电极表面存在更多的 DNA 链，可以静电吸附的电化学探针分子六氨合钌(RuHex)的数量大大增加，这使得目标蛋白质的灵敏分析成为可能。

6.3.2　基本实验流程

(1) 涉及的化学试剂及其英文名称(或英文缩写)

① 氢氧化钠：NaOH；

② 硫酸：H_2SO_4；

③ 氯化钾：KCl；

④ 三(羟甲基)氨基甲烷：Tris；

⑤ 乙二胺四乙酸二钠：EDTA；

⑥ 盐酸：HCl；

⑦ 三(2-羰基乙基)磷盐酸盐：TCEP；

⑧ 氯化钠：NaCl；

⑨ 磷酸氢二钠：Na_2PO_4；

⑩ 磷酸二氢钾：KH_2PO_4；

⑪ 6-巯基己醇：MCH；

⑫ 六铵合钌：$[Ru(NH_3)_6]^{3+}$，RuHex；

⑬ 氯金酸：gold (III) chloride trihydrate，$HAuCl_4$；

⑭ 柠檬酸钠二水合物：sodium citrate dihydrate；

⑮ 乙酸：acetic acid。

(2) 溶液配制

① 0.5 mol/L NaOH 溶液：准确称取 2.0 g NaOH，使用蒸馏水溶解后转移至 100 mL 容量瓶中，加蒸馏水定容至刻度。

② 0.5 mol/L H_2SO_4 溶液：准确量取 5.4 mL 浓 H_2SO_4，缓慢加入 200 mL 蒸馏水中，混合均匀。

③ 0.01 mol/L KCl/0.1 mol/L H_2SO_4 溶液：准确称取 0.149 1 g KCl，溶解于 200 mL 蒸馏水中，随后向其所得到的 KCl 溶液中缓慢加入 1.16 mL 浓 H_2SO_4，混合均匀。

④ TE 缓冲液(0.01 mol/L Tris-HCl，含 0.1 mmol/L EDTA，pH 7.8)：准确称取 0.121 14 g Tris 和 3.72 mg EDTA，使用蒸馏水溶解并用 HCl 溶液调节 pH 至 7.8 后，转

移至 100 mL 容量瓶中，加蒸馏水定容至刻度。

⑤ P1 母液：根据实验需要，设计适当的 5′末端修饰有巯基基团的 P1 并委托专业化学合成公司合成（注意：由于位阻效应，临近金电极或金纳米颗粒表面的 DNA 序列难以与其目标蛋白质或互补链反应；因此，应在 P1 末端修饰的巯基基团与具有功能性的碱基序列之间额外增加 10～15 个聚胸腺嘧啶作为间隔序列；参考笔者所在课题组的工作，我们给出了一段可以使用的 P1 序列，供读者借鉴：5′-TTT TTT TTT TTT CAG GCT ACG GCA CGT AGA GCA TCA CCA TGA TCC TG-3′）；待收到公司交付的 P1 冻干粉后，首先以 12 000 r/min 的转速在室温下离心装有冻干粉的离心管 10 min，随后小心打开离心管盖并加入适当体积的 TE 缓冲液，振荡溶解后得到浓度为 100 μmol/L 的 P1 母液；根据实验需要，将配置得到的 P1 母液分装至多个离心管中，分别置于−20℃条件下保存，以避免实验过程中的反复冻融。

⑥ 0.01 mol/L TCEP 溶液：准确称取 2.87 mg TCEP，溶解于 1.0 mL 蒸馏水中。

⑦ 10×PBS：准确称取 80 g NaCl、11.36 g Na_2PO_4、2.7 g KH_2PO_4 和 2.0 g KCl，溶解于 1 000 mL 蒸馏水中；该溶液使用蒸馏水稀释 10 倍即得到 1×PBS。

⑧ 0.002 mol/L MCH 溶液：准确移取 0.4 μL MCH，加入 1.0 mL 0.01 mol/L Tris-HCl 缓冲液中，混合均匀。

⑨ 0.01 mol/L Tris-HCl 缓冲液（pH 7.4）：准确称取 0.121 14 g Tris，使用蒸馏水溶解并用 HCl 溶液调节 pH 至 7.4 后，转移至 100 mL 容量瓶中，加蒸馏水定容至刻度。

⑩ 0.01 mol/L RuHex 溶液：准确称取 3.1 mg RuHex，溶解于 1.0 mL 蒸馏水中。

⑪ 王水：浓盐酸和浓硝酸按照 1∶3 的体积比混合；该溶液具有强腐蚀性，配置和使用时需格外注意实验安全。

⑫ 0.001 mol/L 氯金酸溶液：准确称取 78.8 mg 氯金酸，溶解于 200 mL 蒸馏水中。

⑬ 0.038 8 mol/L 柠檬酸钠溶液：准确称取 1.141 g 柠檬酸钠二水合物，溶解于 100 mL 蒸馏水中。

⑭ 12 mol/L NaOH 溶液：准确称取 48.0 g NaOH，溶解于 100 mL 蒸馏水中。

⑮ 0.5 mol/L Tris-乙酸缓冲液（pH 8.2）：准确称取 6.057 g Tris，使用蒸馏水溶解并用乙酸调节 pH 至 8.2 后，转移至 100 mL 容量瓶中，加蒸馏水定容至刻度。

⑯ 1 mol/L NaCl 溶液：准确称取 5.844 g NaCl，溶解于 100 mL 蒸馏水中。

⑰ 0.01 mol/L PBS（含 0.1 mol/L NaCl，pH 7.0）：准确称取 1.42 g Na_2PO_4、0.27 g KH_2PO_4 和 5.844 g NaCl，使用蒸馏水溶解并调节 pH 至 7.0 后，转移至 1 000 mL 容量瓶中，加蒸馏水定容至刻度。

⑱ PBST 溶液：准确量取 0.5 mL Tween-20，加入 100 mL 1×PBS 中；该溶液可以在 4℃条件下保存 1 个月。

（3）工作电极预处理

本实验使用直径为 3 mm 的圆盘形状的金电极作为工作电极，并按照如下过程进行预处理。

对于前期已经使用过的金电极，考虑到电极表面可能存在残留的巯基化合物，需要将金电极置于 0.5 mol/L NaOH 溶液中进行循环伏安扫描，扫描电位范围为－0.35～－1.35 V，扫速为 1 V/s。对于第一次使用的金电极，可以略过本步骤，直接进行后续预处理。

随后，分别使用 3 000 目和 5 000 目的砂纸将金电极打磨处理 1～2 min，继而依次用直径为 1.0 μm、0.3 μm 和 0.05 μm 的铝粉将金电极在人造绒抛光布上抛光 3 min，去除电极表面的污染物。

依次使用无水乙醇和蒸馏水超声处理 3 min 后，将金电极浸入 0.5 mol/L H_2SO_4 溶液中，先后施加一个持续 5 s 的＋2 V 电压和一个持续 10 s 的－0.35 V 电压，继而进行循环伏安扫描直至图谱稳定（扫描电位范围为－0.35～1.5 V，扫速为 0.1 V/s，扫描圈数为 5～10 圈）。

最后，采用氧吸附法测定预处理后的金电极的实际面积（详见本书章节 4.3.2），使用蒸馏水将电极冲洗干净并用氮气吹干。

(4) P1 功能化金电极的制备

① 使用移液器准确移取 1 μL 100 μmol/L P1 母液和 1 μL 0.01 mol/L TCEP 溶液至 200 μL 微量离心管中，室温或 25℃条件下混合反应 60 min，以破坏 P1 分子内或分子间的二硫键；随后，使用 1×PBS 将离心管中的液体体积补充至 500 μL，得到终浓度为 0.2 μmol/L 的 P1 溶液；该溶液应立即用于功能化电极的制备，以免 P1 末端的巯基基团再次形成二硫键。

② 使用移液器准确移取 10 μL 步骤①得到的 0.2 μmol/L P1 溶液，滴加至预处理后的金电极表面，4℃条件下置于黑暗环境中反应过夜，使 P1 自组装于金电极表面；在该过程中，使用塑料电极帽盖住电极，以免 P1 溶液挥发；自组装完成后，使用蒸馏水冲洗电极并用氮气吹干，除去未发生组装的 P1。

③ 将步骤②得到的金电极浸入 100 μL 新鲜配置的 0.002 mol/L MCH 溶液中，室温或 25℃条件下反应 2 h；之后，将电极使用蒸馏水冲洗并用氮气吹干，去除多余的 MCH 分子，得到制备完好的 P1 功能化金电极；该电极应尽快用于后续实验，如果需要暂时保存，可以将该电极浸入 1×PBS 中 4℃条件下保存不超过 1 周。

④ 将步骤③得到的 P1 功能化金电极插入盛有 5 mL 0.01 mol/L Tris-HCl 缓冲液的电化学测试池中（*注意：所使用的 Tris-HCl 缓冲液应预先通入纯净氮气处理 15 min，以除去溶液中的溶解氧*），按照如下参数进行计时库仑（chronocoulometry, CC）测定：初始电位 0.2 V，终止电位－0.5 V，阶跃次数 2 次，脉冲宽度 0.25 s，采样间隔 0.002 s，静止时间 2 s，灵敏度 5×10^{-5} A/V；将测定得到的电量 Q 对时间的平方根（$t^{1/2}$）作图，根据图中 Q 与 $t^{1/2}$ 的 Anson 相关直线在 $t=0$ 处的截距，得到 P1 功能化金电极双电层电容的充电电量 Q_{dl}。

⑤ 将 P1 功能化金电极从 Tris-HCl 缓冲液中取出；随后，向 Tris-HCl 缓冲液中加入

25 μL 0.01 mol/L RuHex 溶液，混合均匀后通入纯净氮气处理 15 min；随后，再次将 P1 功能化金电极插入，并重复步骤④中的计时库仑测定和作图处理过程，得到 P1 功能化金电极双电层电容充电电量 Q_{dl} 和吸附在电极表面的 RuHex 反应电量的总和 Q_{total}。

⑥ 根据步骤④和步骤⑤分别得到的 Q_{dl} 和 Q_{total} 以及式(6.1)，计算得到 P1 在金电极表面的自组装密度 Γ_{P1}(molecules/cm²)。

$$\Gamma_{P1}=\frac{Q_{total}-Q_{dl}}{nFA}\cdot\frac{z}{m}\cdot N_A \tag{6.1}$$

式中，n 代表 RuHex 氧化还原反应的得失电子数，F 代表法拉第常数(C/mol)，A 代表金电极的面积(cm^2)，z 代表氧化还原分子的电荷数，m 代表 P1 所含碱基的数目，N_A 代表阿伏伽德罗常数(molecules/mol)。

(5) P1－金纳米颗粒探针的制备

① 使用新鲜配置的王水浸泡金纳米颗粒制备所需要使用的三颈烧瓶、量筒、烧杯、冷凝管等玻璃器皿；30 min 后，将使用后的王水收集至强酸废液桶内，依次使用大量的自来水和蒸馏水将玻璃器皿冲洗干净；随后，将玻璃器皿置于烘箱中烘干备用。

② 将 250 mL 容积的三颈烧瓶装上冷凝管，向其中加入 200 mL 新鲜配置的 0.001 mol/L 氯金酸溶液，在剧烈搅拌的条件下将溶液加热至沸腾；随后，向三颈烧瓶中迅速加入 20 mL 新鲜配置的 0.038 8 mol/L 柠檬酸钠溶液，继续加热并搅拌；在该过程中，可以观察到溶液颜色逐渐呈现酒红色，说明金纳米颗粒正在逐渐形成；15 min 后，停止加热，继续搅拌溶液；30 min 后，停止搅拌，将溶液置于室温下避光过夜；最后，使用 0.22 μm 的滤纸过滤溶液，将所得到的滤液转移至棕色瓶中，置于 4℃条件下保存；通过上述过程制备得到的金纳米颗粒表面被柠檬酸所保护，直径约为 13 nm，浓度约为 3.5 nmol/L。

③ 使用 12 mol/L NaOH 溶液浸泡容积为 2 mL 的玻璃瓶；5 min 后，将使用后的 NaOH 溶液收集至强碱废液桶内，使用蒸馏水将玻璃瓶冲洗干净；这一步的目的是防止后续步骤中金纳米颗粒吸附至瓶壁上。

④ 向微量离心管中准确加入 99 μL 100 μmol/L P1 母液；随后，向该溶液中加入 1 μL 0.01 mol/L TCEP 溶液，室温或 25℃条件下混合反应 60 min。

⑤ 向 NaOH 溶液浸泡处理后的玻璃瓶中依次加入 1 mL 步骤②制备得到的金纳米颗粒和 35 μL 步骤④活化后的 P1 溶液，轻轻摇晃玻璃瓶使两者混合均匀；之后，将玻璃瓶放入抽屉中，避光静置至少 16 h，使 P1 自组装于金纳米颗粒表面。

⑥ 在轻轻摇晃的同时，向玻璃瓶中逐滴加入 10 μL 0.5 mol/L Tris－乙酸缓冲液(pH 8.2)；随后再逐滴加入 120 μL 1 mol/L NaCl 溶液(*注意：滴加 NaCl 溶液的速度应尽可能缓慢，以避免局部盐浓度过高导致金纳米颗粒聚集；滴加过程可以分 6 次进行，每次滴加 20 μL，每次间隔 30 min；滴加后，金纳米颗粒溶液中 NaCl 终浓度约为 0.1 mol/L*)；滴加结束并混合均匀后，将玻璃瓶再次放入抽屉中，避光静置至少 40 h。

⑦ 将步骤⑥得到的金纳米颗粒溶液以 16 600 r/min 的转速在 4℃条件下离心 15 min，弃去上清，将红色沉淀物重新分散于 1 mL 0.01 mol/L PBS(含 0.1 mol/L NaCl，pH 7.0)中；重复离心 3 次，尽可能地去除溶液中未组装的 P1。

(6) 目标蛋白质的定量分析

① 准确称取 0.5 mg PDGF-BB 标准品冻干粉，溶解于 1 mL 1×PBS 中，得到浓度为 0.5 mg/mL 的 PDGF-BB 母液；随后，根据实验需要，使用 1×PBS 将 PDGF-BB 母液稀释为 0.1～100 ng/mL 的一系列不同浓度的 PDGF-BB 标准溶液。

② 将制备得到的 P1 功能化金电极插入添加有 25 μL 0.01 mol/L RuHex 溶液的 5 mL 0.01 mol/L Tris-HCl 缓冲液中，依照“(4) P1 功能化金电极的制备”环节步骤④中的参数进行计时库仑测定并作图，记录此时得到的图中 Q 与 $t^{1/2}$ 的 Anson 相关直线在 $t=0$ 处的截距为 Q_{P1}。

③ 将 P1 功能化金电极使用 1×PBS 冲洗干净并用氮气吹干，随后将其浸入 100 μL 100 ng/mL PDGF-BB 标准溶液中，室温或 25℃条件下反应 1 h，以实现 PDGF-BB 与电极表面的 P1 之间的特异性识别结合。

④ 使用 PBST 溶液将金电极彻底冲洗干净并用氮气吹干；随后，向金电极表面滴加 20 μL P1-金纳米颗粒探针溶液，使用塑料电极帽盖住电极，室温或 25℃条件下反应 1 h，使金纳米颗粒通过 P1 与目标蛋白质 PDGF-BB 之间的识别结合而固定至金电极表面。

⑤ 将金电极使用 PBST 溶液彻底冲洗干净并用氮气吹干；随后，重复步骤②，记录此时得到的图中 Q 与 $t^{1/2}$ 的 Anson 相关直线在 $t=0$ 处的截距为 Q_{AuNPs}。

⑥ 计算 P1 功能化金电极与 PDGF-BB 以及 P1-金纳米颗粒探针反应前后的电量变化值，并将其定义为定量分析所使用的信号值，即 $signal=Q_{AuNPs}-Q_{P1}$；相比于直接使用 Q_{AuNPs} 进行定量分析，电量变化值可以在一定程度上排除电极差异所引起的分析误差，提高蛋白质定量分析的准确性和可重复性。

⑦ 重复步骤②～⑥，获得一系列不同浓度的 PDGF-BB 标准溶液的 *signal* 值；为了保证分析的准确性，每一个浓度的 PDGF-BB 标准溶液均需进行 3 组以上的重复分析，且所得到的 *signal* 值的组间相对标准偏差应不大于 5%或 10%；以 PDGF-BB 标准溶液的浓度为横坐标，以对应的平均 *signal* 值为纵坐标，绘制相关曲线，并在一定的浓度范围内，拟合线性相关曲线，得到线性回归方程。

⑧ 重复步骤②～⑥，获得样品溶液 3 组以上的 *signal* 值；将样品溶液的平均 *signal* 值代入线性回归方程，计算得到样品溶液中 PDGF-BB 的浓度。

6.3.3 关键技术要点

技术要点 1

本实验技术中使用的金纳米颗粒合成方法是柠檬酸钠还原法(有时也被称为 Frens 法)，这是一种十分经典的“自下而上”(Bottom-up)的化学合成方法，其基本原理是利用柠檬酸盐还原氯金酸并在所制备的纳米颗粒表面形成保护层。早在1951年,J. Turkevich等人就运用该方法成功合成出了金纳米颗粒[20];随后,在1973年,G. Frens进一步改良了该方法,他发现在固定氯金酸浓度的前提下,通过调整柠檬酸钠的使用量,可以制备得到不同尺寸的金纳米颗粒[21]。柠檬酸钠还原法是目前蛋白质定量分析领域使用最多的金纳米颗粒合成方法,利用该方法得到的纳米颗粒不仅具有可控的形貌尺寸和分散性,而且其表面的柠檬酸可以轻易地被其他配体取代,非常有利于核酸、抗体等生物分子的结合组装。除了柠檬酸钠还原法,国内外学者也发展了很多种金纳米颗粒合成的替代方法。这些方法有些是使用硼氢化钠、抗坏血酸、鞣酸等代替柠檬酸钠作为还原剂,有些是采用了晶种生长、模板生成、相转移、微波合成、电化学还原等其他技术路径。近年来,绿色合成(green synthesis)成为金纳米颗粒合成方法研究中的热点;多种天然产物,例如植物单宁、玫瑰叶提取物、紫花苜蓿生物质等也被作为还原剂,用于制备各种形态、尺寸各异的金纳米颗粒。

在这里,我们详细介绍一种以硼氢化钠和半胱胺为还原剂和保护剂的金纳米颗粒合成方法;利用该方法得到的金纳米颗粒的表面呈现正电性,具有过氧化物模拟酶活性,因而在蛋白质等生物分子的分析中有着令人期待的应用前景。该方法的具体实验流程如下:

i) 使用新鲜配置的王水浸泡烧瓶、量筒、烧杯等玻璃器皿;30 min后,将使用后的王水收集至强酸废液桶内,将玻璃器皿依次使用大量的自来水和蒸馏水冲洗干净,置于烘箱中烘干备用。

ii) 准确称取55.9 mg氯金酸,溶解于100 mL蒸馏水中,配置得到0.001 42 mol/L氯金酸溶液;准确称取0.164 g半胱胺,溶解于10 mL蒸馏水中,配置得到0.213 mol/L半胱胺溶液;准确称取3.78 mg硼氢化钠,溶解于10 mL蒸馏水中,配置得到0.01 mol/L硼氢化钠。

iii) 向100 mL容积的烧瓶中依次加入40 mL新鲜配置的0.001 42 mol/L氯金酸溶液和400 μL新鲜配置的0.213 mol/L半胱胺溶液,室温条件下剧烈搅拌反应20 min。

iv) 将烧瓶转移至黑暗环境中,向瓶中加入10 μL新鲜配置的0.01 mol/L硼氢化钠溶液,室温条件下继续剧烈搅拌。

v) 10 min后,改用相对温和的速度搅拌;15 min后,停止搅拌,将溶液置于室温下避光过夜。

vi) 最后,将所得到的金纳米颗粒溶液转移至棕色瓶中,置于4℃条件下保存。

技术要点2

在本实验技术中,采用透射电子显微镜(transmission electron microscopy, TEM)、动态光散射(dynamic light scattering, DLS)和紫外-可见吸收光谱(UV-visible absorption spectrum)等技术对于制备的金纳米颗粒的形状、尺寸和表面电荷等参数进行表征是判断这些颗粒能否用于后续蛋白质电化学定量分析的关键步骤。

透射电子显微镜技术无疑是最重要的金纳米颗粒表征技术,它利用经过加速和聚焦的高能电子束充当照明光源，用电磁透镜对一个非常薄的样品进行聚焦成像，制作具有高放大倍数和高空间分辨率的显微图像。图 6－2 显示了一幅金纳米颗粒的代表性透射电子显微镜图像。从图中可以看出，透射电子显微镜能够直接观察金纳米颗粒的尺寸、形貌和分散状况。与此同时，通过从图像中随机选取约 1 000 个纳米颗粒进行尺寸分析，透射电子显微镜还可以实现对于金纳米颗粒粒径分布的测量和评估。但需要强调的是，透射电子显微镜技术的样品制备、仪器测量、图像分析等工作流程都非常耗时耗力，并且对操作者的技术水平和熟练度有比较高的要求。

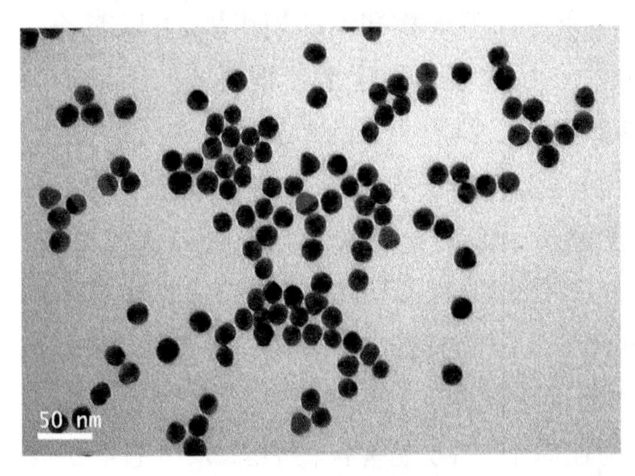

图 6－2　金纳米颗粒的代表性透射电子显微镜图像

动态光散射技术是用于测量分散于溶液中的金纳米颗粒的粒径及粒径分布的常规分析手段，具有快速、准确、样品用量少和不干扰溶液原有状态等优点。动态光散射技术是通过测量光强的波动随时间的变化来实现粒径的分析，具体而言，当入射光照射到金纳米颗粒溶液上时，悬浮于溶液中的纳米颗粒会将光散射，在一定的角度下进行测量，可以得到不同纳米颗粒散射光子叠加后的瞬间光强；由于悬浮于溶液中的金纳米颗粒并不是静止不动的，而是在不间断地做着布朗运动，使得测量到的瞬间光强也随着时间不断地波动，并且这种波动的时间相关性与纳米颗粒的粒径直接相关；通过采用一定的数据处理方法，动态光散射技术可以根据光强的波动随时间的变化情况，反演出金纳米颗粒的粒径分布。

紫外-可见吸收光谱是最常用且最简便的金纳米颗粒表征手段。金纳米颗粒具有表面等离子体共振效应，使得它们的溶液在可见光照射下具有特定的颜色，并在紫外-可见吸收光谱中呈现特征性的吸收峰。当金纳米颗粒的粒径、形状、分散状态、密度或表面保护剂发生变化时，其相应的溶液颜色和紫外-可见特征吸收峰的位置也会发生改变。例如，G. Frens 发现，使用柠檬酸钠还原法制备的金纳米颗粒随着粒径的增大，其溶液颜色由酒红色逐渐变为紫红色直至浑浊的黄泥浆色，其紫外-可见特征吸收峰也会逐渐红移[21]；W. Haiss 等人发现，通过对紫外-可见光谱中的特征吸收峰吸光度值进行一定的数学分析和运算，可以便捷地确定金纳米颗粒的粒径和溶液浓度[22]。

技术要点 3

DNA－金纳米颗粒探针是本实验技术中实现电化学响应信号放大的基础。我们在基本实验流程部分给出了利用 Au-S 键自组装制备 P1－金纳米颗粒探针的方法；尽管这种方法是目前最为成熟且应用最为广泛的一种制备方法，却依旧有着步骤烦琐、耗时长、制备过程中容易发生金纳米颗粒聚集、制备完成后 DNA 在纳米颗粒表面分布不均匀等缺点。针对这一问题，国内外学者进行了广泛的研究和探索，发展了一些新的 DNA－金纳米颗粒探针制备方法。例如，樊春海院士课题组提出可以使用聚腺嘌呤(polyA)模块取代巯基来引导 DNA 在金纳米颗粒表面的组装，通过这种方法制备的 DNA-金纳米颗粒探针具有更高的 DNA 空间分布有序性和生物反应活性[23]；刘珏文教授提出了一种依赖于简单的冷冻-解冻(freezing-thawing)过程的制备方法，该方法不仅可以获得稳定且均一的 DNA-金纳米颗粒探针，而且耗时极少，最短只需要几分钟就可以完成[24]。在这里，我们详细介绍这两种新方法的具体实验流程，供读者参考。

- **polyA 模块法**

i) 将含有 polyA 模块序列的单链 DNA 与采用柠檬酸钠还原法制备的金纳米颗粒(直径 13 nm)按照 1∶200 的摩尔比混合于离心管中，室温或 25℃条件下反应 16 h。

ii) 分 5 次(每次间隔 30 min)向离心管中逐滴缓慢加入含有 1 mol/L NaCl 的 0.01 mol/L PBS(pH 7.0)，直至 NaCl 终浓度达到 0.1 mol/L；滴加结束并混合均匀后，将离心管避光静置至少 40 h。

iii) 将离心管内溶液以 12 000 r/min 的转速在 4℃条件下离心 20 min，弃去上清，将红色沉淀物重新分散于 1 mL 0.01 mol/L PBS(含 0.1 mol/L NaCl，pH 7.4)中；重复离心 3 次，尽可能地去除溶液中未组装的 DNA。

- **冷冻-解冻法**

i) 取 3 μL 100 μmol/L 末端修饰有巯基的 DNA 与 100 μL 采用柠檬酸钠还原法制备的金纳米颗粒(直径 13 nm)于微量离心管中，混合均匀。(*注意：末端修饰有巯基的 DNA 无须预先使用 TCEP 处理。*)

ii) 将微量离心管转移至实验室−20℃冰柜中，静置 2 h，或插入干冰中处理 2 min。

iii) 将微量离心管转移至室温环境中，使管内液体自然解冻。

技术要点 4

采用柠檬酸钠还原法制备的直径约为 13 nm 的金纳米颗粒由于表面吸附有大量的柠檬酸根而带有很强的负电荷。这导致金纳米颗粒之间具有较强的静电排斥作用，可以在溶液中保持良好的分散性。此时，金纳米颗粒溶液呈现酒红色，且在紫外-可见吸收光谱 520 nm 波长附近具有特征吸收峰。当向金纳米颗粒溶液中加入一定浓度的相反电性的物质，如钠离子(Na^+)等电正性的金属盐离子，这些物质会中和金纳米颗粒表面的负电荷，削弱原有的静电排斥作用，导致金纳米颗粒稳定性下降并发生聚集。此时，金纳米颗粒溶液的颜色会由酒红色逐渐变为蓝紫色，其在紫外-可见吸收光谱 520 nm 波长处的吸收度值下降，在 650 nm 处的吸收度值上升。这一现象被称为“盐离子诱导聚集”现象。1996 年，C. A. Mirkin 等人开创性地将末端修饰有巯基的 DNA 自组装于金纳米颗粒表面，并将所得到的 DNA-金纳米颗粒探针用于生物分析[25,26]。他们在应用中发现，相比于最初的金纳米颗粒，自组装有 DNA 的金纳米颗粒可以更好地抵抗“盐离子诱导聚集”现象，能够在一个更宽的盐离子浓度范围(例如 0.1～1 mol/L Na^+)内保持良好的分散状态。基于这一现象，分析化学家提出，可以通过考察金纳米颗粒耐盐性的变化，来表征 DNA-金纳米颗粒探针的制备，并优化制备过程中所使用的 DNA 浓度，具体实验过程如下：

i) 准确配制一系列含有不同浓度(0 mol/L、0.1 mol/L、0.2 mol/L、0.4 mol/L、0.6 mol/L、0.8 mol/L、1.0 mol/L、1.25 mol/L、1.5 mol/L、2.0 mol/L、3.0 mol/L 和 5.0 mol/L)NaCl 的 0.01 mol/L PBS。

ii) 取 12 个微量离心管，向其中分别加入 180 μL 采用柠檬酸钠还原法制备的金纳米颗粒(直径 13 nm)和 20 μL 含有不同浓度 NaCl 的 0.01 mol/L PBS，混合均匀后室温下放置 10 min。

iii) 使用紫外-可见分光光度计测定每一个微量离心管内溶液在 400～800 nm 波长范围内的紫外-可见吸收光谱，读取溶液在 520 nm 和 650 nm 波长处的吸光度值(记为 A_{520} 和 A_{650})，计算两者之间的比值(记为 A_{650}/A_{520})。

iv) 以每一个微量离心管内加入的 NaCl 的终浓度为横坐标，以 A_{650}/A_{520} 为纵坐标，绘制相关曲线。所得曲线是一条与酸碱滴定曲线相似的 S 形曲线，其拟合方程符合式(6.2)：

$$y=\frac{A_1-A_2}{1+\mathrm{e}^{(x-x_0)/dx}}+A_2 \tag{6.2}$$

式中，y 为 A_{650}/A_{520}，x 为 NaCl 终浓度，A_1、A_2、x_0 和 dx 均为拟合得到的定值。根据式(6.2)，当 $x=x_0$(即 NaCl 终浓度为 x_0)时，曲线的斜率值最高，代表此时 A_{650}/A_{520} 对于 NaCl 浓度变化最敏感。因此，将此时的 NaCl 终浓度定义为临界浓度，作为表征金纳米颗粒耐盐性的定量指标。

v) 使用不同浓度的 P1，按照基本实验流程“(5) P1-金纳米颗粒探针的制备”中的步骤，制备得到相应的 P1-金纳米颗粒探针。

vi) 重复步骤 ii)～iv)，测定不同的 P1-金纳米颗粒探针的临界浓度。理论上，P1-金纳米颗粒探针的临界浓度随着所使用的 P1 浓度的增加而增加；临界浓度达到平台期时对应的 P1 浓度即为制备纳米探针的最适浓度。(*注意：这仅仅是从纳米探针制备的角度考虑；具体到本实验技术，还需要考虑金纳米颗粒表面过高的 P1 浓度可能造成的位阻效应。*)

技术要点 5

P1 在金纳米颗粒表面自组装的量直接关系到 P1 与目标蛋白质的识别结合以及电化学信号放大的效果，因此需要按照如下实验步骤进行定量和优化：

i) 使用荧光基团(如 6-羧基荧光素，FAM)标记的 P1(称为 FAM-P1)制备 P1-金纳米颗粒探针(称为 FAM-纳米探针)；将 FAM-纳米探针溶液以 14 000 r/min 的转速在 20℃条件下离心 13 min，弃去上清，将红色沉淀物重新分散于 0.01 mol/L HEPES 缓冲(pH 7.6)中；重复离心 3 次，最后一次离心后将 FAM-纳米探针重新分散于 0.005 mol/L HEPES 缓冲(pH 7.6)中。

ii) 取 10 μL FAM-纳米探针和 90 μL 含有 0.15 mol/L NaCl 的 0.01 mol/L HEPES 缓冲(pH 7.6)于微量离心管中，混合均匀；随后，加入 1 μL 1 mol/L 氰化钾溶液，室温下反应 5 min，使得 FAM-纳米探针中的金纳米颗粒被降解，释放出游离的 FAM-P1。

iii) 使用荧光光谱仪测定步骤 ii)得到的溶液的荧光发射强度，所使用的激发波长是 495 nm，发射波长是 535 nm。

iv) 配制一系列不同浓度的 FAM-P1 标准溶液，按照步骤 iii)中的参数测定相应的荧光发射强度；以 FAM-P1 浓度为横坐标，以荧光发射强度为纵坐标，绘制相关曲线，并在合适的浓度范围内拟合得到线性方程。[注意：FAM-P1 标准溶液的 pH、离子强度和所含氰化钾浓度都需要与步骤 ii)得到的溶液相同，从而排除这些因素对荧光发射造成的可能影响。]

v) 将步骤 iii)测定得到的荧光发射强度代入步骤 iv)拟合得到的线性方程，计算得到 FAM-纳米探针中 FAM-P1 的浓度。

vi) 使用紫外-可见分光光度计测定 FAM-纳米探针溶液的紫外-可见吸收光谱，根据 Lambert-Beer 定律[式(6.3)]，计算得到 FAM-纳米探针中金纳米颗粒的浓度。

$$A = \varepsilon bc \tag{6.3}$$

式中，A 为 FAM-纳米探针溶液在 520 nm 波长处的吸光度值，ε 为金纳米颗粒的摩尔吸光系数(2.7×10^{8} L/mol · cm)，b 为光程长度(对于常规的比色皿，光程长度为 1 cm)，c 为 FAM-纳米探针中金纳米颗粒的浓度(mol/L)。

vii) 根据步骤 v)得到的 FAM-纳米探针中 FAM-P1 浓度与步骤 vi)得到的 FAM-纳米探针中金纳米颗粒浓度，计算得到每一个金纳米颗粒上自组装的 P1 的量。(注意：计算时应考虑实验过程中溶液体积的变化。)

技术要点 6

除了 DNA-金纳米颗粒探针，抗体-金纳米颗粒探针同样引人注目。抗体-金纳米颗粒探针可以将特异性的免疫反应与基于金纳米颗粒的电化学响应信号获取或放大过程有机结合，为蛋白质的电化学定量分析提供了新的技术路径。静电吸附是最常用的抗体-金纳米颗粒探针的制备方法，其基本原理是通过调节溶液的 pH，使得抗体分子带有或局部带有一定的正电荷，从而能够静电吸附至表面带负电荷的金纳米颗粒表面。该方法的基本实验流程如下：

i) 将 20 μL 一定浓度(如 1 mg/mL)的抗体溶液加入 5 mL 采用柠檬酸钠还原法制备的金纳米颗粒溶液中，混合均匀后使用 1 mol/L NaOH 溶液调节 pH 至 9.0。

ii) 将溶液置于 37℃条件下振荡反应 30 min；随后，将溶液以 13 000 r/min 的转速在 4℃条件下离心 30 min，弃去上清，将红色沉淀物重新分散于 1 mL 0.01 mol/L PBS 中。

iii) 向溶液中加入 100 μL 10%(w/v)牛血清白蛋白溶液，37℃条件下振荡反应 30 min，使得金纳米颗粒表面残余的未结合抗体的空位被牛血清白蛋白占据，从而降低后续实验过程中可能的非特异性吸附现象。

iv) 将溶液以 13 000 r/min 的转速在 4℃条件下离心 30 min，弃去上清，将红色沉淀物重新分散于 1 mL 0.01 mol/L PBS 中；重复离心 3 次，尽可能地去除溶液中未结合的抗体和牛血清白蛋白。

v）抗体浓度是影响抗体-金纳米颗粒探针制备效率的关键因素，可以使用“盐离子诱导聚集”实验进行优化，具体步骤请参考“技术要点 4”。

vi）溶液的 pH 对于抗体-金纳米颗粒探针的制备同样至关重要。一方面，pH 决定着抗体分子带有的正电荷的数量，直接影响抗体与金纳米颗粒之间的静电吸附强度，改变抗体在金纳米颗粒表面的组装密度。另一方面，不同的 pH 会导致抗体分子内带有正电荷的区域不同，改变抗体与金纳米颗粒之间发生静电吸附的空间取向，影响抗体在金纳米颗粒表面的免疫反应活性。2019 年，J. D. Dirskell 课题组详细研究了溶液 pH 对抗体-金纳米颗粒制备的影响，感兴趣的读者可以学习参考他们的工作[27]。

6.4 DNA 模板化量子点辅助的蛋白质电化学分析实验技术

6.4.1 原理

DNA 是生物体内最重要的遗传物质，是遗传信息的主要承载者。同时，DNA 严格遵守碱基互补配对原则，能够通过适当的序列设计和条件控制来形成复杂的静态结构或发生动态的过程。近年来，以 DNA 为模板合成纳米材料成为纳米科学研究中的热点，在生物分析领域也引起了广泛的兴趣。2004 年，R. M. Dickson 课题组基于胞嘧啶的 N3 位置与银离子之间的强配合作用，采用一条富含胞嘧啶的 12 个碱基长度的单链 DNA 为模板，成功合成了由若干个银原子组成的银纳米簇[28]。2010 年，A. Mokhir 课题组使用双链 DNA 为模板，借助铜离子被抗坏血酸还原生成的铜原子在双链大沟处的富集，在十分温和的条件下合成了具有良好荧光发射性能的铜纳米簇[29]。除了由天然碱基组成的单链或双链 DNA，一些经过修饰的 DNA 同样被用作模板合成纳米材料。例如，S. O. Kelley 课题组设计了一段包含硫代磷酸酯键连接的连续鸟嘌呤序列的单链 DNA；这段 DNA 可以高亲和力地结合镉离子（Cd^{2+}），能够作为模板合成具有可调荧光发射和理想溶出伏安电化学响应的 CdTe 量子点[30]。这些 DNA 模板化纳米材料不仅具有优越的生物相容性，而且可以有效地整合 DNA 和纳米材料各自的优势，为灵敏且特异的蛋白质电化学定量分析新技术的开发提供了无限的设计空间。

图 6－3 展示了一种利用 DNA 模板化量子点辅助进行的蛋白质电化学分析实验技术的原理示意图。如图 6－3 所示，一段包含目标蛋白质（此处以凝血酶为例）核酸适体序列且 3′末端修饰有氨基的单链 DNA（称为 AP 链）被首先通过戊二醛的交联作用固定至氧化铟锡电极表面；另一段同时包含目标蛋白质核酸适体序列和由硫代磷酸酯连接的 10 个连续鸟嘌呤碱基组成的功能序列的单链 DNA（称为 SP 链）被作为模板合成 CdTe/CdS 量子点。当目标蛋白质凝血酶存在时，凝血酶能够首先与固定的 AP 链发生特异性地识别，

从而到达电极表面。随后，由于一分子的凝血酶能够同时识别结合两种不同的核酸适体分子，电极表面的凝血酶因而能够进一步结合溶液中的 SP 链模板化 CdTe/CdS 量子点，从而将量子点招募至电极表面。在此状态下，使用硝酸处理电极，量子点被溶解，释放出大量的镉离子；后者可以被电化学沉积至镀有一层汞膜的玻碳电极表面，最终通过方波伏安扫描过程产生明显的电化学响应信号，实现目标蛋白质的定量分析。

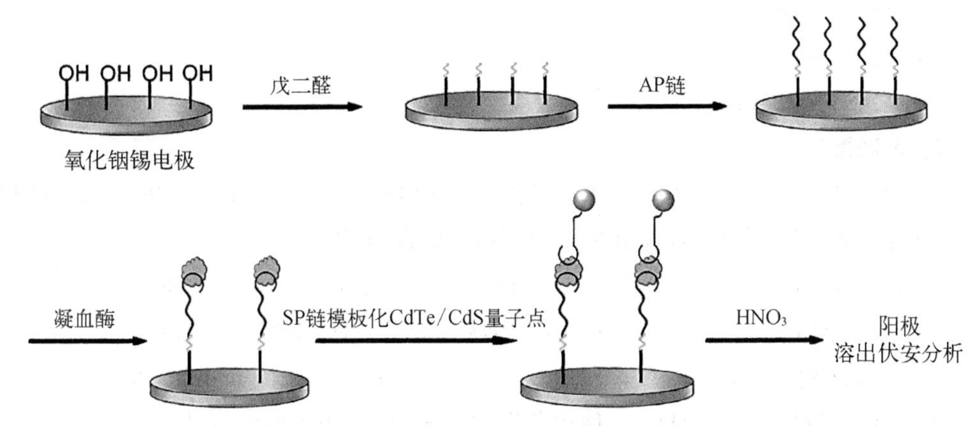

图 6-3 DNA 模板化量子点辅助的蛋白质电化学分析实验技术的原理示意图

6.4.2 基本实验流程

(1) 涉及的化学试剂及其英文名称(或英文缩写)

① 丙酮：acetone；

② 乙醇：ethanol；

③ 过氧化氢：H_2O_2；

④ 氨水：NH_4OH；

⑤ (3-氨基丙基)三乙氧基硅烷：APTES；

⑥ 戊二醛：glutaraldehyde；

⑦ 氯化钠：NaCl；

⑧ 磷酸氢二钠：Na_2PO_4；

⑨ 磷酸二氢钾：KH_2PO_4；

⑩ 三(羟甲基)氨基甲烷：Tris；

⑪ 乙二胺四乙酸二钠：EDTA；

⑫ 盐酸：HCl；

⑬ 牛血清白蛋白：BSA；

⑭ 硝酸：HNO_3；

⑮ 氢氧化钠：NaOH；

⑯ 氯化镉：$CdCl_2$；

⑰ 谷胱甘肽：GSH；

⑱ 硼氢化钠：$NaBH_4$；

⑲ 碲粉：tellurium powder；

⑳ 硫脲：thiourea；

㉑ 氯化铵：NH_4Cl；

㉒ 氯化汞：$HgCl_2$；

㉓ 醋酸：acetic acid；

㉔ 醋酸钠：sodium acetate。

(2) 溶液配制

① $H_2O_2/NH_4OH/H_2O$(1∶1∶5)溶液：准确移取 1 mL 30% H_2O_2 和 1 mL NH_4OH 至 10 mL 容积的离心管中，随后加入 5 mL 蒸馏水，混合均匀。

② 10×PBS：准确称取 80 g NaCl、11.36 g Na_2PO_4、2.7 g KH_2PO_4 和 2.0 g KCl，溶解于 1 000 mL 蒸馏水中；使用蒸馏水将 10×PBS 稀释 10 倍即得到 1×PBS。

③ TE 缓冲液(0.01 mol/L Tris-HCl，含 0.1 mmol/L EDTA，pH 7.8)：准确称取 0.121 14 g Tris 和 3.72 mg EDTA，使用蒸馏水溶解并用 HCl 溶液调节 pH 至 7.8 后，转移至 100 mL 容量瓶中，加蒸馏水定容至刻度。

④ AP 链和 SP 链储存液：根据实验需要设计 AP 链和 SP 链的序列，委托专业公司进行化学合成；待收到公司交付的 DNA 冻干粉后，首先在室温下以 12 000 r/min 的转速将装有冻干粉的离心管离心 10 min；随后，小心打开离心管盖，向管内加入适当体积的 TE 缓冲液，振荡溶解后得到一定浓度的 AP 链和 SP 链储存液；最后，根据实验需要将溶解得到的储存液分装至多个离心管中，−20℃条件下保存备用。

⑤ 王水：浓盐酸和浓硝酸按照 1∶3 的体积比混合；该溶液具有强腐蚀性，配置和使用时需格外注意实验安全。

⑥ 1 mol/L NaOH 溶液：准确称取 4.0 g NaOH，溶解于 100 mL 蒸馏水中。

⑦ $CdCl_2$-GSH 储存液：准确称取 2.29 mg $CdCl_2$ 和 3.23 mg GSH，溶解于 10 mL 蒸馏水中，使用 1 mol/L NaOH 溶液调节 pH 至 9.0。

⑧ NaHTe 溶液：准确称取 0.012 5 g $NaBH_4$ 和 0.02 g 碲粉，加入 0.5 mL 蒸馏水中，60℃条件下反应 40 min。(注意：该溶液需要在每次制备量子点前现用现配。)

⑨ $CdCl_2$-GSH-thiourea 储存液：准确称取 0.055 g $CdCl_2$、0.230 5 g GSH 和 0.019 g 硫脲，溶解于 10 mL 蒸馏水中，使用 1 mol/L NaOH 溶液调节 pH 至 11.0。

⑩ PBST 溶液：准确量取 0.5 mL Tween-20，加入 100 mL 1×PBS 中。

⑪ 0.1 mol/L NH_4Cl 溶液(含 0.3 mmol/L Hg^{2+})：准确称取 0.535 g NH_4Cl 和 8.15 mg $HgCl_2$，溶解于 100 mL 蒸馏水中。(注意：$HgCl_2$ 剧毒，需要在保存和使用过程中格外注意实验安全。)

⑫ 0.2 mol/L 醋酸-醋酸钠缓冲液(pH 5.2)：准确称取 1.640 6 g 醋酸钠，溶解于 100 mL

蒸馏水中，得到 0.2 mol/L 醋酸钠溶液；准确移取 1.14 mL 冰醋酸，加入 98.86 mL 蒸馏水中，得到 0.2 mol/L 醋酸溶液；准确量取 79 mL 0.2 mol/L 醋酸钠溶液和 21 mL 0.2 mol/L 醋酸溶液，混合均匀，得到 0.2 mol/L 醋酸-醋酸钠缓冲液(pH 5.2)。

(3) 工作电极预处理

本实验使用氧化铟锡(indium tin oxide, ITO)电极作为工作电极进行目标蛋白质的定量分析，具体预处理过程如下。

① 将氧化铟锡电极(10 mm×10 mm)依次浸入高纯度丙酮、无水乙醇和蒸馏水中进行超声处理，处理时间分别为 20 min、15 min 和 30 min；随后，使用蒸馏水将电极冲洗干净并用氮气吹干。

② 将氧化铟锡电极浸入 500 μL $H_2O_2/NH_4OH/H_2O$(1∶1∶5)溶液中，60℃条件下处理 30 min，活化电极表面的羟基基团。

③ 将氧化铟锡电极转移至 500 μL 含有 2% APTES 的乙醇溶液中，70℃条件下反应 60 min，得到氨基硅烷薄膜覆盖的电极表面。对于硅烷试剂在氧化铟锡电极表面的成膜过程，目前普遍认可的理论模式是：硅烷试剂首先接触空气中的水分而发生水解反应，进而脱水形成低聚物；这种低聚物与氧化铟锡电极表面的羟基形成氢键，在加热的条件下发生脱水反应形成共价键，最终使得氧化铟锡电极表面被硅烷试剂覆盖。

④ 将氧化铟锡电极使用乙醇冲洗，反复 3 次，去除电极表面残留的未结合的 APTES；随后，使用氮气吹干备用。

(4) AP 链功能化电极的制备

① 将氧化铟锡电极浸入 500 μL 戊二醛溶液中，37℃条件下反应 1.5 h，使得电极表面氨基硅烷中的氨基与戊二醛分子内的一个醛基结合。

② 使用 1×PBS 将氧化铟锡电极冲洗干净并用氮气吹干；随后，准确滴加 20 μL 2 μmol/L AP 链溶液至电极表面，盖上塑料电极帽，室温或 25℃条件下反应 1.5 h，使得 AP 链末端修饰的氨基与戊二醛分子内另一个醛基结合，从而使 AP 链固定至电极表面。

③ 将氧化铟锡电极使用 1×PBS 冲洗干净，除去未固定的 AP 链；随后，向电极表面滴加 2% BSA 溶液，37℃条件下反应 1 h，封闭电极表面未被 AP 链占据的空位。

④ 将氧化铟锡电极使用 1×PBS 彻底冲洗，反复 3 次；最后，使用氮气将所得到的 AP 链功能化电极吹干备用。

(5) SP 链模板化 CdTe/CdS 量子点的制备

① 使用新鲜配置的王水浸泡量子点制备所需要使用的玻璃器皿；30 min 后，将使用后的王水收集至强酸废液桶内，依次使用大量的自来水和蒸馏水将玻璃器皿冲洗干净，置于烘箱中烘干备用。

② 准确移取 500 μL $CdCl_2$-GSH 储存液至 2 mL 容积的玻璃瓶中，随后依次加入 1 μL 新鲜配置的 NaHTe 溶液和 1 μL 100 μmol/L SP 链母液，混合均匀后将溶液加热至 100℃，反应 5 min；随后，将溶液自然冷却至室温。

③ 将步骤②得到的溶液转移至 30 K 超滤离心管中，以 12 500 r/min 的转速在室温下离心 2 min，将超滤离心后的沉淀物重新溶解于 500 μL NaOH 溶液（pH 10.5）中，得到 SP 链模板化 CdTe 量子点。

④ 为了在 SP 链模板化 CdTe 量子点的基础上增加一层 CdS 外壳，向步骤③得到的溶液中加入 7 μL $CdCl_2$-GSH-thiourea 储存液，混合均匀后将溶液加热至 95℃，反应 30 min；随后，向溶液中再加入 10 μL $CdCl_2$-GSH-thiourea 储存液，混合均匀后再次加热溶液至 95℃。

⑤ 反应 30 min 后，将溶液自然冷却至室温，得到 SP 链模板化 CdTe/CdS 量子点；将所得到的量子点溶液置于 4℃条件下保存备用。

(6) 目标蛋白质的定量分析

① 准确称取 1.835 mg 凝血酶标准品冻干粉，溶解于 1 mL 1×PBS 中，得到浓度为 50 μmol/L 凝血酶母液；随后，根据实验需要，使用 1×PBS 将凝血酶母液稀释，得到浓度范围为 10～500 nmol/L 的一系列凝血酶标准溶液。

② 将制备得到的 AP 链功能化电极浸入 100 μL 500 nmol/L 凝血酶标准溶液中，37℃条件下反应 1 h，使得凝血酶通过与 AP 链中核酸适体序列的识别结合而到达电极表面。

③ 使用 PBST 将 AP 链功能化电极冲洗干净，除去残留的未结合的凝血酶；随后，向电极表面滴加 20 μL SP 链模板化 CdTe/CdS 量子点，盖上塑料电极帽，37℃条件下反应 1 h，使得 CdTe/CdS 量子点通过 SP 链与凝血酶之间的识别结合而被招募至电极表面。

④ 使用 1×PBS 溶液将电极彻底冲洗干净并用氮气吹干，除去未结合的 SP 链模板化 CdTe/CdS 量子点；随后，将电极浸入 200 μL 0.1 mol/L 硝酸溶液中，避光反应 2 h，从而使电极表面招募的量子点被酸溶，释放出大量的镉离子。

⑤ 将表面洁净的玻碳电极插入 5 mL 含有 0.3 mmol/L Hg^{2+} 的 0.1 mol/L NH_4Cl 溶液中，施加一个持续 300 s 的－1.2 V 电压，制备得到表面镀有一层汞膜的玻碳电极（简称汞膜电极）。

⑥ 将步骤④得到的溶液加入 3.8 mL 0.2 mol/L 醋酸-醋酸钠缓冲液（pH 5.2）中，混合均匀。

⑦ 使用步骤⑤制备得到的汞膜电极为工作电极，使用步骤⑥得到的混合溶液为电解质溶液，运用阳极溶出伏安分析法测定电化学响应信号，记录所得到的峰电流值 I。电化学测试的具体步骤和参数是：首先施加一个持续 480 s 的－1.2 V 电压，实现镉离子在汞膜电极表面的沉积；随后在－1.0～－0.5 V 范围内，以频率 15 Hz 和振幅 50 mV 进行方波伏安扫描。

⑧ 重复步骤②～⑦，获得一系列不同浓度的凝血酶标准溶液的峰电流值 I；对于每一个浓度，均至少进行 3 次以上的平行重复，所得到的峰电流值 I 的组间相对标准偏差应不大于 5％或 10％；以凝血酶标准溶液的浓度为横坐标，以对应的平均峰电流值 I 为纵坐

标,绘制相关曲线,并在一定的浓度范围内,拟合线性相关曲线,得到线性回归方程。

⑨ 重复步骤②~⑦,获得样品溶液3组以上的峰电流值 I;将样品溶液的平均峰电流值 I 代入线性回归方程,计算得到样品溶液中凝血酶的浓度。

6.4.3 关键技术要点

技术要点1

本实验技术采用的氧化铟锡电极是目前应用最广泛的透明导电氧化物(transparent conducting oxide, TCO)薄膜电极,通常是采用磁控溅射、电子束蒸发、化学气相沉积等方式将氧化铟锡薄膜沉积在石英或硼硅酸盐玻璃基板上制作而成。氧化铟锡是一种铟氧化物(In_2O_3)和锡氧化物(SnO_2)的混合物,是一种高简并、重掺杂的n型半导体,也是目前综合性能最理想的透明导电氧化物薄膜电极材料。氧化铟锡薄膜不仅具有优异的高导电性和低电阻率(可以低至 10^{-4} Ω·cm),而且具有出色的可见光透过率(可以达到85%以上)。与此同时,氧化铟锡薄膜还表现出一系列独特的性能,例如较强的红外光反射和紫外光吸收,较强的玻璃附着力、耐磨性和化学稳定性,以及优良的酸刻、光刻等加工性能。近年来,氧化铟锡电极已经成为太阳能电池板、平板显示器件等的基本组成单元,在核酸、蛋白质、细胞等的电化学分析中也有着良好的应用。例如,D. Sun 等人运用丝网印刷和湿法蚀刻技术,制备了氧化铟锡电极阵列,用于肝细胞癌细胞 HepG2 的电化学定量[31];笔者等人综合运用氧化铟锡电极良好的导电性和透光性,发展了一种以 DNA 模板银纳米簇为信号探针的"电化学-荧光"双系统,同时实现了肿瘤细胞的荧光成像和电化学定量分析[32]。毋庸置疑,氧化铟锡电极也存在一些缺陷。例如,氧化铟锡薄膜中使用的铟是一种稀有元素,价格较为昂贵且波动较大;氧化铟锡薄膜本身脆弱易折,制作过程复杂冗长,且弯曲性能较差。因此,国内外学者近年来也在不断地开发一些新的透明导电薄膜材料用来取代氧化铟锡薄膜。例如,国家纳米科学中心智林杰研究员团队长期致力于还原氧化石墨烯类、石墨烯/纳米碳复合材料、石墨烯/金属网复合膜等石墨烯类透明导电薄膜的制备及应用研究,提出了多种绿色高效的规模化制备方法和生产工艺[33];南京邮电大学赖文勇教授团队创新性地提出了导电聚合物网格电极的设计思路,运用简易的丝网印刷技术,制备了同时兼具高柔性、高导电性、高透光性的新型柔性透明电极[34]。

技术要点2

DNA 模板化量子点可以便利地与 DNA 参与的分子识别或信号放大过程相偶联,因而在基于核酸适体的蛋白质电化学定量分析中有着十分广阔的应用场景。但是,在电化学免疫分析中,研究者更倾向于使用非 DNA 模板化合成的量子点,因为这种量子点可以更加方便地与抗体结合。在这里,我们根据以往的工作,介绍一种合成硫化镉(CdS)量子点的实验流程:

i) 使用新鲜配置的王水将烧瓶、量筒、烧杯等玻璃器皿浸泡处理30 min;随后,将使用后的王水收集至强酸废液桶内,将玻璃器皿依次使用大量的自来水和蒸馏水冲洗干净后烘干备用。

ii) 向 200 mL 容积的烧瓶中加入 100 mL 蒸馏水中，通入氮气处理 1 h，彻底除去溶解于水中的氧气。

iii) 向烧瓶中依次加入 1 mL 0.1 mol/L 氯化镉($CdCl_2$)溶液和 1 mL 0.24 mol/L 巯基丙酸(mercaptopropionic acid，MPA)溶液，混合均匀后使用 1 mol/L NaOH 溶液调节 pH 至 8.0～8.5；随后，向混合溶液中继续通入氮气处理 30 min。

iv) 向烧瓶中进一步加入 1 mL 0.062 5 mol/L 硫代乙酰胺(thioacetamide)溶液，使混合溶液中镉离子(Cd^{2+})、MPA 和硫离子(S^{2-})的摩尔比为 1∶2.4∶0.625。

v) 将烧瓶转移至黑暗环境下，加热瓶中液体至 100℃并剧烈搅拌 10 h。[注意：步骤 iii)至 v)中，氮气导管应始终保持于溶液液面以上，维持持续不断的氮气气流。]

vi) 停止加热和搅拌；将烧瓶中液体使用 50 000 MW 超滤离心管以 12 000 r/min 的转速在 4℃条件下超滤离心 10 min，除去过量的 MPA；将所得到的 CdS 量子点重悬于 0.01 mol/L PBS 中，4℃条件下保存。[注意：通过该方法制备的 CdS 量子点表面修饰有 MPA，即带有大量的羧基基团，因而可以借助 EDC/NHS 化学与抗体分子偶联。]

技术要点 3

DNA 模板化量子点不仅可以通过溶出伏安分析法获得理想的电化学响应信号，而且具有优越的荧光性质。多伦多大学 S. O. Kelley 教授课题组和苏州大学马楠教授课题组围绕 DNA 模板化量子点的荧光性质开展了一系列的工作。他们发现 DNA 模板化量子点在可见光区具有出色的荧光发射强度和荧光量子产率；通过改变所使用的 DNA 模板的序列，他们不仅实现了对于每一个量子点所含有的 DNA 分子数量的调控，而且获得了不同尺寸和不同荧光发射波长的量子点[35]。这些研究发现有力地推动了 DNA 模板化量子点在生物成像、药物传送、分子计算等领域的应用。例如，Y. Ma 等人基于 DNA 模板化 CdTe∶Zn^{2+} 量子点设计并合成了量子点纳米发卡，成功地实现了细胞内单个 RNA 分子的标记和成像[36]；李乐乐教授课题组将 DNA 模板化 CdTe 量子点与上转换纳米颗粒相结合，建立了一种双模态成像技术，用于肿瘤细胞的精准分析[37]；S. O. Kelley 教授课题组将 DNA 模板化量子点融入 DNA 水凝胶，建立了一种酶响应的药物递送方案[38]；马楠教授课题组联合使用三种荧光发射波长迥异的 DNA 模板化量子点，设计了一套包含 OR、AND、NOR、NAND、INH、XOR、XNOR 等 7 种基本逻辑门在内的完整分子运算系统[39]。

技术要点 4

除了量子点，以 DNA 为模板合成的金属纳米簇是另一种近年来受到广泛关注的 DNA 模板化纳米材料。金属纳米簇(nanoclusters)是由几个到几十个金属原子按照一定的方式堆积而成的直径通常小于 2 nm 的新型金属纳米材料，被认为是连接金属原子和金属纳米颗粒的桥梁。金属纳米簇通常具有与金属纳米颗粒截然不同的光、电、磁和化学性质，以 DNA 为模板合成的金属纳米簇更是可以充分地融合发挥 DNA 和纳米簇两者的优势，因而在分子检测、生物成像等领域有着广泛的应用场景。

DNA 模板银纳米簇(DNA-templated silver nanoclusters)是研究最早的一种以 DNA 为模板合成的金属纳米簇。早在 2004 年,R. M. Dickson 课题组就利用一条含有 12 个碱基的单链 DNA 为模板,成功合成了在 638 nm 波长处具有最大荧光发射峰的银纳米簇[28];2008 年,E. G. Gwinn 等人通过使用不同序列和长度的单链 DNA 作为模板,合成得到了五种最大荧光发射波长各异(位于 485～705 nm 之间)的银纳米簇[40];之后,含有 C-loop 结构的发卡 DNA、G-四连体以及三链 DNA 等的成功运用,进一步丰富了银纳米簇合成可以使用的模板库。近年来,DNA 模板银纳米簇作为电化学信号探针的应用价值也得到了深入的研究。许嫒嫒等人发现 DNA 模板银纳米簇具有良好的电催化活性,可以催化过氧化氢的还原,在−0.6 V(vs. SCE)附近产生明显的还原峰[41];Z. Chen 等人发现 DNA 模板银纳米簇可以在电极表面被电化学氧化,通过微分脉冲伏安扫描可以在 0.22 V(vs. Ag/AgCl)附近观察到良好的电化学响应[42];X. Peng 等人发现 DNA 模板银纳米簇具有与银纳米颗粒相似的固态 Ag/AgCl 伏安响应,在 1 mol/L 氯化钾溶液中进行线性伏安扫描时可以在 0.05 V 附近得到显著且尖锐的响应峰[43]。

DNA 模板铜纳米簇(DNA-templated copper nanoclusters)是另一种在生物分析领域应用广泛的金属纳米簇。2010 年,A. Rotaru 等人首次使用双链 DNA 为模板合成了具有良好荧光性能的铜纳米簇[29];2013 年,湖南大学王柯敏教授课题组证明由聚胸腺嘧啶组成的单链 DNA 也可以作为铜纳米簇合成的模板[44]。近年来,笔者等人围绕 DNA 模板铜纳米簇的电化学性质开展了一系列的工作。例如,我们发现,DNA 模板铜纳米簇在经过硝酸处理之后会释放出大量的铜离子,后者不仅可以通过溶出伏安分析法直接获得显著的电化学响应信号[45],而且可以在电极表面进一步催化邻苯二胺 OPD 反应生成 2,3-二氨基吩嗪(2,3-diaminophenazine),产生显著放大的电化学响应信号[46]。

技术要点 5

以阳极溶出伏安分析为代表的溶出分析技术将有效的富集步骤与先进的测量技术相结合,对于痕量金属而言是一种非常灵敏的电化学分析测试方法。本实验技术中采用的 DNA 模板化 CdTe/CdS 量子点可以通过硝酸处理释放出大量的镉离子,因此十分适合使用溶出分析技术进行电化学响应信号的采集。在阳极溶出伏安分析中,被测定的金属离子首先通过扩散或对流到达电极表面的汞膜中,并在外加沉积电位的作用下被还原和富集成为汞齐[如式(6.4)所示];所施加的沉积电位通常比标准电极电位负 0.3～0.5 V,从而能够更加容易还原被测定的金属离子。

$$M^{n+} + ne^- + Hg \rightarrow M(Hg) \tag{6.4}$$

电沉积过程之后伴随的是阳极线性扫描或脉冲伏安(通常是微分脉冲伏安或方波伏安)扫描过程。在该过程中,汞齐化的金属被重新氧化,从而从电极表面的汞膜中溶出,产生溶出(氧化)电流。溶出过程中测定得到的峰电位可以用于不同金属离子的区分和鉴别,峰电流可以用于金属离子的定量分析。

参考文献

[1] CHAN W C W, NIE S M. Quantum dot bioconjugates for ultrasensitive nonisotopic detection[J]. Science, 1998, 281(5385): 2016-2018.

[2] MITCHELL G P, MIRKIN C A, LETSINGER R L. Programmed assembly of DNA functionalized quantum dots[J]. Journal of the American Chemical Society, 1999, 121(35): 8122-8123.

[3] YU X, MUNGE B, PATEL V, JENSEN G, BHIRDE A, GONG J D, KIM S N, GILLESPIE J, GUTKIND J S, PAPADIMITRAKOPOULOS F, RUSLING J F. Carbon nanotube amplification strategies for highly sensitive immunodetection of cancer biomarkers[J]. Journal of the American Chemical Society, 2006, 128(34): 11199-11205.

[4] HAQUE A J, PARK H, SUNG D, JON S, CHOI S Y, KIM K. An electrochemically reduced graphene oxide-based electrochemical immunosensing platform for ultrasensitive antigen detection [J]. Analytical Chemistry, 2012, 84(4): 1871-1878.

[5] ZHAO J, ZHU X L, LI T, LI G X. Self-assembled multilayer of gold nanoparticles for amplified electrochemical detection of cytochrome c[J]. Analyst, 2008, 133: 1242-1245.

[6] ZHAO J, CHEN G F, ZHU L, LI G X. Graphene quantum dots-based platform for the fabrication of electrochemical biosensors[J]. Electrochemistry Communications, 2011, 13: 31-33.

[7] ZHENG Y, ZHAO L, MA Z. pH responsive label-assisted click chemistry triggered sensitivity amplification for ultrasensitive electrochemical detection of carbohydrate antigen 24-2[J]. Biosensors and Bioelectronics, 2018, 115: 30-36.

[8] DEL RIO J S, HENRY O Y F, JOLLY P, INGBER D E. An antifouling coating that enables affinity-based electrochemical biosensing in complex biological fluids[J]. Nature Nanotechnology, 2019, 14: 1143-1149.

[9] YE L, YANG F, DING Y, YU H, YUAN L, DAI Q, SUN Y, WU X, XIANG Y, ZHANG G. Bioinspired trans-scale functional interface for enhanced enzymatic dynamics and ultrasensitive detection of microRNA[J]. Advanced Functional Materials, 2018, 28(17): 1706981.

[10] LIN Y, JIA J, YANG R, CHEN D, WANG J, LUO F, GUO L, QIU B, LIN Z. Ratiometric immunosensor for GP73 detection based on the ratios of electrochemiluminescence and electrochemical signal using DNA tetrahedral nanostructure as the carrier of stable reference signal[J]. Analytical Chemistry, 2019, 91(5): 3717-3724.

[11] CUI R, PAN H, ZHU J J, CHEN H Y. Versatile immunosensor using CdTe quantum dots as electrochemical and fluorescent labels[J]. Analytical Chemistry, 2007, 79(22): 8494-8501.

[12] TING B, ZHANG J, KHAN M, YANG Y, YING J. The solid-state Ag/AgCl process as a highly sensitive detection mechanism for an electrochemical immunosensor[J]. Chemical Communications, 2009: 6231-6233.

[13] WEI T, ZHANG W, TAN Q, CUI X, DAI Z. Electrochemical assay of the alpha fetoprotein-L3 isoform ratio to improve the diagnostic accuracy of hepatocellular carcinoma[J]. Analytical Chemistry, 2018, 90(21): 13051-13058.

[14] CAO Y, WANG J, XU Y Y, LI G X. Combination of enzyme catalysis and electrocatalysis for biosensor fabrication: Application to assay the activity of indoleamine 2, 3-dioxygensae[J]. Biosensors and Bioelectronics, 2010, 26: 87-91.

[15] DAS J, AZIZ A, YANG H. A nanocatalyst-based assay for proteins: DNA-free ultrasensitive electrochemical detection using catalytic reduction of p-nitrophenol by gold-nanoparticle labels[J]. Journal of the American Chemical Society, 2006, 128(50): 16022 - 16023.

[16] NIE H, LIU S, YU R, JIANG J. Phospholipid-coated carbon nanotubes as sensitive electrochemical labels with controlled-assembly-mediated signal transduction for magnetic separation immunoassay [J]. Angewandte Chemie International Edition, 2009, 48: 9862 - 9866.

[17] ZHANG J, SONG S P, ZHANG L Y, WANG L H, WU H P, PAN D, FAN C H. Sequence-specific detection of femtomolar DNA via a chronocoulometric DNA sensor (CDS): Effects of nanoparticle-mediated amplification and nanoscale control of DNA assembly at electrodes[J]. Journal of the American Chemical Society, 2006, 128(26): 8575 - 8580.

[18] WANG J, MENG W, ZHENG X, LIU S, LI G X. Combination of aptamer with gold nanoparticles for electrochemical signal amplification: Application to sensitive detection of platelet-derived growth factor[J]. Biosensors and Bioelectronics, 2009, 24: 1598 - 1602.

[19] DENG C Y, CHEN J H, NIE L H, NIE Z, YAO S. Sensitive bifunctional aptamer-based electrochemical biosensor for small molecules and protein[J]. Analytical Chemistry, 2009, 81(24): 9972 - 9978.

[20] TURKEVICH J, STEVENSON P C, HILLIER J. A study of the nucleation and growth processes in the synthesis of colloidal gold[J]. Discussions of the Faraday Society, 1951, 11: 55 - 75.

[21] FRENS G. Controlled nucleation for the regulation of the particle size in monodisperse gold suspensions[J]. Nature Physical Science, 1973, 241: 20 - 22.

[22] HAISS W, THANH N T K, AVEYARD J, FERNIG D G. Determination of size and concentration of gold nanoparticles from UV-Vis spectra[J]. Analytical Chemistry, 2007, 79(11): 4215 - 4221.

[23] PEI H, LI F, WAN Y, WEI M, LIU H J, SU Y, CHEN N, HUANG Q, FAN C H. Designed diblock oligonucleotide for the synthesis of spatially isolated and highly hybridizable functionalization of DNA-gold nanoparticle nanoconjugates[J]. Journal of the American Chemical Society, 2012, 134(29): 11876 - 11879.

[24] LIU B W, LIU J W. Freezing directed construction of bio/nano interfaces: reagentless conjugation, denser spherical nucleic acids, and better nanoflares[J]. Journal of the American Chemical Society, 2017, 139(28): 9471 - 9474.

[25] MIRKIN C A, LETSINGER R L, MUCIC R C, STORHOFF J J. A DNA-based method for rationally assembling nanoparticles into macroscopic materials[J]. Nature, 1996, 382: 607 - 609.

[26] ELGHANIAN R, STORHOFF J J, MUCIC R C, LETSINGER R L, MIRKIN C A. Selective colorimetric detection of polynucleotides based on the distance-dependent optical properties of gold nanoparticles[J]. Science, 1997, 277(5329): 1078 - 1081.

[27] RUIZ B, TRIPATHI K, OKYEM S, DRISKELL J D. pH impacts the orientation of antibody adsorbed onto gold nanoparticles[J]. Bioconjugate Chemistry, 2019, 30(4): 1182 - 1191.

[28] PETTY J T, ZHENG J, HUD N V, DICKSON R M. DNA-templated Ag nanocluster formation [J]. Journal of the American Chemical Society, 2004, 126(16): 5207 - 5212.

[29] ROTARU A, DUTTA S, JENTZSCH E, GOTHELF K, MOKHIR A. Selective dsDNA-templated formation of copper nanoparticles in solution[J]. Angewandte Chemie International Edition, 2010, 49(33): 5665 - 5667.

[30] MA N, SARGENT E H, KELLEY S O. One-step DNA-programmed growth of luminescent and biofunctionalized nanocrystals[J]. Nature Nanotechnology, 2009, 4: 121 - 125.

[31] SUN D, LU J, WANG X, ZHANG Y, CHEN Z. Voltammetric aptamer based detection of HepG2 tumor cells by using an indium tin oxide electrode array and multifunctional nanoprobes [J]. Microchimica Acta, 2017, 184: 3487 - 3496.

[32] CAO Y, DAI Y H, CHEN H, TANG Y Y, CHEN X, WANG Y, ZHAO J, ZHU X L. Integration of fluorescence imaging and electrochemical biosensing for both qualitative location and quantitative detection of cancer cells[J]. Biosensors and Bioelectronics, 2019, 130: 132 - 138.

[33] MA Y, ZHI L. Graphene-based transparent conductive films: Material systems, preparation and applications[J]. Small Methods, 2019, 3(1): 1800199.

[34] ZHOU L, YU M, CHEN X, NIE S, LAI W, SU W, CUI Z, HUANG W. Screen-printed poly (3, 4-ethylenedioxythiophene): Poly (styrenesulfonate) grids as ITO-free anodes for flexible organic light-emitting diodes[J]. Advanced Functional Materials, 2018, 28(11): 1705955.

[35] TIKHOMIROV G, HOOGLAND S, LEE P E, FISCHER A, SARGENT E H, KELLEY S O. DNA-based programming of quantum dot valency, self-assembly and luminescence[J]. Nature Nanotechnology, 2011, 6: 485 - 490.

[36] MA Y, MAO G, HUANG W, WU G, YIN W, JI X, DENG Z, CAI Z, ZHANG X, HE Z, CUI Z. Quantum dot nanobeacons for single RNA labeling and imaging[J]. Journal of the American Chemical Society, 2019, 141(34): 13454 - 13458.

[37] XUE W, DI Z, ZHAO Y, ZHANG A, LI L. DNA-mediated coordinative assembly of upconversion hetero-nanostructures for targeted dual-modality imaging of cancer cells[J]. Chinese Chemical Letters, 2019, 30(4): 899 - 902.

[38] ZHANG L, JEAN S R, AHMED S, ALDRIDGE P M, LI X Y, FAN F J, SARGENT E H, KELLEY S O. Multifunctional quantum dot DNA hydrogels[J]. Nature Communications, 2017, 8: 381.

[39] HE X W, CHEN M, MA N. DNA-programmed dynamic assembly of quantum dots for molecular computation[J]. Angewandte Chemie International Edition, 2014, 53(52): 14447 - 14450.

[40] GWINN E G, O'NEILL P, GUERRERO A J, BOUWMEESTER D, FYGENSON D K. Sequence-dependent fluorescence of DNA-hosted silver nanoclusters[J]. Advanced Materials, 2008, 20(2) 279 - 283.

[41] XU Y Y, CHEN Y Y, YANG N N, SUN L Z, LI G X. DNA-templated silver nanoclusters formation at gold electrode surface and its application to hydrogen peroxide detection[J]. Chinese Journal of Chemistry, 2012, 30(9): 1962 - 1965.

[42] CHEN Z, LIU Y, XIN C, ZHAO J, LIU S. A cascade autocatalytic strand displacement amplification and hybridization chain reaction event for label-free and ultrasensitive electrochemical nucleic acid biosensing[J]. Biosensors and Bioelectronics, 2018, 113: 1 - 8.

[43] PENG X, ZHU J, WEN W, BAO T, ZHANG X, HE H, WANG S. Silver nanoclusters-assisted triple-amplified biosensor for ultrasensitive methyltransferase activity detection based on AuNPs/ERGO hybrids and hybridization chain reaction[J]. Biosensors and Bioelectronics, 2018, 113: 174 - 180.

[44] QING Z, HE X, HE D, WANG K M, XU F, QING T, YANG X. Poly(thymine)-templated selective formation of fluorescent copper nanoparticles[J]. Angewandte Chemie International Edition, 2013, 52(37): 9719 - 9722.

[45] WANG Z X, HAN P, MAO X X, YIN Y M, CAO Y. Sensitive detection of glutathione by using DNA-templated copper nanoparticles as electrochemical reporters[J]. Sensors and Actuators B:

Chemical, 2017, 238: 325 - 330.

[46] ZHAO J, HU S S, CAO Y, ZHANG B, LI G X. Electrochemical detection of protein based on hybridization chain reaction-assisted formation of copper nanoparticles [J]. Biosensors and Bioelectronics, 2015, 66: 327 - 331.

[47] HUANG X, LIU Y, YUNG B, XIONG Y, CHEN X. Nanotechnology-enhanced no-wash biosensors for in vitro diagnostics of cancer[J]. ACS Nano, 2017, 11(6): 5238 - 5292.

[48] 孙恩杰，熊燕飞，谢浩.纳米生物学[M].北京：化学工业出版社，2010.

[49] WONGKAEW N, SIMSEK M, GRIESCHE C, BAEUMNER A J. Functional nanomaterials and nanostructures enhancing electrochemical biosensors and lab-on-a-chip performances: Recent progress, applications, and future perspective[J]. Chemical Reviews, 2019, 119(1): 120 - 194.

[50] KUMAR V, KUKKAR D, HASHEMI B, KIM K H, DEEP A. Advanced functional structure-based sensing and imaging strategies for cancer detection: Possibilities, opportunities, challenges, and prospects[J]. Advanced Functional Materials, 2019, 29(16): 1807859.

[51] ZHANG S, GERYAK R, GELDMEIER J, KIM S, TSUKRUK V V. Synthesis, assembly, and applications of hybrid nanostructures for biosensing [J]. Chemical Reviews, 2019, 117(20): 12942 - 13038.

[52] QUESADA-GONZALEZ V, MERKOCI A. Nanomaterial-based devices for point-of-care diagnostic applications[J]. Chemical Society Reviews, 2018, 47: 4697 - 4709.

[53] 崔大祥.纳米技术与精准医学[M].上海：上海交通大学出版社，2020.

[54] SHANDILYA R, BHARGAVA A, BUNKAR N, TIWARI R, GORYACHEVA I Y, MISHRA P K. Nanobiosensors: Point-of-care approaches for cancer diagnostics[J]. Biosensors and Bioelectronics, 2019, 130: 147 - 165.

[55] LI W, WANG H, ZHAO Z, GAO H, LIU C, ZHU L, WANG C, YANG Y. Emerging nanotechnologies for liquid biopsy: The detection of circulating tumor cells and extracellular vesicles[J]. Advanced Materials, 2019, 31(45): 1805344.

[56] 王树，刘礼兵，吕凤婷.纳米生物材料[M].北京：化学工业出版社，2018.

[57] ZHANG Y, CHEN X Y. Nanotechnology and nanomaterial-based no-wash electrochemical biosensors: From design to application[J]. Nanoscale, 2019, 11: 19105 - 19118.

[58] SHARIFI M, AVADI M R, ATTAR F, DASHTESTANI F, GHORCHIAN H, REZAYAT S M, SABOURY A A, FALAHATI M. Cancer diagnosis using nanomaterials based electrochemical nanobiosensors[J]. Biosensors and Bioelectronics, 2019, 126: 773 - 784.

[59] FARKA Z, JURIK T, KOVAR D, TRNKOVA L, SKLADAL P. Nanoparticle-based immunochemical biosensors and assays: Recent advances and challenges[J]. Chemical Reviews, 2017, 117(15): 9973 - 10042.

[60] MANDAL R, BARANWAL A, SRIVASTAVA A, CHANDRA P. Evolving trends in bio/chemical sensor fabrication incorporating bimetallic nanoparticles[J]. Biosensors and Bioelectronics, 2018, 117: 546 - 561.

[61] CHINEN A B, GUAN C M, FERRER J R, BARNABY S N, MERKEL T J, MIRKIN C A. Nanoparticle probes for the detection of cancer biomarkers, cells, and tissues by fluorescence[J]. Chemical Reviews, 2015, 115(19): 10530 - 10574.

[62] DE M, GHOSH P S, ROTELLO V M. Applications of nanoparticles in biology[J]. Advanced Materials, 2008, 20(22): 4225 - 4241.

[63] ZHENG W, JIANG X. Integration of nanomaterials for colorimetric immunoassays with improved

performance: A functional perspective[J]. Analyst，2016，141：1196－1208.

[64] SAHA K，AGASTI S S，KIM C，LI X，ROTELLO V M. Gold nanoparticles in chemical and biological sensing[J]. Chemical Reviews，2012，112(5)：2739－2779.

[65] ZHOU Y G，REES N V，COMPTON R G. The electrochemical detection and characterization of silver nanoparticles in aqueous solution[J]. Angewandte Chemie International Edition，2011，50(18)：4219－4221.

[66] WANG J. Electrochemical biosensing based on noble metal nanoparticles[J]. Microchimica Acta，2012，177：245－270.

[67] OWEN J，BRUS L. Chemical synthesis and luminescence applications of colloidal semiconductor quantum dots[J]. Journal of the American Chemical Society，2017，139(32)：10939－10943.

[68] YANG Y，MAO G，JI X，HE Z. DNA-templated quantum dots and their applications in biosensors，bioimaging，and therapy[J]. Journal of Materials Chemistry B，2020，8：9－17.

[69] YAO J，LI L，LI P，YANG M. Quantum dots：From fluorescence to chemiluminescence，bioluminescence，electrochemiluminescence，and electrochemistry[J]. Nanoscale，2017，9：13364－13383.

[70] MASUD M K，YOUNUS M，HOSSAIN S A，BANDO Y，SHIDDIKY M J A，YAMAUCHI Y. Superparamagnetic nanoarchitectures for disease-specific biomarker detection[J]. Chemical Society Reviews，2019，48：5717－5751.

[71] ZHAO S，YU X，QIAN Y，CHEN W，SHEN J. Multifunctional magnetic iron oxide nanoparticles：An advanced platform for cancer theranostics[J]. Theranostics，2020，10(14)：6278－6309.

[72] 刘畅，成会明.碳纳米管[M].北京：化学工业出版社，2018.

[73] PATEL K D，SINGH R K，KIM H W. Carbon-based nanomaterials as an emerging platform for theranostics[J]. Materials Horizons，2019，6：434－469.

[74] TIWARI J N，VIJ V，KEMP K C，KIM K S. Engineered carbon-nanomaterial-based electrochemical sensors for biomolecules[J]. ACS Nano，2016，10(1)：46－80.

[75] 周翠松.静电纺丝传感界面[M].北京：化学工业出版社，2017.

[76] 刘云圻.石墨烯：从基础到应用[M].北京：化学工业出版社，2017.

[77] CHENG C，LI S，THOMAS A，KOTOV N A，HAAG R. Functional graphene nanomaterials based architectures：Biointeractions，fabrications，and emerging biological applications[J]. Chemical Reviews，2017，117(3)：1826－1914.

[78] AMBROSI A，CHUA C K，BONANNI A，PUMERA M. Electrochemistry of graphene and related materials[J]. Chemical Reviews，2014，114(14)：7150－7188.

[79] 左国防.石墨烯纳米复合材料电化学生物传感器[M].北京：科学出版社，2020.

[80] SU S，SUN Q，GU X，XU Y，SHEN J，ZHU D，CHAO J，FAN C，WANG L. Two-dimensional nanomaterials for biosensing applications[J]. Trends in Analytical Chemistry，2019，119：115610.

[81] HUANG K，LI Z，LIN J，HAN G，HUANG P. Two-dimensional transition metal carbides and nitrides (MXenes) for biomedical applications[J]. Chemical Society Reviews，2018，47：5109－5124.

[82] YING Y L，LONG Y T. Nanopore-based single-biomolecule interfaces：From information to knowledge[J]. Journal of the American Chemical Society，2019，141(40)：15720－15729.

[83] SHI W Q，FRIEDMAN A K，BAKER L A. Nanopore sensing[J]. Analytical Chemistry，2017，89(1)：157－188.

[84] EBRAHIMI S B, SAMANTA D, MIRKIN C A. DNA-based nanostructures for live-cell analysis [J]. Journal of the American Chemical Society, 2020, 142(26): 11343 - 11356.
[85] SEEMAN N C, SLEIMAN H F. DNA nanotechnology[J]. Nature Reviews Materials, 2018, 3: 17068.
[86] 柯国梁.DNA 纳米材料的设计及其在生物传感和蛋白质机器中的应用[D].福建：厦门大学,2016.
[87] ZHANG Y, TU J, WANG D, ZHU H, MAITY S K, QU X, BOGAERT B, PEI H, ZHANG H. Programmable and multifunctional DNA-based materials for biomedical applications [J]. Advanced Materials, 2018, 30(24): 1703658.
[88] 樊春海,刘东生.DNA 纳米技术：分子传感、计算与机器[M].北京：科学出版社,2011.
[89] YE D, ZUO X L, FAN C H. DNA nanotechnology-enabled interfacial engineering for biosensor development[J]. Annual Review of Analytical Chemistry, 2018, 11: 3. 1 - 3. 25.
[90] LI J, MO L, LU C H, FU T, YANG H H, TAN W H. Functional nucleic acid-based hydrogels for bioanalytical and biomedical applications[J]. Chemical Society Reviews, 2016, 45: 1410 - 1431.
[91] PARK S J, TATON T A, MIRKIN C A. Array-based electrical detection of DNA with nanoparticle probes[J]. Science, 2002, 295(5559): 1503 - 1506.
[92] ZHANG J, SONG S, WANG L, PAN D, FAN C H. A gold nanoparticle-based chronocoulometric DNA sensor for amplified detection of DNA[J]. Nature Protocols, 2007, 2: 2888 - 2895.
[93] LIU J W, LU Y. Preparation of aptamer-linked gold nanoparticle purple aggregates for colorimetric sensing of analytes[J]. Nature Protocols, 2006, 1: 246 - 252.
[94] MA L N, LIU D J, WANG Z X. Synthesis and applications of gold nanoparticle probes[J]. Chinese Journal of Analytical Chemistry, 2010, 38(1): 1 - 7.
[95] 王莹,焦体峰,谢丹阳,王风彦.金纳米颗粒制备及应用研究进展[J].中国无机分析化学,2012, 2(4): 15 - 21.
[96] JV Y, LI B, CAO R. Positively-charged gold nanoparticles as peroxidiase mimic and their application in hydrogen peroxide and glucose detection[J]. Chemical Communications, 2010, 46: 8017 - 8019.
[97] NIIDOME T, NAKASHIMA K, TAKAHASHI H, NIIDOME Y. Preparation of primary amine-modified gold nanoparticles and their transfection ability into cultivated cells [J]. Chemical Communications, 2004: 1978 - 1979.
[98] MODENA M M, RUHLE B, BURG T P, WUTTKE S. Nanoparticle characterization: What to measure? [J]. Advanced Materials, 2019, 31(32): 1901556.
[99] LIU B W, LIU J W. Interface-driven hybrid materials based on DNA-functionalized gold nanoparticles[J]. Matter, 2019, 1(4): 825 - 847.
[100] LIU B W, LIU J W. Freezing-driven DNA adsorption on gold nanoparticles: Tolerating extremely low salt concentration but requiring high DNA concentration[J]. Langmuir, 2019, 35(19): 6476 - 6482.
[101] ZHU D, SONG P, SHEN J W, SU S, CHAO J, ALDALBAHI A, ZHOU Z, SONG S P, FAN C H, ZUO X L, TIAN Y, WANG L H, PEI H. PolyA-mediated DNA assembly on gold nanoparticles for thermodynamically favorable and rapid hybridization analysis[J]. Analytical Chemistry, 2016, 88(9): 4949 - 4954.
[102] AMBROSI A, CASTANEDA M T, KILLARD A J, SMYTH M R, ALEGRET S, MERKOCI A. Double-codified gold nanolabels for enhanced immunoanalysis[J]. Analytical Chemistry, 2007, 79(14): 5232 - 5240.

[103] WANG J, CAO Y, XU Y Y, LI G X. Colorimetric multiplexed immunoassay for sequential detection of tumor markers[J]. Biosensors and Bioelectronics, 2009, 25: 532 - 536.

[104] RUZI B, RYAN N, RUTSCHKE K, AWOTUNDE O, DRISKELL J D. Antibodies irreversibly adsorb to gold nanoparticles and resist displacement by common blood proteins[J]. Langmuir, 2019, 35(32): 10601 - 10609.

[105] ZHANG L, MAZOUZI Y, SALMAIN M, LIEDBERG B, BOUJDAY S. Antibody-gold nanoparticle bioconjugates for biosensors: Synthesis, characterization and selected applications [J]. Biosensors and Bioelectronics, 2020, 165: 112370.

[106] KHAN M Z H, LIU X Q, ZHU J, MA F, HU W, LIU X H. Electrochemical detection of tyramine with ITO/APTES/ErGO electrode and its application in real sample analysis [J]. Biosensors and Bioelectronics, 2018, 108: 76 - 81.

[107] 张先亮，唐红定，廖俊.硅烷偶联剂：原理、合成与应用[M].北京：化学工业出版社，2011.

[108] LI Z, WANG G, SHEN Y, GUO N, MA N. DNA-templated magnetic nanoparticle-quantum dot polymers for ultrasensitive capture and detection of circulating tumor cells[J]. Advanced Functional Materials, 2018, 28(14): 1707152.

[109] ZHOU M R, FENG C, MAO D S, YANG S Q, REN L J, CHEN G F, ZHU X L. An electrochemical biosensor integrating immunoassay and enzyme activity analysis for accurate detection of active human apurinic/apyrimidinic endonuclease 1[J]. Biosensors and Bioelectronics, 2019, 142: 111558.

[110] AKANDA R, OSMAN A M, NAZAL M K, AZIZ A. Review — Recent advancements in the utilization of indium tin oxide (ITO) in electroanalysis without surface modification[J]. Journal of the Electrochemical Society, 2020, 167: 3.

[111] DHANJAI, SINHA A, KALAMBATE P K, MUGO S M, KAMAU P, CHEN J, JAIN R. Polymer hydrogel interfaces in electrochemical sensing strategies: A review[J]. Trends in Analytical Chemistry, 2019, 118: 488 - 501.

[112] LI T, FAN Q, LIU T, ZHU X L, ZHAO J, LI G X. Detection of breast cancer cells specially and accurately by an electrochemical method[J]. Biosensors and Bioelectronics, 2010, 25: 2686 - 2689.

[113] LI Z, HE W, LUO X, WANG L, MA N. DNA-programmed quantum dot polymerization for ultrasensitive molecular imaging of cancer cells[J]. Analytical Chemistry, 2016, 88(19): 9355 - 9358.

[114] WANG G L, LI Z, MA N. Next-generation DNA-functionalized quantum dots as biological sensors[J]. ACS Chemical Biology, 2018, 13(7): 1705 - 1713.

[115] HINDS S, TAFT B J, LEVINA L, SUKHOVATKIN V, DOOLEY C J, ROY M D, MACNEIL D D, SARGENT E H, KELLEY S O. Nucleotide-directed gowth of smiconductor nanocrystals[J]. Journal of the American Chemical Society, 2006, 128(1): 64 - 65.

[116] LIU J W. DNA-stabilized, fluorescent, metal nanoclusters for biosensor development[J]. Trends in Analytical Chemistry, 2014, 58: 99 - 111.

[117] 贺锦灿，李攻科，胡玉玲.基于DNA模板制备的金属纳米簇及其在分析检测中应用进展[J].分析化学学报，2018，34(1)：127 - 133.

[118] ZHOU L, REN J S, QU X G. Nucleic acid-templated functional nanocomposites for biomedical applications[J]. Materials Today, 2017, 20(4): 179 - 190.

[119] WANG J.分析电化学[M].朱永春，张玲，译.北京：化学工业出版社，2008.

7 功能 DNA 辅助的蛋白质电化学分析实验技术

DNA 是脱氧核糖核酸(deoxyribonucleic acid)的简称,是遗传信息的主要承载者。在人体中,DNA 组成了细胞的基因组,是转录过程中 RNA 合成的模板,编码和绘制了生命所需的宏伟蓝图。自 1953 年 4 月 25 日沃森(J. Watson)和克里克(F. Crick)在 *Nature* 杂志上提出 DNA 的双螺旋结构模型以来,DNA 始终是人们探索生命本质、解读生命密码的核心研究对象。在过去的 60 多年中,人们对于 DNA 的碱基组成、三维构象以及复制、转录过程有了更加深入的了解,在探索 DNA 参与细胞代谢、遗传、疾病等的机制方面也获得了天翻地覆般的进展。更令人兴奋的是,在这个过程中,人们发现,除了作为遗传物质,DNA 分子还有着许多有趣的功能。例如,一些科学家通过他们发展的"体外进化"技术筛选得到了许多具有特定结构且可以和特定物质发生高亲和力结合的 DNA 分子,这些 DNA 分子就是我们在第 5 章中介绍的核酸适体;一些科学家发现某些 DNA 分子具有类似于酶的功能,表现出诸如核酸切割酶、DNA 激酶、过氧化物酶、DNA 连接酶等不同的催化活性,这些 DNA 分子被命名为脱氧核酶(deoxyribozyme 或 DNAzyme);一些科学家发现借助 DNA 分子丰富的二级结构、强大的编码能力和无与伦比的精确装配能力,DNA 分子不仅可以用于构建各种各样的对称或不对称的纳米结构,而且可以用于设计和制作不同功能的 DNA 逻辑门以及以 DNA 镊子(DNA tweezer)、DNA 马达(DNA motor)、DNA 步行者(DNA walker)、DNA 等温复制机器为代表的 DNA 分子机器。在本书中,我们将这些具有分子识别或催化功能的 DNA 分子以及以 DNA 分子为基础构建的纳米结构、逻辑门和分子机器统称为"功能 DNA",它们为发展高效、灵敏的蛋白质电化学分析实验技术提供了取之不尽、用之不竭的武器库。

7.1 DNAzyme 及其在蛋白质电化学定量分析中的应用

长期以来,人们认为生物体内所有具有催化功能的酶的化学本质都是蛋白质。20 世纪 80 年代,美国科学家 T. R. Cech 和 S. Altman 各自带领的研究团队先后发现了具有催化活性的 RNA 分子,他们将这种 RNA 分子命名为核酶(ribozyme)。核酶的发现从根本上打破了“所有的酶都是蛋白质”的传统观念，也使得两位科学家分享了1989年的诺贝尔化学奖。与此同时，核酶的发现也给人们提出了一个新的科学问题：是否同样存在具有催化活性的DNA分子？1994年，美国斯克利普斯研究所的两位科学家R. R. Breaker和G. F. Joyce采用一种他们所建立的体外筛选技术，从含有大约10^{14}条不同DNA分子的文库中得到了一条依赖于二价金属离子Pb^{2+}的具有RNA切割活性的DNA分子[1]；这条DNA分子被称为脱氧核酶(DNAzyme)，它的发现使得人们对于酶的认识又有了一次飞跃式的进步。

截至目前，科学家们已经通过各种体外筛选技术得到了许多种具有不同催化功能的DNAzyme。例如，S. W. Santoro和G. F. Joyce筛选出了两种Mg^{2+}依赖的DNAzyme，分别命名为“8-17型”和“10-23型”DNAzyme；这两种DNAzyme能够在Mg^{2+}存在的条件下，通过改变结合部位的碱基序列来切割不同的底物RNA分子[2]。D. Sen课题组筛选得到了一条由18个碱基组成的富含鸟嘌呤的单链DNA PS2.M；这种DNA能够折叠形成一个G-四联体结构，有效地结合氯高铁血红素，形成具有过氧化物酶活性的DNAzyme[3]。在后续的工作中，I. Willner课题组发现这种由G-四联体DNA和氯高铁血红素组成的DNAzyme(称为Hemin/G-quadruplex)不仅具有过氧化物酶活性，而且具有NADH氧化酶活性[4]。B. Cuenoud和J. W. Szostak筛选得到了一条含有47个碱基的DNAzyme E47；这种DNAzyme可以在Zn^{2+}或Cu^{2+}存在的条件下，催化一条DNA链5′末端的羟基与另一条DNA链3′末端的磷酸基团之间形成磷酸酯键，发挥DNA连接酶的活性[5]。S. K. Sliverman课题组筛选得到了一条能够水解DNA分子内磷酸酯键的DNAzyme 10MD5；这种DNAzyme的催化活性具有序列特异性，并且需要Zn^{2+}和Mn^{2+}的同时存在[6]。

得益于其寡聚脱氧核苷酸的化学本质，DNAzyme可以十分方便地与核酸适体或抗体等分子识别元件相结合，这为蛋白质电化学分析实验新技术的开发提供了有利条件。由G-四联体DNA和氯高铁血红素组成的Hemin/G-quadruplex是电化学分析中最为常用的DNAzyme，已经被先后成功用于凝血酶、干扰素γ、IgG1、癌胚抗原、B型肝炎病毒表面抗原等蛋白质的定量分析。例如，H. Zhang等人将一条同时包含G-四联体序列和干扰素γ核酸适体序列的DNA发卡探针固定于电极表面，进而利用目标蛋白质干扰素γ所引起的DNA发卡探针的构象变化和后续形成的Hemin/G-quadruplex DNAzyme催化过氧化氢产生的电化学响应信号，建立了一种能够用于最低0.1 nmol/L干扰素γ定量分析的电化学实验技术[7]；Y. Yuan等人综合运用Hemin/G-quadruplex DNAzyme内在的过氧化物酶活性和NADH氧化酶活性，实现了低至0.15 pmol/L凝血酶的电化学定量分析[8]。除了Hemin/G-quadruplex，诸多依赖于金属离子(如Mg^{2+}、Pb^{2+}、Cu^{2+}等)的具有核酸切割活性的DNAzyme在蛋白质电化学定量分析中同样有着广阔的用武之地。2013年，Y. L. Chen和R. M. Corn研究发现，凝血酶的核酸适体与一条依赖于Cu^{2+}的DNAzyme的底物片段存在一段共享序列；以该发现为基础，他们成功地开发了一种命名为“DNAzyme footprinting”的电化学实验技术用于凝血酶的定量分析[9]。不久前，S. Lei等人将一种依赖于Mg^{2+}的DNAzyme与Hemin/G-quadruplex DNAzyme相结合，发展了一种十分灵敏的电化学定量分析实验技术，对于目标蛋白质凝血酶的检测限可以达到 0.31 pmol/L[10]。笔者所在课题组对于金属离子依赖性 DNAzyme 在蛋白质电化学定量分析中的应用也有着一些可喜的成果。例如，李薇薇等人利用目标蛋白质诱发的核酸适体/互补探针解链效应作为启动 Pb^{2+} 依赖的 DNAzyme 催化活性的分子开关，实现了最低 0.2 pg/mL 目标蛋白质的灵敏分析[11]；李超等人将邻近效应与 Pb^{2+} 依赖的 DNAzyme 有机整合，建立了一种具有高通用性的电化学实验技术，能够用于链霉亲和素、癌胚抗原、前列腺特异性抗原、甲胎蛋白等多种蛋白质的定量分析[12]。

7.2 DNA 纳米结构及其在蛋白质电化学定量分析中的应用

DNA 分子严格遵守碱基互补配对原则，同时有着特性明确的双螺旋结构和清楚可控的热力学性质，这使得 DNA 分子可以通过一定的序列设计和条件控制，十分“听话”地按照预先设计的方式进行组装。更有趣的是，作为一种生物大分子，双链 DNA 和单链 DNA 有着截然不同的机械性质：在一定的尺度内，双链 DNA 具有较高的刚性，其余辉长度(persistence length)可以达到 50 nm；单链 DNA 具有较强的柔软性，并且这种柔软性与组成单链 DNA 的碱基序列密切相关，例如由多聚胸腺嘧啶组成的单链 DNA 的柔软性明显强于由多聚腺嘌呤组成的单链 DNA。通过交替使用相对刚性的双链 DNA 和相对柔软的单链 DNA，并且充分运用 DNA 单链之间的互补杂交，科学家们可以设计并组装得到各式各样的具有不同几何形状和拓扑学特征的 DNA 纳米结构。

Tile 自组装是一种由美国科学家 N. C. Seeman 最早提出的用于构建 DNA 纳米结构的经典思路。这种思路的提出受到了天然存在的生命现象的启发。1964 年，英国科学家 R. Holliday 在研究酵母细胞基因同源重组时，发现了一种由两条同源染色体的双链 DNA 之间发生部分链交换而形成的十字交叉结构，这种结构后来被称为 Holliday 中间体。1982 年，N. C. Seeman 从新的角度对 Holliday 中间体进行了思考，他创造性地提出：Holliday 中间体具有新的空间取向，以其为结构单元，可以利用 DNA 黏性末端互补杂交的特性构建出二维或三维的有序网络结构。随后，N. C. Seeman 领导着他的研究团队在实验中实践了他的天才设想：他们设计了一个由四条单链 DNA 依次互补杂交形成的与 Holliday 中间体类似的“四臂结”(four-arm junction)结构，并讨论了用它作为基本构筑单元(也称为 DNA 瓦片，DNA tile)构造二维有序网格的可能性[13]。在随后的 20 余年里，国内外学者在 N. C. Seeman 的天才设想的基础上不断探索和研究，已经利用 tile 自组装思路制备出了多种多样的 DNA 纳米结构。例如，W. M. Shih 等人使用 5 个双交叉(double-crossover, DX)tile 和 7 个平行交叉(paranemic-crossove, PX)tile，设计并组装了一种 DNA 八面体(DNA octahedron)结构[14]；R. P. Goodman 等人使用一步法组装得到了 DNA 四面体(DNA tetrahedron)，并通过对组装方法的改进，实现了这种四面体 tile 的手性选择性组装[15,16]；C. D. Mao 教授课题组报道了一种三点星状 DNA tile，进而通过改变所使用的 DNA 单链的序列和浓度以及 tile 中心处控制节点柔性的茎环的长度，极其简便且高效地合成了四面体、十二面体、巴基球等一系列 DNA 多面体结构[17]。

2006 年，DNA 纳米结构的设计和组装迎来了里程碑式的技术飞跃：美国加州理工大学的 P. W. K. Rothemund 在 *Nature* 杂志上以封面论文的形式发表了他关于 DNA 折纸术(DNA origami)的工作；在这项工作中，P. W. K. Rothemund 不仅通过 DNA 折纸术成功制作得到了三角形、方形、矩形、五角星和笑脸等图形，而且对于 DNA 折纸术的理论和潜在应用都进行了十分广泛的讨论[18]。DNA 折纸术原则上能够让科学家们轻而易举地设计和制作各种不同维度的复杂 DNA 纳米结构，其基本思路是通过一群很短的 DNA 单链(称为订书钉链，staple strand)分别与一条很长的 DNA 单链(称为脚手架链，scaffold chain)的某个区域互补，从而利用这群 DNA 短链将这条 DNA 长链像折一张纸一样，绑定折叠成特定的形状。M13mp18 噬菌体的环状单链 DNA 是最经典的 DNA 折纸术脚手架链，也是目前商业化合成水平最高的一条由数千个碱基组成的 DNA 单链，其不仅在序列中不存在明显的重复片段，而且在二级结构中不含有超过 20 bp 的茎环。与 tile 自组装相比，DNA 折纸术对于所使用的 DNA 单链的纯度和浓度没有十分严格的要求，同时在实验操作和反应时间上优势明显，通常只需要“一步反应、2 h 左右时间”即可以完成。自 2006 年诞生以来，DNA 折纸术已经成为 DNA 纳米结构研究中的明星技术，科学家们利用这种技术成功构造了多种精细巧妙的二维和三维 DNA 结构。例如，在 P. W. K. Rothemund 的工作发表后不久，上海交通大学和中科院上海应用物理研究所的科学家们就利用 DNA 折纸术设计制作了类似于中国地图的非对称 DNA 图形，并通过原子力显微镜观测到了清晰的形状[19]；2011 年，颜颢教授课题组提出了一种通过堆叠不同半径的 DNA 链形成的环形物来进行 DNA 折纸的新策略，组装出了圆球、椭圆球和烧瓶等多种具有弧度的三维 DNA 纳米结构[20]；2017 年，钱璐璐教授课题组发展了一种分层多级组装技术，成功地制备了尺寸最大可达到 0.5 μm^2、像素点最多可达到 8 704 个的 DNA 折纸阵列，这些阵列甚至可以表现出蒙娜丽莎和公鸡等图案[21]；2018 年，樊春海院士课题组和颜颢教授课题组密切合作，通过借鉴自然界中广泛存在的硅藻，利用经典 Stöber 硅化学方法，制备了精确可控、高力学强度的 DNA-二氧化硅复合纳米折纸结构，为 DNA 折纸术的研究和应用开辟了新的道路[22]。

截至目前，DNA 纳米结构在蛋白质电化学定量分析中的应用尚处于起步阶段，但也已经取得了一些令人瞩目的成果。例如，樊春海院士课题组发现通过一步退火法组装得到的 DNA 四面体可以作为核酸适体、抗体等分子识别元件进行电极组装的良好媒介，其不仅可以提高分子识别元件在电极表面组装的有序性，而且能够有效地保持这些元件的生物活性[23]。P. S. Lukeman 教授课题组利用 DNA 折纸结构制备功能化电极，以此为基础发展了一种具有良好的多靶标分析能力和复杂环境适用性的电化学分析实验技术[24]。X. X. Mao 等人在氧化铟锡电极表面原位合成 DNA 水凝胶，成功地实现了辣根过氧化物酶的电极固定和相关电化学分析[25]。

7.3　DNAzyme 辅助的蛋白质电化学分析实验技术

7.3.1　原理

2002 年，S. Fredriksson 等人利用一对亲和探针，提出了一种邻近分析策略，实现了最低 24 000 分子血小板衍生因子 BB(PDGF-BB)的超灵敏检测[26]；这种邻近分析策略的理论基础是目标蛋白质特异性的同时结合一对亲和探针，这会导致这对探针在空间上彼此邻近，进而引发后续的 DNA 杂交、链置换、扩增等过程。通过将邻近分析策略与电化学分析测试方法相结合，国内外学者发展了一系列灵敏且特异的蛋白质电化学定量分析实验技术。2015 年，笔者所在课题组将 Pb^{2+} 依赖的 DNAzyme 引入邻近分析过程，提出了一种能够用于多种蛋白质定量分析的电化学实验技术[12]。该技术的原理如图 7－1 所示，在初始状态下，一条 5′和 3′末端分别修饰有电化学活性分子亚甲基蓝和巯基基团的报告探针 MB 链通过 Au-S 键自组装至金电极表面；与此同时，一条 3′末端修饰有巯基基团的邻近催化探针 P1 与目标蛋白质[此处以癌胚抗原(CEA)为例]的特异性抗体偶联。根据设计，MB 链和 P1 链可以分别作为 Pb^{2+} 依赖 DNAzyme 的底物亚基和催化亚基，且两者存在部分片段互补。当目标蛋白质不存在时，由于 MB 链和 P1 互补片段的解链温度(T_m)低于实验环境温度(RT)，MB 链和 P1 链无法独立地稳定杂交，无法形成有活性的 DNAzyme。当目标蛋白质存在时，目标蛋白质 CEA 同时识别结合两分子的抗体- P1 偶联物，所形成的夹心三明治结构得益于邻近效应，能够稳定地与电极表面的两条 MB 链杂交，组装形成包含有活性 DNAzyme 在内的催化复合物，后者可以在 Pb^{2+} 存在的条件下大量切割固定的 MB 链，导致电化学活性分子亚甲基蓝远离电极表面，最终产生显著下降的电化学响应信号，从而实现目标蛋白质的定量分析。

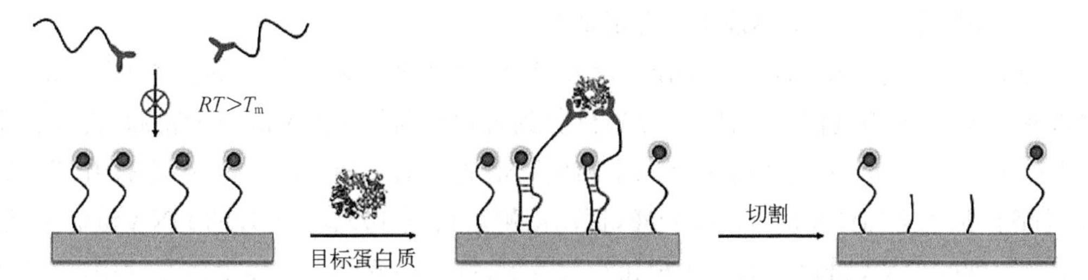

图 7－1　DNAzyme 辅助的蛋白质电化学分析实验技术的原理示意图[12]

7.3.2　基本实验流程

(1) 涉及的化学试剂及其英文名称(或英文缩写)

① 硫酸：H_2SO_4；

② 氯化钾：KCl；

③ 磷酸氢二钠：Na_2PO_4；

④ 磷酸二氢钾：KH_2PO_4；

⑤ 三(羟甲基)氨基甲烷：Tris；

⑥ 乙二胺四乙酸二钠：EDTA；

⑦ 盐酸：HCl；

⑧ 三(2-羰基乙基)磷盐酸盐：TCEP；

⑨ 6-巯基己醇：MCH；

⑩ 4-(2-羟乙基)哌嗪-1-乙磺酸：HEPES；

⑪ 高氯酸钠：$NaClO_4$；

⑫ 3-马来酰亚胺基苯甲酸琥珀酰亚胺酯(水溶性)：Sulfo-MBS；

⑬ 叠氮化钠：NaN_3；

⑭ 氯化钠：NaCl；

⑮ 硝酸铅：$Pb(NO_3)_2$；

⑯ 牛血清白蛋白：BSA。

(2) 溶液配制

① 0.5 mol/L H_2SO_4 溶液：准确量取 200 mL 蒸馏水，向其中缓慢加入 5.4 mL 浓 H_2SO_4，混合均匀。

② 0.01 mol/L KCl/0.1 mol/L H_2SO_4 溶液：准确称取 0.149 2 g KCl，溶解于 200 mL 蒸馏水中，随后向其中缓慢加入 1.16 mL 浓 H_2SO_4，混合均匀。

③ 10×PBS：准确称取 80 g NaCl、11.36 g Na_2PO_4、2.7 g KH_2PO_4 和 2.0 g KCl，溶解于 1 000 mL 蒸馏水中；该溶液使用蒸馏水稀释 10 倍即为 1×PBS。

④ TE 缓冲液(0.01 mol/L Tris-HCl，含 0.1 mmol/L EDTA，pH 7.8)：准确称取 0.121 14 g Tris 和 3.72 mg EDTA，使用蒸馏水溶解并用 HCl 溶液调节 pH 至 7.8 后，转移至 100 mL 容量瓶中，加蒸馏水定容至刻度。

⑤ DNA 链储存液：设计并委托专业公司合成本实验技术中使用的各条 DNA 链(如报告探针 MB 链、邻近催化探针 P1 等)；待收到公司交付的 DNA 链冻干粉后，首先在室温下以 12 000 r/min 的转速将装有冻干粉的离心管离心 10 min；随后，小心打开离心管盖，向管内加入适当体积的 TE 缓冲液，振荡溶解后得到 100 μmol/L 的 DNA 链储存液；根据所得到的 DNA 链储存液的体积和实验需求，将储存液分装至多个离心管中，每管体积建议不低于 20 μL，−20℃条件下保存备用。

⑥ 0.01 mol/L TCEP 溶液：准确称取 2.87 mg TCEP，溶解于 1.0 mL 蒸馏水中。

⑦ 0.01 mol/L Tris-HCl 缓冲液(pH 7.4)：准确称取 0.121 14 g Tris，使用蒸馏水溶解并用 HCl 溶液调节 pH 至 7.4 后，转移至 100 mL 容量瓶中，加蒸馏水定容至刻度。

⑧ 0.002 mol/L MCH 溶液：准确移取 0.4 μL MCH，加入 1.0 mL 0.01 mol/L Tris/

HCl缓冲液中，混合均匀。（注意：该溶液需要现用现配。）

⑨ 电化学测试溶液（0.01 mol/L HEPES，含0.5 mol/L $NaClO_4$，pH 7.0）：准确称取0.595 75 g HEPES和15.3 g $NaClO_4$，使用蒸馏水溶解并用HCl溶液调节pH至7.0后，转移至250 mL容量瓶中，加蒸馏水定容至刻度。

⑩ 0.01 mol/L PBS(pH 6.8)：准确称取1.42 g Na_2PO_4 和0.27 g KH_2PO_4，使用蒸馏水溶解并用HCl或NaOH溶液调节pH至6.8后，转移至1 000 mL容量瓶中，加蒸馏水定容至刻度。

⑪ 蛋白质保存缓冲液（1×PBS，含0.2 mol/L NaCl和0.09% NaN_3）：准确称取1.17 g NaCl和0.09 g NaN_3，溶解于100 mL 1×PBS中。

⑫ 0.01 mol/L PBS（含0.5 mol/L NaCl和0.2 mmol/L Pb^{2+}，pH 6.8）：准确称取2.922 g NaCl和6.6 mg $Pb(NO_3)_2$，溶解至100 mL 0.01 mol/L PBS(pH 6.8)中。

⑬ 50%鸡血清：将100%鸡血清与0.01 mol/L PBS(含0.5 mol/L NaCl和0.2 mmol/L Pb^{2+}，pH 6.8)等体积混合均匀。

⑭ 稀释缓冲液：准确称取0.143 4 g Na_2PO_4、0.0245 g KH_2PO_4、0.037 7 g KCl、9.5 mg $MgCl_2$ 和1 g BSA，使用蒸馏水溶解并调节pH至7.4后，转移至100 mL容量瓶中，加蒸馏水定容至刻度。

⑮ PBST溶液：准确量取0.5 mL Tween-20，加入100 mL 1×PBS中；该溶液可以在4℃条件下保存1个月。

(3) 工作电极预处理

本实验技术使用的工作电极是一次性的可弃式丝网印刷金电极，其预处理过程如下：首先将丝网印刷金电极插入0.5 mol/L H_2SO_4 溶液中，在−0.35～1.5 V电位范围内进行循环伏安扫描直至得到稳定的图谱，扫描速度为0.1 V/s；随后，将电极转移至0.01 mol/L KCl/0.1 mol/L H_2SO_4 溶液中，分别在0.2～0.75 V、0.2～1.0 V、0.2～1.25 V和0.2～1.5 V电位范围内，进行循环伏安扫描，实现电极的活化；之后，将丝网印刷金电极插入1×PBS中，在−0.1～1.1 V电位范围内进行循环伏安扫描，将所得到的图谱中还原峰或氧化峰的积分电量值 Q 代入式(7.1)，计算得到预处理后丝网印刷金电极的真实面积 A；最后，使用1×PBS将丝网印刷金电极冲洗干净并用氮气吹干，立即用于报告探针MB链的固定。

$$A = Q / Q_{th} \tag{7.1}$$

式中，Q_{th} 是单位面积AuO单层的还原积分理论电量，一般使用(390±10) $\mu C/cm^2$ 进行计算。

(4) MB链功能化丝网印刷金电极的制备

① 将1 μL 100 μmol/L报告探针MB链母液和1 μL 0.01 mol/L TCEP溶液混合于200 μL微量离心管中，室温或25℃条件下反应1 h，从而还原MB链分子内或分子间可能存在的二硫键；随后，使用1×PBS将微量离心管中的溶液体积补充至100 μL，得到浓度为1.0 μmol/L的MB链溶液。

② 准确移取 10 μL 步骤①得到的 1.0 μmol/L MB 链溶液，滴加至预处理后的丝网印刷金电极表面，4℃条件下置于黑暗环境中反应过夜，使得 MB 链通过 3′末端修饰的巯基基团而自组装于金电极表面（*注意：在该过程中，需要对电极表面采取适当的保护措施，以避免探针溶液因挥发而干结*）；随后，使用蒸馏水冲洗电极并用氮气吹干，除去未组装的多余 MB 链。

③ 滴加 10 μL MCH 溶液(0.002 mol/L)至丝网印刷金电极表面，室温或 25℃条件下反应；MCH 一方面可以通过置换反应去除电极表面可能残留的未组装的 MB 链，另一方面可以通过带有一定负电性的羟基头部与 DNA 分子之间的静电排斥作用，避免组装至电极表面的 MB 链采取一种倒伏的空间取向；2 h 后，使用蒸馏水将电极冲洗干净并用氮气吹干，得到制备完好的 MB 链功能化电极。

④ 将步骤③得到的 MB 链功能化丝网印刷金电极插入电化学测试溶液中，在−0.5～0 V 电位范围内进行循环伏安扫描，记录此时得到的还原峰积分电量 Q_{MB} 并代入式(7.2)，计算得到 MB 链在丝网印刷金电极表面的修饰密度 Γ_{MB}(mol/cm²)。

$$\Gamma_{MB} = \frac{Q_{MB}}{nFA} \tag{7.2}$$

式中，n 代表 MB 链 5′末端修饰的亚甲基蓝氧化还原反应的得失电子数，F 代表法拉第常数(C/mol)，A 代表工作电极的面积(cm²)。

(5) 抗体-P1 偶联物的制备

① 根据所购买的目标蛋白质 CEA 的两种夹心抗体储存液的浓度，使用 1×PBS 准确配制得到浓度为 2.0 mg/mL 的抗体工作溶液。

② 准确移取 20 μL 2.0 mg/mL 抗体工作溶液，加入 80 μL 含有 Sulfo-MBS 的 0.01 mol/L PBS(pH 6.8)中，混合均匀后置于室温或 25℃条件下反应 2 h，使得 Sulfo-MBS 通过其分子一端的 N-羟基琥珀酰亚胺(NHS) 酯与抗体的自由氨基反应，形成抗体-Sulfo-MBS 交联物。（*注意：对应于抗体的摩尔浓度，混合溶液中 Sulfo-MBS 应至少过量 40 倍。*）

③ 根据所使用的抗体的分子量选择合适的超滤离心管；将步骤②得到的溶液转移至超滤离心管中，室温下以 10 000 r/min 的转速离心 10 min，去除过量的 Sulfo-MBS。

④ 弃去步骤③超滤得到的滤液，将离心管内的沉淀重悬于 100 μL 0.01 mol/L PBS (pH 6.8)中；随后，向溶液中加入 100 μL 20 μmol/L 经 TCEP 活化后的邻近催化探针 P1，室温或 25℃条件下反应 2 h，使得 P1 通过其 3′末端修饰的巯基基团与抗体-Sulfo-MBS 交联物的马来酰亚胺基团反应。

⑤ 将步骤④得到的溶液转移至超滤离心管中，室温下以 10 000 r/min 的转速离心 10 min，去除未反应的 P1；弃去滤液，将超滤离心管内的沉淀重悬于 200 μL 0.01 mol/L PBS(pH 6.8)中，得到制备完好的抗体-P1 偶联物；使用 BCA 法测定抗体-P1 偶联物在溶液中的浓度，具体实验过程请读者参考本书章节 2.1.4。

(6) 目标蛋白质的定量分析

① 根据所购买的CEA标准品的分子量，准确称取一定质量的标准品冻干粉，溶解于1.0 mL蛋白质保存缓冲液中，得到1 μmol/L CEA母液；随后，使用50%鸡血清将1 μmol/L CEA母液倍比稀释，得到1 fmol/L～1 nmol/L的一系列不同浓度的CEA标准溶液；这里使用的50%鸡血清不仅含有高浓度的蛋白质，可以减少目标蛋白质及其抗体在电极表面的非特异性吸附，而且含有一定浓度的Pb^{2+}，可以为DNAzyme催化活性的发挥提供必要的条件。

② 根据"(5) 抗体-P1偶联物的制备"环节中步骤⑤测定出的抗体-P1偶联物溶液的浓度，准确移取一定体积的抗体-P1偶联物溶液，使用稀释缓冲液稀释，得到浓度为10 nmol/L的抗体-P1偶联物工作溶液。

③ 准确移取2 μL 1 nmol/L CEA标准溶液和各2 μL 10 nmol/L抗体-P1偶联物工作溶液混合于微量离心管中，室温或25℃条件下反应30 min，使得CEA与其抗体发生特异性免疫反应，形成夹心三明治结构；随后，向离心管中加入194 μL 50%鸡血清，混合均匀。

④ 将MB链功能化丝网印刷金电极插入电化学测试溶液中，运用方波伏安法(SWV)采集电化学响应信号，记录此时所得到的方波伏安响应峰电流值I_0；方波伏安扫描采用的实验参数是：初始电位－0.45 V，终止电位－0.05 V，电位增量40 mV，频率60 Hz。

⑤ 使用蒸馏水将MB链功能化丝网印刷金电极冲洗干净，随后，将电极浸入步骤③得到的200 μL溶液中，37℃条件下反应90 min，实现催化复合物的装配以及催化复合物对电极表面MB链的切割。

⑥ 使用PBST将丝网印刷金电极彻底冲洗并用氮气吹干，除去非特异性吸附在电极表面的CEA或其抗体；随后，将丝网印刷金电极插入电化学测试溶液中，采用步骤④中的实验参数进行方波伏安扫描，记录此时所得到的方波伏安响应峰电流值I。

⑦ 计算步骤⑥和步骤④测定得到的方波伏安响应峰电流值的差值，记为ΔI，将其作为目标蛋白质电化学定量分析所使用的信号值。

⑧ 重复步骤③～⑦，获得一系列不同浓度的CEA标准溶液的ΔI；为了保证分析的准确性和可重复性，每一个浓度均需进行3组以上的重复分析；对于同一浓度的标准溶液，不同组重复分析所得到的ΔI的组间相对标准偏差应小于等于5%或10%；计算得到每一个浓度对应的平均ΔI，以其为纵坐标，以CEA标准溶液的浓度为横坐标，绘制相关曲线，并在一定的浓度范围内，拟合线性相关曲线，得到线性回归方程。

⑨ 重复步骤③～⑦，获得样品溶液3组以上的ΔI；将样品溶液的平均ΔI代入线性回归方程，计算得到样品溶液中CEA的量。

7.3.3　关键技术要点

技术要点1

在本实验技术中，一些实验条件会显著地影响目标蛋白质电化学定量分析的效果，需要在进行定量分析前进行详尽的优化。如图 7－2 所示，丝网印刷金电极表面修饰的报告探针 MB 链与抗体偶联的邻近催化探针 P1 之间可以形成两段互补序列。理论上，较长的互补序列可以提高 MB 链与 P1 所形成的杂交双链的稳定性，有利于目标蛋白质诱导形成催化复合物；但是，过长的互补序列会导致 P1 链在没有目标蛋白质时就可以与 MB 链形成稳定双链，从而引发非预期的 MB 链切割过程，造成明显的假阳性信号。相反地，较短的互补序列可以显著地降低非预期的 MB 链切割过程的发生概率；但是，过短的互补序列会导致目标蛋白质存在条件下催化复合物也难以形成，产生假阴性结果。因此，实验中需要对所使用的 MB 链和 P1 的序列尤其是两者互补片段的碱基数目进行严格的优化。参考笔者所在课题组以往的工作[12]，我们在这里提供了一组 MB 链和 P1 的序列，供读者借鉴：5′-亚甲基蓝－AGTAAGGrATCACGGTTTT-$(CH_2)_6$－巯基基团－3′（MB 链）；5′-CCGTGAAAGCTGGCCGAGCCTCTTAC$(T)_{10}$－巯基基团－3′（P1）。除了 MB 链和 P1 的序列，实验温度、催化复合物对电极表面的 MB 链进行切割的反应时间以及实验中使用的缓冲液含有的盐离子浓度也会影响定量分析的结果。例如，适宜浓度的盐离子可以有效地屏蔽 DNA 分子的负电荷，从而使得催化复合物更加容易地在电极表面扩散和切割，有利于获得更宽的分析浓度范围和更佳的分析灵敏度。

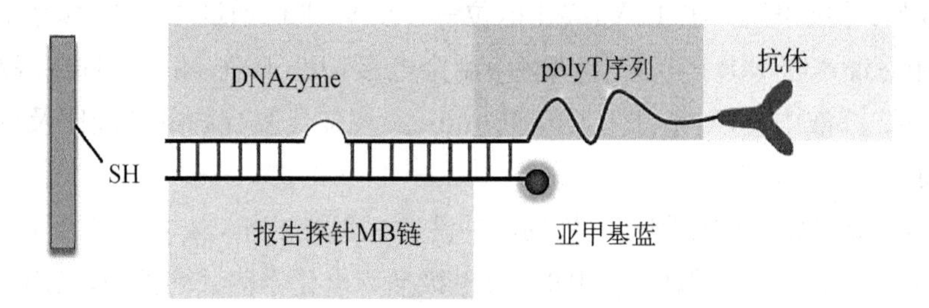

图 7－2　本实验技术中使用的报告探针 MB 链与邻近催化探针 P1 互补杂交的示意图

技术要点 2

除了电化学分析测试方法，本实验技术也可以采用荧光显微镜直观地观察目标蛋白质诱导形成的催化复合物对界面固定的 MB 链的切割过程，具体实验流程如下：

i）使用玻片作为报告探针 MB 链的固定基底。为了实现 MB 链的界面固定，首先将玻片彻底清洗干净；随后，将玻片浸入 0.5%（3－氨基丙基）三乙氧基硅烷（APTES）溶液中，室温或 25℃条件下反应 20 min，从而在玻片表面引入大量的氨基基团；之后，使用蒸馏水将玻片冲洗干净，并用滤纸轻轻擦去玻片表面残留的液体。

ii）委托专业化学合成公司合成 5′和 3′末端分别修饰有荧光团 TAMRA 和羧基基团的 MB 链（称为 TAMRA-MB），使用 TE 缓冲液配制得到浓度为 100 μmol/L 的 TAMRA-MB 母液。

iii）准确移取 3 μL 100 μmol/L TAMRA-MB 母液，加入 97 μL 含有 0.2 mol/L *N*－(3－二甲基氨基丙基)－*N*′-乙基碳二亚胺盐酸盐（EDC）和 0.05 mol/L *N*－羟基丁二酰亚

胺(NHS)的2-(*N*-吗啡啉)乙磺酸(MES)缓冲液(pH 6.0)中,室温或25℃条件下反应1 h,实现TAMRA-MB 3′末端修饰的羧基基团的活化。

iv) 将步骤iii)活化的TAMRA-MB溶液滴加至步骤i)得到的玻板表面,室温或25℃条件下反应1 h,完成TAMRA-MB的界面固定。

v) 按照"(6) 目标蛋白质的定量分析"环节中步骤①~③的实验流程,制备由目标蛋白质CEA和抗体-P1偶联物形成的夹心三明治结构。

vi) 准确移取100 μL步骤v)得到的溶液至步骤iv)得到的玻板表面,37℃条件下反应90 min,实现催化复合物的装配及其对TAMRA-MB的切割。

vii) 使用PBST将玻板彻底冲洗并用滤纸轻轻擦去残留液体,使用荧光显微镜对玻片表面进行观察。

技术要点3

抗体-P1偶联物的制备是本实验技术的核心步骤。近年来,国内外学者发展了多种高效率的抗体-DNA偶联策略,如本实验技术中使用的MES化学交联策略、章节7.4中使用的SMCC化学交联策略、经典的EDC/NHS交联策略、点击化学链接策略、光亲和标记策略等。在这里,我们补充介绍一种十分新颖的用于制备抗体-DNA偶联物的点击化学链接策略[27]的具体实验过程:

i) 根据所购买的抗体储存液的浓度,使用1×PBS进行适当倍数的稀释,得到浓度为1 mg/mL的抗体工作溶液;准确称取0.065 g二苯并环辛炔-四聚乙二醇-活性酯(DBCO-PEG4-NHS ester),溶解至10 mL DMSO中,得到浓度为10 mmol/L的DBCO-PEG4-NHS工作溶液。

ii) 分别准确移取一定体积的1 mg/mL抗体工作溶液和10 mmol/L DBCO-PEG4-NHS工作溶液,混合于微量离心管中,最终混合溶液中抗体与DBCO-PEG4-NHS的摩尔比约为1∶10;将混合溶液置于室温或25℃条件下反应45~60 min,使得抗体通过分子内的自由氨基与DBCO-PEG4-NHS的NHS基团交联;随后,将溶液转移至透析袋中,使用1×PBS,室温条件下透析4 h,得到抗体-DBCO交联物;使用BCA法测定抗体-DBCO交联物的浓度,具体实验过程请读者参考本书章节2.1.4;使用紫外-可见分光光度计测定抗体-DBCO交联物的紫外-可见吸收光谱,并将图谱中280 nm和309 nm处的吸光度值代入式(7.3),计算得到每分子抗体交联的DBCO的数量n。(注意:实验中需要对混合溶液中抗体与DBCO-PEG4-NHS的摩尔比进行优化;理论上,过高的摩尔比导致每个抗体分子上交联的DBCO基团过少,不利于后续抗体与DNA的偶联;过低的摩尔比导致每个抗体分子上交联的DBCO基团过多,会降低所形成的抗体-DBCO交联物的溶解度以及抗体的免疫反应活性。)

$$n=\frac{A_{309}}{\varepsilon_{309}^{D}}\cdot\frac{\varepsilon_{280}^{Ig}}{A_{280}} \tag{7.3}$$

式中,A_{309}代表309 nm处的吸光度值,A_{280}代表280 nm处的吸光度值,ε_{309}^{D}代表DBCO在

309 nm 处的摩尔吸光系数(12 000 L/mol・cm)，ε_{280}^{Ig}代表抗体在 280 nm 处的摩尔吸光系数(204 000 L/mol・cm)。

iii) 准确称取 0.031 4 g 3 -叠氮-丙酸琥珀酰亚胺酯(3AA-NHS)，溶解至 10 mL DMSO 中，得到浓度为 10 mmol/L 的 3AA-NHS 工作溶液；使用 TE 缓冲液溶解得到浓度为 100 μmol/L 的氨基- DNA 溶液。

iv) 分别准确移取一定体积的 10 mmol/L 3AA-NHS 工作溶液和 100 μmol/L 氨基-DNA 溶液，混合于微量离心管中，最终混合溶液中 DNA 与 3AA-NHS 的摩尔比约为 1∶3；将混合溶液置于室温或 25℃条件下反应 2 h，使 DNA 链的末端携带上叠氮基团；随后，将溶液转移至透析袋中，使用 1×PBS，室温条件下透析 4 h，得到 DNA -叠氮交联物；使用紫外-可见分光光度计测定 DNA -叠氮交联物的紫外-可见吸收光谱，并根据 260 nm 处的吸光度值计算得到 DNA -叠氮交联物的浓度。

v) 根据步骤 ii)和步骤 iv)分别计算得到的抗体- DBCO 交联物和 DNA -叠氮交联物的浓度，分别准确移取一定体积的抗体- DBCO 交联物和 DNA -叠氮交联物，混合于微量离心管中，最终混合溶液中 DNA 与抗体的摩尔比约为 3∶1；将混合溶液置于 37℃条件下反应 4 h，实现抗体与 DNA 的点击化学链接；将溶液转移至透析袋中，使用 1×PBS，室温条件下透析 4 h，得到抗体- DNA 偶联物；使用 BCA 法测定抗体- DNA 偶联物的浓度。

7.4 DNA 四面体辅助的蛋白质电化学分析实验技术

7.4.1 原理

核酸适体等 DNA 探针是通过一个复杂的由充分混乱均相体系逐渐重组为相对规则有序体系的过程而组装至电极表面，其最终在电极表面排列分布的有序性直接影响着电化学定量分析的灵敏性和可重复性。以末端修饰有巯基基团的 DNA 探针在金电极表面的自组装过程为例，理想情况下，DNA 探针首先通过巯基基团与金之间的 Au-S 键组装至电极表面，随后在不同探针分子间静电排斥力的驱动下排列成分散的直立结构。但实际上，组装至金电极表面的 DNA 探针的空间排布不仅受到探针分子间静电排斥力的影响，也会受到探针间碱基堆积作用力以及碱基与金电极界面的非特异性吸附作用的影响。最终，DNA 探针在金电极表面自组装形成的单分子层往往是非均一的，甚至是倒伏的，这非常不利于核酸适体与目标分子的识别结合。DNA 纳米结构为解决这一问题提供了一种可能的路径。2010 年，樊春海院士课题组在国际上率先将 DNA 四面体结构引入核酸适体等 DNA 探针的电极界面组装过程；他们发现，相比于传统的直接组装策略，基于 DNA 四面体的 DNA 探针组装不仅可以显著地消除相邻 DNA 探针之间的碱基堆积作用和 DNA 探针与金电极界面间的非特异性吸附，而且可以有效地控制 DNA 探针在电极表面的组装密度和空间分布，更有利于形成均一、高效的探针自组装单层[28]。目前，这种基于 DNA 四面体的 DNA 探针组装策略已经被成功地用于 DNA、microRNA、金属离子、可卡因等小分子、蛋白质、外泌体以及细胞等的电化学定量分析。

图 7-3 展示了一种经典的基于 DNA 四面体的蛋白质电化学分析实验技术的基本原理。如图 7-3 所示，该技术首先使用一段由 80 个碱基组成的包含桥连(bridge)序列的 DNA 长链与 3 段分别由 55 个碱基组成的 5′末端修饰有巯基基团的 DNA 短链共同自组装形成 DNA 四面体；所形成的这种四面体结构的三个顶点具有巯基基团，另一个顶点延伸出桥连序列。初始状态下，DNA 四面体结构通过三个顶点处的巯基基团与金之间的 Au-S 键而在金电极表面形成精确可控的自组装单层。随后，目标蛋白质(此处以肿瘤坏死因子 α(TNF-α)为例)的特异性抗体所偶联的 Linker DNA 与桥连联序列互补杂交，从而将抗体固定至电极表面。当目标蛋白质 TNF-α 存在时，固定化抗体、TNF-α 以及溶液中的生物素化报告抗体通过两步免疫反应在电极表面形成抗体/蛋白质/抗体三明治夹心结构，并进一步招募链霉亲和素-辣根过氧化物酶(SA-HRP)复合物。最终，以 3,3′,5,5′-四甲基联苯胺(TMB)为媒介分子，被招募至电极表面的 HRP 能够催化过氧化氢生成水，并产生明显的电化学信号，用于目标蛋白质 TNF-α 的定量分析。

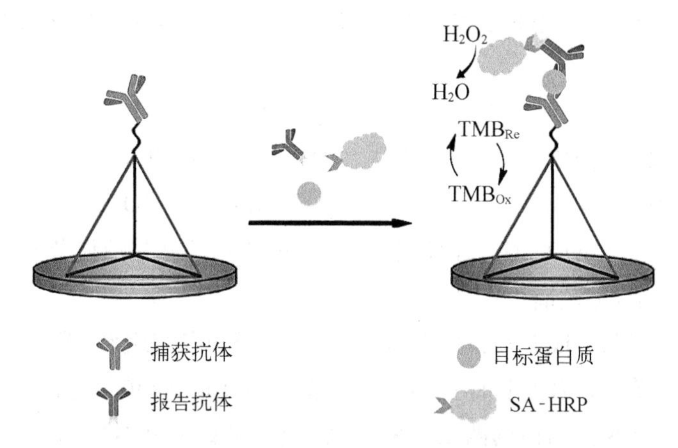

图 7-3　基于 DNA 四面体的蛋白质电化学定量分析实验技术的原理示意图[29]

7.4.2　基本实验流程

(1) 涉及的化学试剂及缩写

① 氢氧化钠：NaOH；

② 硫酸：H_2SO_4；

③ 氯化钾：KCl；

④ 三(羟甲基)氨基甲烷：Tris；

⑤ 乙二胺四乙酸二钠：EDTA；

⑥ 盐酸：HCl；

⑦ 三(2-羧基乙基)磷盐酸盐：TCEP；

⑧ 氯化镁：$MgCl_2$；

⑨ 氯化钠：NaCl；

⑩ 磷酸氢二钠：Na_2PO_4；

⑪ 磷酸二氢钾：KH_2PO_4；

⑫ 磺基琥珀酰亚胺基-4-(N-马来酰亚胺基甲基)环己烷-1-甲酸酯：Sulfo-SMCC；

⑬ 牛血清白蛋白：BSA；

⑭ 链霉亲和素-辣根过氧化物酶复合物：SA-HRP；

⑮ 4-(2-羟乙基)哌嗪-1-乙磺酸：HEPES；

⑯ 3,3′,5,5′-四甲基联苯胺：TMB；

⑰ 过氧化氢：H_2O_2。

(2) 溶液配制

① 0.5 mol/L NaOH 溶液：准确称取 2.0 g NaOH，使用蒸馏水溶解后转移至 100 mL 容量瓶中，加蒸馏水定容至刻度。

② 0.5 mol/L H_2SO_4 溶液：准确量取 200 mL 蒸馏水，向其中缓慢加入 5.4 mL 浓 H_2SO_4，混合均匀。

③ 0.01 mol/L KCl/0.1 mol/L H_2SO_4 溶液：准确称取 0.1492 g KCl，溶解于 200 mL 蒸馏水中，随后向其中缓慢加入 1.16 mL 浓 H_2SO_4，混合均匀。

④ TE 缓冲液(0.01 mol/L Tris-HCl，含 0.1 mmol/L EDTA，pH 7.8)：准确称取 0.12114 g Tris 和 3.72 mg EDTA，使用蒸馏水溶解并用 HCl 溶液调节 pH 至 7.8 后，转移至 100 mL 容量瓶中，加蒸馏水定容至刻度。

⑤ DNA 单链母液：根据实验技术需要，设计适当的参与组装 DNA 四面体三维纳米结构的四条 DNA 单链以及与目标蛋白质抗体偶联的 Linker 单链，并委托专业化学合成公司合成。组装 DNA 四面体的四条 DNA 单链应满足如下基本要求：一是每一条 DNA 单链应包含三个功能片段，可以分别与其他三条链杂交，形成 DNA 四面体的四个刚性三角形平面；二是每一条 DNA 单链应含有尽可能少的或者非预期的二级结构，同时含有足够高的 GC 碱基含量，使得它们两两杂交形成稳定的 DNA 双链；三是组装形成的 DNA 四面体的每一条边都应含有几个未互补杂交的核苷酸作为间隔，从而为四面体结构提供足够的弯曲灵活性。公司合成的 DNA 单链一般是置于离心管中以冻干粉的形式交付；当使用冻干粉配置相应的 DNA 单链母液时，首先将装有冻干粉的离心管在室温下以 12 000 r/min 的转速离心 10 min，使黏附在管盖和管壁上的冻干粉沉降至底部；随后，小心打开离心管盖，加入适当体积的 TE 缓冲液，振荡溶解后得到 100 μmol/L 的 DNA 单链母液；为了避免 DNA 单链母液在实验过程中被反复冻融，应根据实验需要将配置得到的母液分装至多个离心管中，每管中液体体积建议不少于 20 μL，之后置于−20℃条件下保存。

⑥ 0.03 mol/L TCEP 溶液：准确称取 8.61 mg TCEP，溶解于 1.0 mL 蒸馏水中。（注意：TCEP 应每次使用前新鲜配置，并避免使用 PBS 溶解。）

⑦ TM 缓冲液（0.02 mol/L Tris-HCl，含 0.05 mmol/L $MgCl_2$，pH 8.0）：准确称取 0.242 28 g Tris 和 1.016 g 六水合 $MgCl_2$，使用蒸馏水溶解并用 HCl 溶液调节 pH 至 8.0 后，转移至 100 mL 容量瓶中，加蒸馏水定容至刻度。

⑧ 10×PBS：准确称取 80 g NaCl、11.36 g Na_2PO_4、2.7 g KH_2PO_4 和 2.0 g KCl，溶解于 1 000 mL 蒸馏水中。

⑨ 10 mmol/L Sulfo-SMCC 溶液：准确称取 43.64 mg Sulfo-SMCC，溶解于 10 mL 蒸馏水中。

⑩ 蛋白质保存缓冲液（1×PBS，含 1% BSA）：准确称取 1.0 g BSA，溶解于 100 mL 1×PBS 中。

⑪ PBST 溶液：准确量取 0.5 mL Tween-20，加入 100 mL 1×PBS 中。

⑫ SA-HRP 溶液：准确称取 0.05 g 酪蛋白，溶解至 10 mL 1×PBS 中，随后准确加入 10 μL SA-HRP 母液（0.5 mg/mL），混合均匀。

⑬ 0.004 mol/L TMB 母液：准确称取 0.96 mg TMB，溶解于 1 mL 50%乙醇中。

⑭ 0.004 mol/L 过氧化氢母液：准确移取 4.1 μL 30%过氧化氢溶液，加至 10 mL 蒸馏水中，混合均匀。

⑮ 20 mM HEPES 溶液（pH 6.0）：准确称取 0.476 6 g HEPES，使用蒸馏水溶解并调节 pH 至 6.0 后，转移至 100 mL 容量瓶中，加蒸馏水定容至刻度。

⑯ TMB 底物溶液：准确移取 150 μL TMB 母液和 75 μL 过氧化氢母液，加至 2.775 mL 20 mM HEPES 溶液中，混合均匀。（注意：该溶液需现用现配，以避免 TMB 和过氧化氢自发反应。）

(3) 工作电极预处理

本实验中使用的工作电极是直径为 3 mm 的圆盘形状的金电极，其预处理过程如下：

① 如果金电极是首次使用，可以将电极直接在 3 000 目和 5 000 目砂纸上打磨 1～2 min，随后使用直径为 1.0 μm、0.3 μm 和 0.05 μm 的铝粉在人造绒抛光布上分别抛光 3 min，从而去除电极在生产、运输和保存过程中可能吸附的表面污染物。对于非首次使用的金电极，需要将电极首先浸入 0.5 mol/L NaOH 溶液中进行循环伏安扫描（扫描电位范围为−0.35～−1.35 V，扫速为 1 V/s），从而利用电化学还原过程去除过往使用中残留在电极表面的巯基化合物；之后，再将金电极分别在砂纸和人造绒抛光布上进行物理抛光。

② 依次使用无水乙醇和蒸馏水超声处理抛光后的金电极 3 min，去除电极表面残留的铝粉粉末；随后，将金电极浸入 0.5 mol/L H_2SO_4 溶液中，依次施加一个+2 V 电压（持续 5 s）和一个−0.35 V 电压（持续 10 s），之后在−0.35～1.5 V 电位范围内，以 0.1 V/s 的扫速，进行循环伏安扫描，直至得到稳定的循环伏安图谱。

③ 将金电极转移至 0.01 mol/L KCl/0.1 mol/L H_2SO_4 溶液中，依次在 0.2～0.75 V、

0.2～1.0 V、0.2～1.25 V 和 0.2～1.5 V 电位范围内进行循环伏安扫描，实现金电极的电化学活化。

④ 采用氧吸附法测定预处理后的金电极的实际面积（具体过程请读者参考本书章节 4.3.2）；最后，使用蒸馏水将金电极冲洗干净并用氮气吹干备用。

(4) DNA 四面体的组装和电极固定

① 如图 7-4 所示，本实验技术中使用的 DNA 四面体是由 1 条 80 个碱基的 DNA 长链（称为 A17-bridge）和 3 条 55 个碱基的 DNA 短链（分别称为 B17-SH、C17-SH 和 D17-SH）组装而成。参考樊春海院士课题组在 2016 年发表的 protocol[23]，我们给出了一组本实验技术中可以采用的 DNA 单链的序列（表 7-1），供读者借鉴。在实验中，首先分别准确移取 1 μL 100 μmol/L A17-bridge 母液、1 μL 100 μmol/L B17-SH 母液、1 μL 100 μmol/L C17-SH 母液、1 μL 100 μmol/L D17-SH 母液和 10 μL 0.03 mol/L TCEP 溶液至微量离心管中，使用 TM 缓冲液将溶液总体积补充至 100 μL，混合均匀。

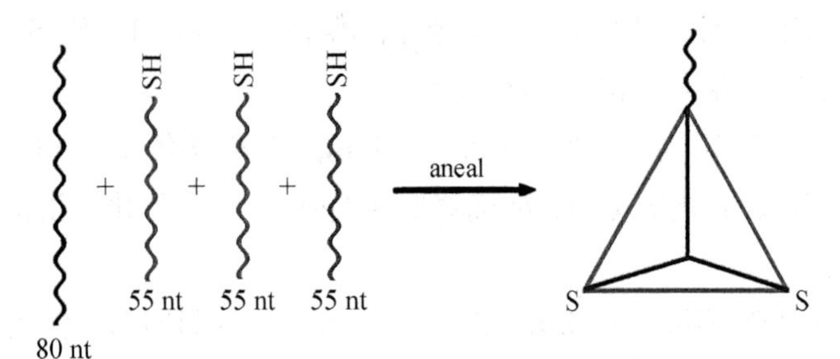

图 7-4 DNA 四面体的组装示意图

表 7-1 一组可以用于本实验技术中 DNA 四面体组装的 DNA 单链

名 称	序列(5′→3′)
A17-bridge	ACATTCCTAAGTCTGAAACATTACAGCTTGCTACACGAGAAGAGCCGCCATA-GTATTTTTTTTTTGTATCCAGTGGCTCA
B17-SH	SH-TATCACCAGGCAGTTGACAGTGTAGCAAGCTGTAATAGATGCGAGGGTC-CAATAC
C17-SH	SH-TCAACTGCCTGGTGATAAAACGACACTACGTGGGAATCTACTATGGCGG-CTCTTC
D17-SH	SH-TTCAGACTTAGGAATGTGCTTCCCACGTAGTGTCGTTTGTATTGGACCCT-CGCAT

② 将步骤①得到的溶液加热至 95℃，保持 10 min；随后，将溶液在 30 s 内迅速冷却至 4℃，从而形成 DNA 四面体三维纳米结构。

③ 滴加 10 μL 步骤②得到的 DNA 四面体溶液至预处理后的金电极表面，使用塑料电极帽盖住电极，置于黑暗环境中 4℃条件下反应过夜，实现 DNA 四面体的电极固定。

④ 使用 1×PBS 将金电极彻底冲洗干净，去除未固定的多余的 DNA 四面体；最后，将电极使用氮气吹干，立即用于目标蛋白质的定量分析。

(5) 抗体-Linker单链的偶联

① 根据所购买的目标蛋白质TNF-α特异性捕获抗体的浓度和分子量，准确移取一定体积的捕获抗体母液，使用1×PBS稀释得到浓度为1.2 μmol/L的捕获抗体工作溶液。

② 准确移取5 μL 1.2 μmol/L捕获抗体工作溶液和5 μL 10 mmol/L Sulfo-SMCC溶液至90 μL 1×PBS中，混合均匀后置于室温或25℃条件下反应2 h；Sulfo-SMCC是一种常用的异双官能交联剂，其分子内含有一个环己烷桥，两端分别带有一个胺反应活性的N-羟基琥珀酰亚胺(NHS)酯和一个巯基反应活性的马来酰亚胺基团；因此，通过本步骤，Sulfo-SMCC可以借助分子内的NHS酯与捕获抗体分子内的自由氨基反应，生成捕获抗体@Sulfo-SMCC偶联物。

③ 将步骤②得到的溶液转移至30 K超滤离心管中，室温下以14 000 r/min的转速离心10 min，去除未与捕获抗体反应的Sulfo-SMCC。(注意：超滤离心管的过滤分子量范围应根据所使用的捕获抗体的分子量进行选择。)

④ 弃去步骤③超滤得到的滤液，将超滤离心管内的沉淀重悬于100 μL 1×PBS中；随后，向溶液中加入10 μL 20 μmol/L Linker单链，室温或25℃条件下反应2 h；Linker单链能够与DNA四面体其中一个顶点处延伸出的桥连序列互补杂交，同时其5′末端修饰有巯基基团，因此可以与捕获抗体@Sulfo-SMCC偶联物的马来酰亚胺基团反应，生成捕获抗体@Linker单链偶联物。

⑤ 将步骤④得到的溶液转移至30 K超滤离心管中，室温下以14 000 r/min的转速离心10 min，去除未反应的Linker单链。

⑥ 弃去步骤⑤超滤得到的滤液，将超滤离心管内的沉淀重悬于200 μL 1×PBS中，得到制备完好的捕获抗体@Linker单链偶联物。

(6) 目标蛋白质的定量分析

① 准确称取1.0 mg TNF-α标准品冻干粉，溶解于1.0 mL蛋白质保存缓冲液中，得到1.0 mg/mL TNF-α母液；随后，使用蛋白质保存缓冲液倍比稀释，得到浓度范围为100 pg/mL～5 ng/mL的一系列TNF-α标准溶液。

② 滴加10 μL捕获抗体@Linker单链偶联物至固定有DNA四面体的金电极表面，使用塑料电极帽盖住电极，室温或25℃条件下反应1 h，使得捕获抗体通过所偶联的Linker单链与DNA四面体延伸出的桥连序列之间的杂交而被固定至电极表面。

③ 使用PBST溶液彻底冲洗金电极，除去未结合的捕获抗体@Linker单链偶联物；使用氮气将电极吹干后，滴加10 μL 5 ng/mL TNF-α标准溶液至金电极表面，使用塑料电极帽盖住电极，室温或25℃条件下反应1 h，实现TNF-α与其捕获抗体之间的特异性免疫识别反应。

④ 将金电极用PBST溶液彻底冲洗干净并用氮气吹干；随后，将金电极浸入100 μL含有50 μg/mL生物素化报告抗体的1×PBS中，室温或25℃条件下反应1 h，使得报告抗体通过与目标蛋白质之间的免疫反应而被结合至电极表面。

⑤ 使用 PBST 溶液彻底冲洗金电极，除去未结合的生物素化报告抗体；随后，将金电极转移至 100 μL SA-HRP 溶液中，室温或 25℃条件下反应 30 min，使得 HRP 通过链霉亲和素和生物素相互作用而被招募至电极表面。

⑥ 使用 PBST 溶液彻底冲洗电极之后，立即将金电极和对电极（铂丝电极）、参比电极（Ag/AgCl 电极）共同插入 3 mL TMB 底物溶液中，维持招募至电极表面的 HRP 的催化活性；随后，使用循环伏安或电流-时间曲线（amperometric *i-t* curve）法采集电化学响应信号，其中，循环伏安法使用的扫描电位范围是 0.7～0 V，扫描速度是 0.1 V/s，电流-时间曲线使用的初始电位是 0.1 V，采样间隔是 0.1 s，实验时间是 100 s，实验尺度参数是 1；记录采集得到的循环伏安图谱中的氧化或还原峰电流值或电流-时间曲线中的稳态电流值作为 TNF-α 定量分析所使用的信号值 I；TMB 底物溶液可以自行配置，但考虑到成本、实验耗时、分析效果等因素，推荐使用美国 Neogen 公司生产的 Enhanced K-Blue TMB Substrate 溶液；同时，电化学响应信号采集方法推荐使用电流-时间曲线法。

⑦ 固定有 DNA 四面体和捕获抗体的金电极可以通过适当的设计和实验步骤进行再生。例如，H. Pei 等人研究发现，向 DNA 四面体延伸出的桥连序列中引入一个 G∶T 碱基错配，可以有效地降低桥连序列与 Linker 单链杂交形成的双链在较高温度（如 45℃）下的稳定性，因此可以使用 45℃处理 30 min 的方式实现金电极的再生[29]。

⑧ 重复步骤②～⑦，获得一系列不同浓度的 TNF-α 标准溶液的信号值 I；为了保证分析的准确性和可重复性，每一个浓度的 TNF-α 标准溶液均需进行 3 组以上的重复分析，以获得平均信号值 I（*注意：对于每一个浓度，不同组重复分析所得到的信号值 I 的组间相对标准偏差应不大于 5%或 10%*）；以 TNF-α 标准溶液的浓度为横坐标，以对应的平均信号值 I 为纵坐标，绘制相关曲线，并在一定的浓度范围内，拟合线性相关曲线，得到线性回归方程。

⑨ 重复步骤②～⑦，获得样品溶液 3 组以上的信号值 I；将样品溶液的平均信号值 I 代入线性回归方程，计算得到样品溶液中 TNF-α 的浓度。

7.4.3　关键技术要点

技术要点 1

本实验技术采用的 DNA 四面体三维纳米结构最早是由 R. P. Goodman 等人在 2004 年利用面中心策略设计并组装得到的[15]。面中心策略是指如果使用一条 DNA 链环形围绕出多面体的一个面，那么使用 n 条 DNA 链可以形成具有 n 个面的多面体。无论是从合成的角度还是应用于蛋白质电化学定量分析的角度，DNA 四面体都表现出许多出色的特性。首先，DNA 四面体的合成过程简单、耗时短、产率高，可以通过一步退火法在 10 min之内组装完成，产率可以高达 95%。其次，DNA 四面体在金电极表面的固定只需要一步自组装过程，而不需要 6-巯基己醇（MCH）等短链硫醇的反向填充过程，大大简化了 DNA 功能化电极界面的制备过程；并且，DNA 四面体组装电极界面具有良好的均一性，组装缺陷很少，因此可以有效地降低非特异性吸附现象，缓解非目标蛋白质在电极界面上吸附所产生的负面影响。再次，DNA四面体具有一定的空间尺寸和刚性，利用其作为抗体或核酸适体固定至电极表面的媒介，可以使得固定化分子识别元件不仅与电极表面保持适当的距离，而且具有良好的空间取向自由度，这都有利于分子识别元件采用近似于溶液中的状态与目标分子识别结合，提高了电极表面识别反应的效率。最后，DNA四面体具有尺寸可调性，即通过改变所使用的DNA单链的长度，可以组装得到不同边长的DNA四面体；当分别使用这些不同边长的DNA四面体进行电极界面组装时，可以实现DNA四面体延伸出的探针序列（如本实验技术中的桥连序列）之间距离的纳米级别的调控；这种对于距离的精确调控可以显著地改善探针序列与互补序列的杂交效率或与目标分子的识别结合效率。当然，基于DNA四面体的蛋白质电化学分析实验技术依旧存在着一些缺陷：这些实验技术的步骤相对较为烦琐，往往需要DNA四面体组装、界面固定、目标蛋白质结合、洗涤、信号探针引入等多个过程；同时，这些实验技术的分析通量比较有限，往往只能一次分析一个样品。针对这些缺陷，国内外学者也尝试着提出了多种解决方案。例如，左小磊教授课题组将一种依赖于分子线的物质传输系统与DNA四面体功能化电极相结合，提出了能够在60 min内一步实现目标分子定量分析的电化学实验技术[30]；D. D. Zeng等人借助16通道丝网印刷金电极阵列，实现了基于DNA四面体的高通量电化学定量分析[31]。

技术要点2

DNA四面体三维纳米结构的成功组装是本实验技术的关键步骤，因此需要采用凝胶电泳、荧光能量共振转移分析等多种手段予以验证。

- **凝胶电泳**

DNA四面体三维纳米结构的形成可以采用聚丙烯酰胺凝胶电泳（polyacrylamide gel electrophoresis, PCGE）进行验证。聚丙烯酰胺凝胶电泳是一种十分常用的分离鉴定低分子量蛋白质和10～3 000 bp的DNA片段的凝胶电泳方法，具有理想的分辨率。聚丙烯酰胺凝胶具有三维网状结构，通常是在催化剂过硫酸铵和加速剂四甲基乙二胺存在的条件下由单体丙烯酰胺（acrylamide）和甲叉双丙烯酰胺（N, N′-methylenebisacrylamide）聚合而成；在该过程中，过硫酸铵在四甲基乙二胺的作用下产生自由基，后者引发单体丙烯酰胺的聚合，并在甲叉双丙烯酰胺的参与下交联形成凝胶。根据是否加入尿素、甲酰胺、十二烷基硫酸钠等变性剂，聚丙烯酰胺凝胶电泳可以分为变性和非变性两类。在这里，我们采用非变性聚丙烯酰胺凝胶电泳（native PAGE）进行DNA四面体的表征，具体实验步骤如下：

i) 购买或配置质量体积分数为40%的单体丙烯酰胺/甲叉双丙烯酰胺混合液（两者的比例为19∶1）；准确称取10.0 g过硫酸铵，溶解于100 mL蒸馏水中，得到质量体积分数为10%的过硫酸铵溶液，该溶液可以在室温条件下保存至多1周；准确移取5 μL四甲基乙二胺（≥99.5%）至1 mL蒸馏水中，得到体积分数为0.5%的四甲基乙二胺溶液；准确称取 108 g Tris、55 g 硼酸和 7.5 g EDTA 二钠盐，溶解于 1 L 蒸馏水中，得到 10×TBE 缓冲液，该溶液可以在 4℃条件下放置至少 6 个月。

ii) 准确移取 1.5 mL 40%单体丙烯酰胺/甲叉双丙烯酰胺混合液、0.6 mL 10×TBE 缓冲液、50 μL 10%过硫酸铵溶液和 5 μL 0.5%四甲基乙二胺溶液至 3.9 mL 蒸馏水中，涡流振荡使溶液混合均匀，得到浓度为 10%的非变性聚丙烯酰胺凝胶。

iii) 将步骤 ii)得到的凝胶灌入由两块长短不同的灌胶玻板参与组成的凝胶模具内，插入加样梳，保证梳齿全部浸入凝胶中；随后，将凝胶静置 15～30 min，以发生聚合。（注意：灌胶前和灌胶过程中，需要仔细检查是否存在漏胶现象；灌胶玻板的清洁程度至关重要，需要在使用前彻底清洗；灌胶和插入加样梳时，需要严格避免气泡的产生。）

iv) 准备用于凝胶电泳的 DNA 样品。其中一组样品是组装形成 DNA 四面体的实验组，准备过程如下：准确移取 1 μL 100 μmol/L A17-bridge 母液、1 μL 100 μmol/L B17 母液、1 μL 100 μmol/L C17 母液、1 μL 100 μmol/L D17 母液和 96 μL TM 缓冲液至微量离心管中，混合均匀；随后，将溶液加热至 95℃，保持 10 min 后，将溶液在 30 s 内迅速冷却至 4℃。其他各组样品是缺少一条或多条 DNA 单链的对照组，制备过程与实验组相同。（注意：凝胶电泳实验使用的 DNA 单链不带有巯基基团修饰。）

v) 分别准确移取 5 μL 步骤 iv)制备得到的各组 DNA 样品与 1 μL 6×上样缓冲液混合。上样缓冲液的主要成分是甘油、溴酚蓝和二甲苯青等；甘油可以增加 DNA 样品的密度，从而促使 DNA 样品沉入加样孔底，避免扩散到电泳缓冲液中；溴酚蓝和二甲苯青可以提供肉眼可见的颜色，指示电泳进程。

vi) 将步骤 iii)聚合完毕的凝胶连同灌胶模具一起插入电泳槽中；随后，向电泳槽中加入约 500 mL 1×TBE 缓冲液作为电泳运行缓冲液，使液面高于短灌胶玻板上沿；小心取下加样梳，使用注射器吸取适量 1×TBE 缓冲液冲洗加样孔。（注意：TAE(Tris-醋酸-EDTA)和 TBE(Tris-硼酸-EDTA)缓冲液是核酸电泳中最为常用的两种电泳运行缓冲液；一般而言，TAE 缓冲液更适合用于分离较长的 DNA 片段(通常是大于 1 kb 的片段)，TBE 缓冲液更适合用于分离较短的 DNA 片段。电泳运行缓冲液必须完全浸没凝胶，并保持液面没过凝胶约 3～5 mm；过少的电泳运行缓冲液会导致条带变形，分辨率下降，过多的电泳运行缓冲液会导致 DNA 迁移速度下降。）

vii) 向各孔中分别加入 6 μL DNA ladder 和 6 μL 步骤 v)制备得到的混合有上样缓冲液的 DNA 样品；随后，打开电泳仪开关，调节电压至 80 V，电泳分离 2 h。（注意：DNA 样品上样浓度应适宜，过高的上样浓度会影响 DNA 的迁移，导致样品中 DNA 片段电泳速率下降，过低的上样浓度会导致样品中 DNA 片段的条带过于微弱，难以辨识；聚丙烯酰胺凝胶电泳有时会得到“笑脸”状的条带，这通常是所使用的电压过高导致凝胶受热不均匀而引起的。）

viii) 关闭电泳仪，取出凝胶，使用 DNA 染料（如溴化乙锭(EB)、SYBR Green I、SYBR Gold、GelRed 等）进行染色；之后，将凝胶放入凝胶成像系统中进行图像采集和条带分析，评估DNA四面体是否成功组装形成。

- **荧光能量共振转移分析**

DNA四面体三维纳米结构的形成也可以采用荧光共振能量转移分析（fluorescence resonance energy transfer, FRET）进行验证。FRET是指如果两个荧光团之间的距离在1～10 nm之间，且一个荧光团（称为供体）的发射光谱与另一个荧光团（称为受体）的激发光谱存在重叠时，供体分子被入射光激发至更高的电子能态后，其能量可以通过偶极-偶极作用以非辐射的方式转移给受体分子，此时，受体分子会被激发并发射出荧光。FRET有两种主要的机制：一种是供体分子单重态和受体分子单重态之间的共振能量转移，这种机制最早是由T. Förste在1948年最先提出的，因此也被称为Förste共振能量转移（缩写也是FRET）；另一种是供体分子三重态与受体分子单重态之间的共振能量转移，也被称为德克斯特电子传递机制。FRET的效率与供体分子和受体分子之间的空间距离负相关；因此，FRET常被用于研究生物分子内的构象变化或分子间的相互作用。在本实验中，如果在参与DNA四面体组装的DNA单链的适当位置分别修饰供体荧光团（如Cy3）和受体荧光团（如Cy5），就可以利用这两种荧光团之间FRET效率的变化，来表征DNA四面体结构的形成，具体实验步骤如下：

i) 委托专业化学合成公司合成5′末端修饰有Cy5基团的A17-bridge单链（称为Cy5-A17-bridge）和5′末端修饰有Cy3基团的C17单链（称为Cy3-C17）。

ii) 准备用于FRET分析的DNA样品溶液。其中一组样品溶液是组装形成DNA四面体的实验组，准备过程如下：准确移取1 μL 100 μmol/L Cy5-A17-bridge母液、1 μL 100 μmol/L B17母液、1 μL 100 μmol/L Cy3-C17母液、1 μL 100 μmol/L D17母液和96 μL TM缓冲液至微量离心管中，混合均匀后95℃反应10 min，之后将溶液在30 s内迅速冷却至4℃，组装得到双荧光团标记的DNA四面体；随后，准确移取80 μL制备得到的荧光DNA四面体与320 μL TM缓冲液混合，得到浓度为200 nmol/L的FRET分析样品溶液。其他各组样品溶液是缺少一条或多条DNA单链的对照组，准备过程与实验组相同。

iii) 使用荧光光谱仪扫描并记录步骤ii)得到的各组DNA样品溶液的荧光发射光谱，记录570 nm波长附近的荧光发射强度I_{DA}；采用的实验参数是：514 nm激发波长，5 nm激发狭缝宽度（slit），540～750 nm荧光发射光谱波长扫描范围，5 nm发射狭缝宽度（slit），600 nm/s扫描速度。

iv) 将步骤测定得到的各组DNA样品溶液的I_{DA}代入式（7.4），计算得到相应的FRET效率E，并以此为依据判断DNA四面体是否成功组装形成。

$$E = 1 - \frac{I_{DA}}{I_D} \tag{7.4}$$

式中，I_D是受体荧光团Cy5不存在时，Cy3标记的DNA四面体在570 nm波长附近的荧光发射强度。

技术要点 3

DNA 四面体在电极表面的组装密度直接影响对目标蛋白质进行识别捕获和电化学分析的效率。但是，在本实验技术中，组成 DNA 四面体的各条 DNA 单链分子内或末端均未修饰有电化学活性基团。因此，DNA 四面体在电极表面的自组装密度需要借助外源性分子的电化学响应来推算。六氨合钌(RuHex)是最为常用的外源性电化学探针分子，它带有正电荷，能够通过与负电性的核糖-磷酸骨架之间的静电作用而与 DNA 分子结合。基于 RuHex 的电极表面自组装密度推算方法适用于任何类型的 DNA 分子或结构；根据所采用的电化学分析测试方法的不同，该方法可以进一步分为 RuHex 循环伏安推算法和 RuHex 计时库伦推算法两种，它们的具体实验流程分别如下：

- **RuHex 循环伏安推算法**

i) 向电化学测试池中加入 5 mL 1×PBS 和 25 μL RuHex 溶液(0.01 mol/L)，混合均匀，得到终浓度为 50 μmol/L 的 RuHex 测试溶液(注意：基于 RuHex 的电极表面自组装密度推算方法一般使用 0.01 mol/L Tris-HCl 缓冲液(pH 7.4)，此处使用 1×PBS 替代 Tris-HCl 缓冲液的目的是为了更好地保持 DNA 四面体结构的稳定性)；随后，向电化学测试池中通入氮气处理 15 min，充分除去溶液中的溶解氧；除氧时，氮气导管应浸入溶液液面以下且保持气流轻缓恒定，以避免液体飞溅；除氧后，将氮气导管移动至溶液液面以上，继续保持气流，从而维持测试池中的氮气氛围。

ii) 将固定有 DNA 四面体三维纳米结构的工作电极浸入 RuHex 测试溶液中，进而在 0.15～−0.5 V 电位范围内，以 0.5 V/s 的扫速，进行循环伏安扫描，得到 RuHex 循环伏安响应图谱。(注意：扫描前应将电极置于 0.15 V 电位下平衡至少 5 s。)

iii) 在 RuHex 循环伏安响应图谱中，还原峰通常高于氧化峰。因此，选择图谱中的还原峰进行积分，得到积分电量 Q 代入式(7.5)，求算出 RuHex 静电吸附至工作电极表面 DNA 四面体结构上的密度 Γ_{Ru}(mol/cm^2)。

$$\Gamma_{Ru} = Q/nFA \tag{7.5}$$

式中，Q 代表还原峰积分电量(C)，n 代表 RuHex 氧化还原反应的得失电子数，F 代表法拉第常数(C/mol)，A 代表工作电极的面积(cm^2)。

iv) 根据 RuHex 与 DNA 分子间的化学计量关系，将所得到的 Γ_{Ru} 代入式(7.6)，求算出 DNA 四面体在工作电极表面的固定密度 Γ_{TDN}(molecules/cm^2)。

$$\Gamma_{TDN} = \Gamma_{Ru}(n/m)N_A \tag{7.6}$$

式中，n 代表氧化还原分子的电荷数，m 代表 DNA 四面体所含碱基的数目，N_A 代表阿伏伽德罗常数(molecules/mol)。

- **RuHex 计时库仑推算法**

i) 向电化学测试池中加入 5 mL 1×PBS，通入氮气处理 15 min，充分除去 1×PBS 中的溶解氧；除氧时，氮气导管应浸入溶液液面以下且保持气流轻缓恒定；除氧后，将氮气导管移动至溶液液面以上，继续保持气流。

ii）将固定有DNA四面体结构的工作电极浸入测试池内的1×PBS中，在下列参数下进行计时库仑测定：初始电位0.2 V，终止电位−0.5 V，阶跃次数2次，脉冲宽度0.25 s，采样间隔0.002，静止时间2 s，灵敏度5×10^{-5} A/V。

iii）将工作电极从电化学测试池内取出，随后浸入2 mL离心管内的1×PBS中暂时保存。

iv）向测试池内的1×PBS中加入25 μL RuHex溶液（0.01 mol/L），混合均匀，得到终浓度为50 μmol/L的RuHex测试溶液；随后，向测试溶液中通入氮气处理15 min。

v）将工作电极浸入RuHex测试溶液中，按照步骤ii）中的参数进行计时库伦测定。

vi）计时库仑测定得到的电量Q是通过电极的总电量，包含了扩散组分的反应电量、吸附组分的反应电量和双电层电容的充电电量，具体可以表述为式（7.7）。

$$Q=\frac{2nFAD_0^{1/2}C_0^*}{\pi^{1/2}}t^{1/2}+Q_{\mathrm{dl}}+nFA\Gamma_{\mathrm{Ru}} \tag{7.7}$$

式中，n代表RuHex氧化还原反应的得失电子数，F代表法拉第常数（C/mol），A代表工作电极的面积（cm^2），D_0代表扩散系数（cm^2/s），C_0^*代表体相浓度（mol/cm^3），Q_{dl}代表双电层电容的充电电量，$nFA\Gamma_{\mathrm{Ru}}$代表吸附在电极表面的RuHex的反应电量。

vii）将步骤ii）测定得到的电量Q对时间的平方根（$t^{1/2}$）作图，得到Q与$t^{1/2}$的Anson直线；此时，由于测试溶液中不含RuHex，根据式（7.7），Anson直线在$t=0$处的截距即为工作电极双电层电容的充电电量Q_{dl}。同样的，将步骤v）测定得到的电量Q对时间的平方根（$t^{1/2}$）作图，得到Q与$t^{1/2}$的Anson直线；此时，由于测试溶液中含有RuHex，根据式（7.7），Anson直线在$t=0$处的截距Q_{total}是双电层电容充电电量Q_{dl}和吸附在电极表面的RuHex反应电量的总和。

viii）将步骤vii）得到的Q_{dl}和Q_{total}代入式（7.8），计算得到静电吸附至工作电极表面的RuHex密度Γ_{Ru}（mol/cm^2）。

$$\Gamma_{\mathrm{Ru}}=(Q_{\mathrm{total}}-Q_{\mathrm{dl}})/nFA \tag{7.8}$$

式中，n代表RuHex氧化还原反应的得失电子数，F代表法拉第常数（C/mol），A代表工作电极的面积（cm^2）。

ix）根据RuHex与DNA分子间的化学计量关系，将所得到的Γ_{Ru}代入式（7.6），求算出DNA四面体在工作电极表面的固定密度Γ_{TDN}（molecules/cm^2）。

技术要点4

在本实验技术中，目标蛋白质TNF-α的特异性捕获抗体是通过所偶联的Linker单链与桥连序列之间的互补杂交而被固定至电极表面。因此，有必要对DNA四面体延伸出的桥连序列的杂交效率进行考察，具体实验过程如下：

i) 准确称取 5.84 g NaCl 和 0.406 g $MgCl_2$ 六水合物，溶解于 100 mL 10 mmol/L PBS (pH 7.4)中，得到 H-buffer。

ii) 委托专业化学合成公司合成一条不带有巯基基团修饰的 Linker 单链（称为 Linker-T)，使用 TE 缓冲液配制得到浓度为 100 μmol/L 的母液，随后将母液使用 H-buffer稀释，得到浓度为 1 μmol/L 的 Linker-T 工作溶液。

iii) 对于固定有 DNA 四面体的工作电极，使用 RuHex 计时库仑推算法测定得到电极表面静电吸附 RuHex 的密度 Γ_{Ru}和固定 DNA 四面体的密度 Γ_{TDN}，实验流程详见技术要点 3。

iv) 将完成步骤 iii)的工作电极浸入 100 μL H-buffer 中，孵育 5 min，从而利用高浓度的阳离子取代下结合至 DNA 四面体的 RuHex；重复该过程 3 次。

v) 将步骤 iv)得到的工作电极浸入 100 μL Linker-T 工作溶液中，37℃条件下反应 2 h，使得 Linker-T 与 DNA 四面体延伸出的桥链序列互补杂交。

vi) 使用 1×PBS 将步骤 v)得到的工作电极冲洗干净并用氮气吹干，去除未结合的 Linker-T；随后，使用 RuHex 计时库仑推算法测定得到电极表面静电吸附 RuHex 的密度 Γ'_{Ru}，实验流程详见技术要点 3。

vii) 计算步骤 iii)和步骤 vi)测定得到的工作电极表面静电吸附 RuHex 的密度的差值，记为 $\Delta\Gamma_{Ru}$，将该数值代入式(7.9)，计算得到互补杂交至电极表面的 Linker-T 的密度 Γ_T。

$$\Gamma_T = \Delta\Gamma_{Ru}(n/m)N_A \tag{7.9}$$

式中，n 代表氧化还原分子的电荷数，m 代表 Linker-T 所含碱基的数目，N_A 代表阿伏伽德罗常数(molecules/mol)。

viii) 将步骤 iii)得到的 Γ_{DNA}和步骤 vii)得到的 Γ_T代入式(7.10)，计算得到 DNA 四面体延伸出的桥链序列的杂交效率 E。

$$E = \frac{\Gamma_T}{\Gamma_{DNA}} \times 100\% \tag{7.10}$$

参 考 文 献

[1] BREAKER R R, JOYCE G F. A DNA enzyme that cleaves RNA[J]. Chemistry & Biology, 1994, 1(4): 223 - 229.

[2] SANTORO S W, JOYCE G F. A general purpose RNA-cleaving DNA enzyme[J]. Proceedings of the National Academy of Sciences, 1997, 94(9): 4262 - 4266.

[3] TRAVASCIO P, LI Y F, SEN D. DNA-enhanced peroxidase activity of a DNA aptamer-hemin complex[J]. Chemistry & Biology, 1998, 5: 505 - 517.

[4] GOLUB E, FREEMAN R, WILLNER I. A Hemin/G-quadruplex acts as an NADH oxidase and

NADH peroxidase mimicking DNAzyme[J]. Angewandte Chemie International Edition, 2011, 50(49): 11710 - 11714.

[5] CUENOUD B, SZOSTAK J W. A DNA metalloenzyme with DNA ligase activity[J]. Nature, 1995, 375: 611 - 614.

[6] CHANDRA M, SACHDEVA A, SILVERMAN S K. DNA-catalyzed sequence-specific hydrolysis of DNA[J]. Nature Chemical Biology, 2009, 5: 718 - 720.

[7] ZHANG H, JIANG B, XIANG Y, CHAI Y, YUAN R. Label-free and amplified electrochemical detection of cytokine based on hairpin aptamer and catalytic DNAzyme[J]. Analyst, 2012, 137: 1020 - 1023.

[8] YUAN Y, YUAN R, CHAI Y, ZHUO Y, YE X, GAN X, BAI L. Hemin/G-quadruplex simultaneously acts as NADH oxidase and HRP-mimicking DNAzyme for simple, sensitive pseudobienzyme electrochemical detection of thrombin [J]. Chemical Communications, 2012, 48, 4621 - 4623.

[9] CHEN Y L, CORN R M. DNAzyme footprinting: Detecting protein-aptamer complexation on surfaces by blocking DNAzyme cleavage activity[J]. Journal of the American Chemical Society, 2013, 135(6): 2072 - 2075.

[10] LEI S, XU L, LIU Z, ZOU L, LI G, YE B. An enzyme-free and label-free signal-on aptasensor based on DNAzyme-driven DNA walker strategy[J]. Analytica Chimica Acta, 2019, 1081: 59 - 64.

[11] LI W W, LI H, WU S, FENG C, LI G X. Highly sensitive protein detection based on DNAzyme cycling activated surface assembly of peptide decorated nanoparticles [J]. Electrochemistry Communications, 2016, 71: 84 - 88.

[12] LI C, LI X, WEI L, LIU M, CHEN Y, LI G X. Simple electrochemical sensing of attomolar proteins using fabricated complexes with enhanced surface binding avidity[J]. Chemical Science, 2015, 6: 4311 - 4317.

[13] KALLENBACH N R, MA R I, SEEMAN N C. An immobile nucleic acid junction constructed from oligonucleotides[J]. Nature, 1983, 305: 829 - 831.

[14] SHIH W M, QUISPE J D, JOYCE G F. A 1. 7 - kilobase single-stranded DNA that folds into a nanoscale octahedron[J]. Nature, 2004, 427: 618 - 621.

[15] GOODMAN R P, BERRY R M, TURBERFIELD A J. The single-step synthesis of a DNA tetrahedron[J]. Chemical Communications, 2004: 1372 - 1373.

[16] GOODMAN R P, SCHAAP I A T, TARDIN C F, ERBEN C M, BERRY R M, SCHMIDT C F, TURBERFIELD A J. Rapid chiral assembly of rigid DNA building blocks for molecular nanofabrication[J]. Science, 2005, 310(5754): 1661 - 1665.

[17] HE Y, YE T, SU M, ZHANG C, RIBBE A E, JIANG W, MAO C D. Hierarchical self-assembly of DNA into symmetric supramolecular polyhedral[J]. Nature, 2008, 452: 198 - 201.

[18] ROTHEMUND P W K. Folding DNA to create nanoscale shapes and patterns[J]. Nature, 2006, 440: 297 - 302.

[19] QIAN L L, WANG Y, ZHANG Z, ZHAO J, PAN D, ZHANG Y, LIU Q, FAN C H, HU J, HE L. Analogic China map constructed by DNA[J]. Science Bulletin, 2006, 51: 2973 - 2976.

[20] HAN D, PAL S, NANGREAVE J, DENG Z T, LIU Y, YAN H. DNA origami with complex curvatures in three-dimensional space[J]. Science, 2011, 332(6027): 342 - 346.

[21] TIKHOMIROV G, PETERSEN P, QIAN L L. Fractal assembly of micrometre-scale DNA

origami arrays with arbitrary patterns[J]. Nature，2017，552：67 - 71.

[22] LIU X G，ZHANG F，JING X X，PAN M C，LIU P，LI W，ZHU B W，JI J，CHEN H，WANG L H，LIN J P，LIU Y，ZHAO D Y，YAN H，FAN C H. Complex silica composite nanomaterials templated with DNA origami[J]. Nature，2018，559：593 - 598.

[23] LIN M，SONG P，ZHOU G，ZUO X L，ALDALBAHI A，LOU X D，SHI J，FAN C H. Electrochemical detection of nucleic acids，proteins，small molecules and cells using a DNA-nanostructure-based universal biosensing platform[J]. Nature Protocols，2016，11：1244 - 1263.

[24] ARROYO-CURRAS N，SADEIA M，NG A K，FYODOROVA Y，WILLIAMS N，AFIF T，HUANG C M，OGDEN N，ADRESEN EGUILUZ R C，SU H J，CASTRO C E，PLAXCO K W，LUKEMAN P S. An electrochemical biosensor exploiting binding-induced changes in electron transfer of electrode-attached DNA origami to detect hundred nanometer-scale targets[J]. Nanoscale，2020，12：13907 - 13911.

[25] MAO X X，CHEN G F，WANG Z H，ZHANG Y G，ZHU X L，LI G X. Surface-immobilized and self-shaped DNA hydrogels and their application in biosensing[J]. Chemical Science，2018，9：811 - 818.

[26] FREDRIKSSON S，GULLBERG M，JARVIUS J，OLSSON C，PIETRAS K，MARGRET GUSTAFSDOTTIR S，OSTMAN A，LANDEGREN U. Protein detection using proximity-dependent DNA ligation assays[J]. Nature Biotechnology，2002，20：473 - 477.

[27] WIENER J，KOKOTEK D，ROSOWSKI S，LICKERT H，MEIER M. Preparation of single- and double-oligonucleotide antibody conjugates and their application for protein analytics[J]. Scientific Reports，2020，10：1457.

[28] PEI H，LU N，WEN Y L，SONG S P，LIU Y，YAN H，FAN C H. A DNA nanostructure-based biomolecular probe carrier platform for electrochemical biosensing[J]. Advanced Materials，2010，22(42)：4754 - 4758.

[29] PEI H，WAN Y，LI L，HU H Y，SU Y，HUANG Q，FAN C H. Regenerable electrochemical immunological sensing at DNA nanostructure-decorated gold surfaces[J]. Chemical Communications，2011，47：6254 - 6256.

[30] YE D K，LI L，LI Z H，ZHANG Y Y，LI M，SHI J Y，WANG L H，FAN C H，YU J H，ZUO X L. Molecular threading-dependent mass transport in paper origami for single-step electrochemical DNA sensors[J]. Nano Letters，2019，19(1)：369 - 374.

[31] ZENG D D，WANG Z H，MENG Z Q，WANG P，SAN L L，WANG W，ALDALBAHI A，LI L，SHEN J W，XI X Q. DNA tetrahedral nanostructure-based electrochemical miRNA biosensor for simultaneous detection of multiple miRNAs in pancreatic carcinoma[J]. ACS Applied Materials & Interfaces，2017，9(28)：24118 - 24125.

[32] 樊春海，刘冬生.DNA 纳米技术：分子传感、计算与机器[M].北京：科学出版社，2011.

[33] DUNN M R，JIMENEZ R M，CHAPUT J C. Analysis of aptamer discovery and technology[J]. Nature Reviews Chemistry，2017，1：0076.

[34] BREAKER R R. Making catalytic DNAs[J]. Science，2000，290(5499)：2095 - 2096.

[35] PERACCHI A. DNA catalysis：Potential，limitations，open questions[J]. ChemBioChem，2005，6(8)：1316 - 1322.

[36] CHEN Y J，GROVES B，MUSCAT R A，SEELING G. DNA nanotechnology from the test tube to the cell[J]. Nature Nanotechnology，2015，10：748 - 760.

[37] ZHANG D Y，SEELING G. Dynamic DNA nanotechnology using strand displacement reactions

[J]. Nature chemistry, 2011, 3: 103 - 113.

[38] FAN J H, WANG H H, XIE S Y, WANG M, NIE Z. Engineering cell-surface receptors with DNA nanotechnology for cell manipulation[J]. ChemBioChem, 2020, 21(3): 282.

[39] KRISHMAN Y, SIMMEL F C. Nucleic acid based molecular devices[J]. Angewandte Chemie International Edition, 2011, 50(14): 3124 - 3156.

[40] LI J, GREEN A A, YAN H, FAN C H. Engineering nucleic acid structures for programmable molecular circuitry and intracellular biocomputation[J]. Nature chemistry, 2017, 9: 1056 - 1067.

[41] PENG T H, DENG Z Y, HE J X, LI Y Y, TAN Y, PENG Y B, WANG X Q, TAN W H. Functional nucleic acids for cancer theranostics[J]. Coordination Chemistry Reviews, 2020, 403: 213080.

[42] LI L L, XING H, ZHANG J J, LU Y. Functional DNA molecules enable selective and stimuli-responsive nanoparticles for biomedical applications[J]. Accounts of Chemical Research, 2019, 52(9): 2415 - 2426.

[43] LI Z Y, WANG C, LI J, ZHANG J J, FAN C H, WILLNER I, TIAN H. Functional DNA structures and their biomedical applications[J]. CCS Chemistry, 2020, 2(5): 707 - 728.

[44] KRUGER K, GRABOWSKI P J, ZAUG A J, SANDS J, GOTTSCHLING D E, CECH T R. Self-splicing RNA: Autoexcision and autocyclization of the ribosomal RNA intervening sequence of tetrahymena[J]. Cell, 1982, 31(1): 147 - 157.

[45] GUERRIER-TAKADA C, GARDINER K, MARSH T, PACE N, ALTMAN S. The RNA moiety of ribonuclease P is the catalytic subunit of the enzyme[J]. Cell, 1983, 35(3): 849 - 857.

[46] MA L Z, LIU J W. Catalytic nucleic acids: Biochemistry, chemical biology, biosensors, and nanotechnology[J]. iScience, 2020, 23(1): 100815.

[47] PENG H Y, NEWBIGGING A M, WANG Z X, TAO J, DENG W C, LE X C, ZHANG H Q. DNAzyme-mediated assays for amplified detection of nucleic acids and proteins[J]. Analytical Chemistry, 2018, 90(1): 190 - 207.

[48] HU L, FU X, KONG G, YIN Y, MEGN H, KE G, ZHANG X. DNAzyme - gold nanoparticle-based probes for biosensing and bioimaging[J]. Journal of Materials Chemistry B, 2020, 8: 9449 - 9465.

[49] KUMAR S, JAIN S, DILBAGHI N, AHLUWALJA A S, HASSAN A A, KIM K H. Advanced selection methodologies for DNAzymes in sensing and healthcare applications[J]. Trends in Biochemical Sciences, 2019, 44(3): 190 - 213.

[50] ZHOU J, LAI W, ZHANG J, TANG J, TANG D. Nanogold-functionalized DNAzyme concatamers with redox-active intercalators for quadruple signal amplification of electrochemical immunoassay [J]. ACS Applied Materials & Interfaces, 2013, 5(7): 2773 - 2781.

[51] TANG J, HOU L, TANG D, ZHANG B, ZHOU J, CHEN G. Hemin/G-quadruplex-based DNAzyme concatamers as electrocatalysts and biolabels for amplified electrochemical immunosensing of IgG1 [J]. Chemical Communications, 2012, 48: 8180 - 8182.

[52] ALIZADEH N, HALLAJ R, SALIMI A. A highly sensitive electrochemical immunosensor for hepatitis B virus surface antigen detection based on Hemin/G-quadruplex horseradish peroxidase-mimicking DNAzyme-signal amplification[J]. Biosensors and Bioelectronics, 2017, 94: 184 - 192.

[53] HEUER-JUNGEMANN A, LIEDL T. From DNA tiles to functional DNA materials[J]. Trends in Chemistry, 2019, 1(9): 799 - 814.

[54] BAE W, KOCABEY S, LIEDL T. DNA nanostructures in vitro, in vivo and on membranes[J].

Nano Today, 2019, 26: 98 - 107.

[55] SEEMAN N C, SLEIMAN H F. DNA nanotechnology[J]. Nature Reviews Materials, 2018, 3: 17068.

[56] 樊春海.DNA 纳米技术进展.科学通报,2019,64(10): 987 - 988.

[57] GE Z L, GU H Z, LI Q, FAN C H. Concept and development of framework nucleic acids[J]. Journal of the American Chemical Society, 2018, 140(51): 17808 - 17819.

[58] HONG F, ZHANG F, LIU Y, YAN H. DNA origami: Scaffolds for creating higher order structures[J]. Chemical Reviews, 2017, 117(20): 12584 - 12640.

[59] 付衍明,张钊,李璨,师咏勇,阎秀峰,樊春海.DNA 折纸术研究进展[J].应用化学,2010,27(2): 125 - 131.

[60] DOEER A. DNA origami in 3D[J]. Nature Methods, 2011, 8: 454.

[61] 石党委,王振刚,徐景坤,丁宝全.DNA 折纸术的研究进展[J].科学通报,2013,58(24): 2367 - 2376.

[62] 贾思思,晁洁,樊春海,柳华杰.DNA 折纸术纳米反应器[J].化学进展,2014,26(5): 695 - 705.

[63] HU J M, YU Y J, BROOKS J C, GODWIN L A, SOMASUNDARAM S, TORABINEJAD F, KIM J, SHANNON C, EASLEY C J. A reusable electrochemical proximity assay for highly selective, real-time protein quantitation in biological matrices [J]. Journal of the American Chemical Society, 2014, 136(23): 8467 - 8474.

[64] ZHANG Y L, HUANG Y, JIANG J H, SHEN G L, YU R Q. Electrochemical aptasensor based on proximity-dependent surface hybridization assay for single-step, reusable, sensitive protein detection[J]. Journal of the American Chemical Society, 2007, 129(50): 15448 - 15449.

[65] HU J M, WANG T Y, KIM J, SHANNON C, EASLEY C J. Quantitation of femtomolar protein levels via direct readout with the electrochemical proximity assay[J]. Journal of the American Chemical Society, 2012, 134(16): 7066 - 7072.

[66] DOVGAN I, KONIEW O, KOLODYCH S, WAGNER A. Antibody - oligonucleotide conjugates as therapeutic, imaging, and detection agents[J]. Bioconjugate Chemistry, 2019, 30(10): 2483 - 2501.

[67] GONG H B, HOLCMB I, OOI A, WANG X H, MAJONIS D, UNGER M A, RAMAKRISHNAN R. Simple method to prepare oligonucleotide-conjugated antibodies and its application in multiplex protein detection in single cells[J]. Bioconjugate Chemistry, 2016, 27(1): 217 - 225.

[68] LI G, MOELLERING R E. A Concise, modular antibody-oligonucleotide conjugation strategy based on disuccinimidyl ester activation chemistry[J]. ChemBioChem, 2019, 20(12): 1599 - 1605.

[69] STILLER C, AGHELPASAND H, FRICK T, WESTERLUND K, AHMADIAN K, KARLSTROM A E. Fast and efficient Fc-specific photoaffinity labeling to produce antibody-DNA conjugates[J]. Bioconjugate Chemistry, 2019, 30(11): 2790 - 2798.

[70] 叶德楷,左小磊,樊春海.基于 DNA 纳米结构的传感界面调控及生物检测应用[J].化学进展, 2017,29(1): 36 - 46.

[71] CAO J, ZHU D, ZHANG Y N, WANG L H, FAN C H. DNA nanotechnology-enabled biosensors[J]. Biosensors and Bioelectronics, 2016, 76: 68 - 79.

[72] HUANG R R, HE N Y, LI Z Y. Recent progresses in DNA nanostructure-based biosensors for detection of tumor markers[J]. Biosensors and Bioelectronics, 2018, 109: 27 - 34.

[73] 闻艳丽.基于 DNA 纳米结构的电化学生物传感器研究[D].北京: 中国科学院大学,2012.

[74] XIAO M S, LAI W, MAN T T, CHANG B B, LI L, CHANDRASEKARAN A R, PEI H.

Rationally engineered nucleic acid architectures for biosensing applications[J]. Chemical Reviews, 2019, 119(12): 11631 - 11717.

[75] XIE N L, LIU S Y, YANG X H, HE X X, HUANG J, WANG K M. DNA tetrahedron nanostructures for biological applications: Biosensors and drug delivery[J]. Analyst, 2017, 142: 3322 - 3332.

[76] 林美华.四面体 DNA 纳米结构探针设计及其在生物传感中的应用[D].北京：中国科学院大学,2015.

[77] WEN Y L, PEI H, WAN Y, SU Y, HUANG Q, SONG S P, FAN C H. DNA nanostructure-decorated surfaces for enhanced aptamer-target binding and electrochemical cocaine sensors[J]. Analytical Chemistry, 2011, 83(19): 7418 - 7423.

[78] CHEN X Q, ZHOU G B, SONG P, WANG J J, GAO J M, LU J X, FAN C H, ZUO X L. Ultrasensitive electrochemical detection of prostate-specific antigen by using antibodies anchored on a DNA nanostructural scaffold[J]. Analytical Chemistry, 2014, 86(15): 7337 - 7342.

[79] WANG S, ZHANG L Q, WAN S, CANSIZ S, CUI C, LIU Y, CAI R, HONG C Y, TENG I T, SHI M L, WU Y, DONG Y Y, TAN W H. Aptasensor with expanded nucleotide using DNA nanotetrahedra for electrochemical detection of cancerous exosomes[J]. ACS Nano, 2017, 11(4): 3943 - 3949.

[80] MIAO P, TANG Y G, YIN J. MicroRNA detection based on analyte triggered nanoparticle localization on a tetrahedral DNA modified electrode followed by hybridization chain reaction dual amplification[J]. Chemical Communications, 2015, 51: 15629 - 15632.

[81] LI C, HU X L, LU J Y, MAO X X, XIANG Y, SHU Y Q, LI G X. Design of DNA nanostructure-based interfacial probes for the electrochemical detection of nucleic acids directly in whole blood[J]. Chemical Science, 2018, 9: 979 - 984.

[82] ZHOU G B, LIN M H, SONG P, CHEN X Q, CHAO J, WANG L H, HUANG Q, HUANG W, FAN C H, ZUO X L. Multivalent capture and detection of cancer cells with DNA nanostructured biosensors and multibranched hybridization chain reaction amplification [J]. Analytical Chemistry, 2014, 86(15): 7843 - 7848.

[83] SCHLAPAK R, DANZBERGER J, ARMITAGE D, MORGAN D, EBNER A, HINTERDORFER P, POLLHEIMER P, GRUBER H J, SCHAFFLER F, HOWORKA S. Nanoscale DNA tetrahedra improve biomolecular recognition on patterned surfaces[J]. Small, 2012, 8(1): 89 - 97.

[84] LI S H, TIAN T R, ZHANG T, CAI X X, LIN Y F. Advances in biological applications of self-assembled DNA tetrahedral nanostructures[J]. Materials Today, 2019, 24: 57 - 68.

[85] PEI H, ZUO X L, PAN D, SHI J Y, HUANG Q, FAN C H. Scaffolded biosensors with designed DNA nanostructures[J]. NPG Asia Materials, 2013, 5: e51.

[86] LI Y F, CHEN H, DAI Y H, CHEN T J, CAO Y, ZHANG J. Cellular interface supported toehold strand displacement cascade for amplified dual-electrochemical signal and its application for tumor cell analysis[J]. Analytica Chimica Acta, 2019, 1064: 25 - 32.

[87] LIN M H, WANG J J, ZHOU G B, WANG J B, WU N, LU J X, GAO J M, CHEN X Q, SHI J Y, ZUO X L, FAN C H. Programmable engineering of a biosensing interface with tetrahedral DNA nanostructures for ultrasensitive DNA detection [J]. Angewandte Chemie International Edition, 2015, 54(7): 2151 - 2155.

[88] ZHU X L, SHI H, SHEN Y L, ZHANG B, ZHAO J, LI G X. A green method of staining DNA in polyacrylamide gel electrophoresis based on fluorescent copper nanoclusters synthesized *in situ*

[J]. Nano Research，2015，8：2714 - 2720.

[89] ROY R，HOHNG S，HA T. A practical guide to single-molecule FRET[J]. Nature Methods，2008，5：507 - 516.

[90] 张志毅，周涛，巩伟丽，张德添.荧光共振能量转移技术在生命科学中的应用及研究进展[J].电子显微学报，2007，26(6)：620 - 624.